CAD/CAM/CAE 工程应用丛书

Abaqus 二次开发

内核与 GUI 应用实例详解

陈开伟　编著

机 械 工 业 出 版 社

本书详细阐述了 Python 语言基础知识、Abaqus 内核二次开发、Abaqus 插件 GUI 二次开发和 Abaqus 主窗口 GUI 二次开发的相关知识，通过大量实例和详细说明，帮助读者掌握 Abaqus 二次开发基础知识和应用方法。

本书共 14 章，前两章为基础篇，包括 Abaqus 二次开发概述和 Python 语言基础；第 3~6 章为内核开发篇，包括 Abaqus 内核开发和它的三个应用实例；第 7~14 章为 GUI 开发篇，介绍了 Abaqus RSG 对话框生成器、Abaqus GUI 二次开发和它们的五个实例，以及 Abaqus 主窗口 GUI 的二次开发。本书配套实例源文件，封底扫码即可下载。

本书适合企业及科研院所结构仿真工程师等岗位人员，以及理工科院校机械、汽车、航空航天、土木工程等专业的学生学习和参考。

图书在版编目（CIP）数据

Abaqus 二次开发：内核与 GUI 应用实例详解 / 陈开伟编著 .—北京：机械工业出版社，2023. 10

（CAD/CAM/CAE 工程应用丛书）

ISBN 978-7-111-74158-9

Ⅰ. ①A… Ⅱ. ①陈… Ⅲ. ①软件工具-程序设计 Ⅳ. ①TP311. 561

中国国家版本馆 CIP 数据核字（2023）第 207420 号

机械工业出版社（北京市百万庄大街 22 号 邮政编码 100037）

策划编辑：赵小花　　责任编辑：赵小花

责任校对：王小童　李　杉　　责任印制：常天培

固安县铭成印刷有限公司印刷

2024 年 2 月第 1 版第 1 次印刷

184mm×260mm · 17. 25 印张 · 426 千字

标准书号：ISBN 978-7-111-74158-9

定价：99. 00 元

电话服务　　网络服务

客服电话：010-88361066　　机　工　官　网：www. cmpbook. com

010-88379833　　机　工　官　博：weibo. com/cmp1952

010-68326294　　金　书　网：www. golden-book. com

封底无防伪标均为盗版　　机工教育服务网：www. cmpedu. com

序　一

Abaqus 有限元软件是一款世界闻名的工程仿真和分析软件，具有强大的非线性求解功能，广泛应用于国防工程、航空航天、机械工程、土木工程等领域。但是，在实际工程应用中，不同行业和企业通常需要在 Abaqus 软件基础功能上，根据需求编写程序来完成一些扩展功能，因此，迫切需要基于 Abaqus 软件进行二次开发。

使用 Python 语言进行 Abaqus 二次开发涉及内核和 GUI 两个方面：内核开发是对 Abaqus 软件的核心功能进行扩展，而 GUI 开发则着重于创建定制化的图形用户界面，两者的知识体系都十分庞大，自学起来有一定的难度。虽然国内已经出版了《Python 语言在 Abaqus 中的应用》、《Abaqus Python 二次开发攻略》和《Abaqus GUI 程序开发指南（Python 语言）》等二次开发书籍，但面对 Abaqus 二次开发这样庞大的系统性工程，仍需要更多具有丰富开发经验的从业人员参与，分享经验，注入新鲜的血液，以满足不同读者的需求。

本书作者拥有十多年的有限元仿真与二次开发经验，是位非常乐于分享的同行，他录制有《Abaqus 主窗口 GUI 的二次开发》、《Abaqus 插件程序 GUI 的二次开发 初、中级篇》和《Abaqus 插件程序 GUI 的二次开发 高级篇》等视频课程，广受仿真学习者和从业者的欢迎。知悉他在撰写《Abaqus 二次开发：内核与 GUI 应用实例详解》一书，我们非常有幸能够第一时间拜读并撰写序言。

该书涵盖了 Abaqus 内核与 GUI 二次开发的各个方面。内核开发部分包括 Abaqus 内核的基本结构、数据类型、函数接口以及常用命令等内容，通过不同复杂程度的实例演示了如何使用 Abaqus 内核脚本开发实现功能扩展。GUI 开发部分包括 Abaqus GUI 的基础知识、控件、布局、模式和关键字等内容，也给出众多实例教给读者如何使用 Abaqus GUI Toolkit 定制插件界面和主窗口界面。本书提供了大量实例源代码和示例代码，带领读者更加深入地了解 Abaqus 的二次开发过程和实现方法。同时，书中也注重帮助读者养成良好的规范化编程习惯，以提高代码的可读性和可移植性。

总而言之，本书不仅是一本关于 Abaqus 二次开发的实用指南，对读者来说更是不可多得的学习宝典。我们相信，通过本书的学习，读者可以更加全面地掌握 Abaqus 二次开发的思路和方法，在学会 Abaqus 基础功能的前提下，掌握更多的扩展知识和二次开发技巧，以满足不同行业的实际需求。

预祝本书畅销！

浙江大学　江丙云　博士

青岛理工大学　曹金凤　博士

2023 年 8 月

序　二

近年来，仿真模拟技术在非常多的行业中得到了广泛运用。作为一款功能强大的有限元分析软件，Abaqus 为工程师和科学家们提供了卓越的仿真能力，用以解决各种复杂的工程问题。随着实际应用愈发复杂多样，各类行业对模拟分析的周期性和可靠性要求也日益提高，因此，仿真自动化和定制化变得至关重要。针对这种需求，Abaqus 提供了内核二次开发和 GUI 二次开发接口，这两个功能在实现仿真流程自动化和定制化方面起到了关键作用。

对于许多用户来说，Abaqus 二次开发一直是一个具有挑战性的任务，它要求用户同时具备 Python 编程能力和 Abaqus 分析能力，以及熟知各种 API 的使用方法等，这需要开发者具有较强的学习能力和钻研精神。幸运的是，近年来国内出版了许多关于 Abaqus 二次开发的优秀书籍，这些书籍为广大 Abaqus 用户提供了宝贵的学习资料。通过学习和实践，国内用户的二次开发水平有了显著提高，这对于 Abaqus 仿真技术的发展起到了积极的推动作用。然而，相对于 Abaqus 内核开发，目前关于 Abaqus GUI 开发的系统性资料仍旧较少。实际上，内核和 GUI 是相辅相成的两个部分，两者结合起来能够实现更加丰富和完善的功能。

江丙云博士和曹金凤老师是撰写 Abaqus 书籍的“老法师”，也是我多年的好友，经其介绍，我认识了陈开伟先生，并欣喜地发现他在日常工作和录制仿真网络课程之余，还在撰写《Abaqus 二次开发：内核与 GUI 应用实例详解》一书。这本书同时涵盖了内核和 GUI 两方面的内容，作者从脚本的角度对这两大部分做了详细介绍，从所需的入门知识开始，一直到高级技术，所有应用过程都以深入浅出的方式进行阐述，并提供了多个实例供读者学习和参考。尤其令人高兴的是，GUI 开发部分的内容占据了本书较大篇幅，这对于希望深入了解 Abaqus GUI 二次开发的用户来说，是非常有价值的资源。

随着仿真技术的迅猛发展，应用范围的不断扩大，各个领域对 Abaqus 二次开发的需求也会持续增加。我相信，这本书将成为广大开发者宝贵的参考手册，帮助大家应对新的挑战，充分发挥 Abaqus 的作用和潜力。同时感谢读者们选择阅读本书，祝愿大家在学习和探索之旅中获得丰硕的成果，在仿真领域取得更加卓越的成就！

白　锐

达索系统大中华区 SIMULIA 仿真技术总监

2023 年 9 月 5 日于达索系统上海办公室

前　言

Abaqus 是一款强大的有限元分析软件，广泛应用于装备制造、航空航天、建筑工程、汽车交通等领域，能够模拟金属、橡胶、复合材料、岩石等各种工程材料，国内外使用都已比较成熟。然而，对于一些特定的问题和需求，一步步手动操作 Abaqus 完成分析可能会过于烦琐，甚至无法满足要求。在这种情况下，二次开发成为一个重要的解决方案，用户可以根据具体需求对 Abaqus 内核和 GUI 进行二次开发，实现功能扩展、模块定制、流程自动化等，从而大大提高工作效率，甚至可以开发出全新的主窗口界面，以获取一个专属自己的 Abaqus。

本书内容

本书共三篇，具体内容如下。

1）第 1 章和第 2 章为基础篇。第 1 章 Abaqus 二次开发概述简要介绍了 Abaqus 内核二次开发、插件程序 GUI 二次开发、主窗口 GUI 二次开发的内涵、方法和应用等，以及三者构成的二次开发链，让读者对 Abaqus 二次开发形成系统的认识；第 2 章 Python 语言基础对 Python 的开发工具、语法、数据类型、流程控制等进行了比较全面详细的介绍，基本能够满足 Abaqus 二次开发的需要。

2）第 3~6 章为内核开发篇。第 3 章 Abaqus 内核开发首先展示了一个比较典型的 Abaqus 内核代码文件，并对其进行了简要分析，然后详细介绍了 Abaqus 所特有的数据类型、内核对象，以及常见知识点和小实例，提供了读者进行 Abaqus 内核开发的必备知识；第 4~6 章是三个实例，涉及前处理、后处理及 PPT 报告自动生成，通过实例介绍、代码注释和要点讲解帮助读者快速掌握 Abaqus 内核开发的常见代码和应用。

3）第 7~14 章为 GUI 开发篇。第 7 章介绍了如何使用 Abaqus RSG 对话框生成器制作一个完整的对话框插件，完成本章学习后，读者可以学会简单插件的制作和应用；第 8 章 Abaqus GUI 开发是对 Abaqus GUI Toolkit 的应用，以实例代码为依托，首先介绍了模块导入、AFXDataDialog 类和构造方法，然后详细讲解了各种布局、控件、关键字的应用，以及相关函数/方法的参数；第 9~13 章是插件程序 GUI 二次开发的应用实例，除帮助读者熟悉 Abaqus GUI 二次开发的诸多功能外，也展示了控件状态切换、模型连续拾取、连续对话框等常见应用；第 14 章同样以实例代码为导引，介绍了 Abaqus 主窗口 GUI 的二次开发功能与应用。

本书特点

本书内容全面，讲解细致，注重实用性，从 Python 语言知识，到 Abaqus 内核代码解析与应用，再到插件和主窗口定制，力图帮助读者快速上手，从 0 到 1 完成一个 Abaqus 二次开发项目。为此，本书的编排考虑了以下几个方面。

1）实例贯穿，易学易用。在 Python 语言知识和 Abaqus 内核基础知识讲解中，以实例代码说明其内涵和使用方法；GUI 基础知识章节中，在展示完整实例代码的基础上，将实例代码分段解析与体系化的知识点讲解相融合。

2）注释详细，要点清晰。实例代码添加了比较详细的注释，方便读者在查看代码讲解前概览和分析完整代码，理解其功能和实现逻辑；对代码进行了清晰、细致的分段逐行解析，帮助读者深入理解每行代码的含义，并提取其中要点进行了一些核心概念和技术的讲解。

3）列表说明，参数详尽。对常用函数/方法的功能进行了介绍，将其参数的类型、默认值、含义通过表格的形式进行了说明，并给出了一些必要的难点解析和应用拓展。

由于编者水平有限，书中不妥之处在所难免，恳请读者批评指正。希望本书能帮助读者更加深入地理解 Abaqus 二次开发技术，并在工作和研究中用其解决更多问题。

最后，对编者的家人表示感谢，他们长期以来的无私奉献和理解使编者能够专注于本书的编写。也感谢机械工业出版社编辑给予的指导和建议，他们的专业知识和经验使本书更加完善。

编　者

目　录

基 础 篇

第1章 Abaqus二次开发概述

1.1 Abaqus 二次开发简介

随着全球工业的快速发展和变化，有限元仿真技术正在发挥越来越重要的作用。Abaqus 作为先进的通用有限元仿真软件，广泛应用于机械工程、航空航天、汽车工业、电子工业和土木工程等领域。凭借强大的非线性求解能力，Abaqus 在工程模拟有限元软件中具有非常高的地位和影响力，是工程师进行各种仿真分析的首选工具之一。

各个领域的模拟分析问题都有自身的独特性和复杂性，通用的有限元分析软件通常只提供常规的功能和接口，无法满足所有特定的需求。为了解决这些问题，用户需要更加高效、灵活和定制化的解决方案。

Abaqus 作为一款高度可扩展的软件，提供了多种编程语言的 API（应用程序编程接口），包括 Python、C++和 Fortran 等，用户可以利用这些接口进行内核脚本、插件程序、定制化用户界面和用户子程序等多种类型的二次开发，以满足各种形式的定制需求。开发的这些工具可以扩展 Abaqus 原有的功能，借助自动化操作能够大幅减少手动操作所需的时间，降低出错率，帮助用户提高工作效率，同时降低计算成本和时间成本。

近年来，越来越多的用户和企业开始采用 Abaqus 二次开发技术来满足其特定需求，这也促进了 Abaqus 二次开发的不断发展和完善。现在，Abaqus 二次开发已经成为一项广泛应用的技术，许多用户和企业通过它实现了自动化模拟、个性化需求和高效分析等功能，从而实现高效率和高准确性的分析工作。

1.2 必备知识

本书旨在帮助读者使用 Python 语言进行 Abaqus 二次开发。作为必备知识之一，首先需要熟悉 Python 语言的基本语法和常用模块，如变量、数据类型、循环、条件语句和函数等，同时掌握常用的 Python 模块，如 math、os、os. path、sys 和 shutil 等。除此之外，进行 Abaqus GUI 二次开发还需要了解一些面向对象编程的概念和基本语法。

在学习或编写代码时，应该养成良好的编程习惯，包括保持合适的代码风格（如缩进方式）、使用有意义的变量/函数/类名称、编写注释、处理异常情况等。这些习惯可以使代码更易于阅读和维护，减少潜在的错误，提高代码的质量和可靠性。

除了 Python 语言，还需要了解 Abaqus 的功能和基本操作，包括 Abaqus/CAE 的使用、基础建模、单元类型、材料、边界条件等。Abaqus 提供了丰富的 API，这些 API 可以访问模型的内部数据。其数量很多，读者可以先了解一些常用的 API，更多 API 信息可在开发过程中查阅 Abaqus Scripting Reference Guide。

1.3 开发内容

1.3.1 Abaqus 内核

Abaqus 内核二次开发包括前处理二次开发和后处理二次开发。

有限元模型的前处理操作通常包含创建和编辑模型、划分单元、自定义材料和属性、生成装配体、创建分析步、设置输出变量、设置接触关系、施加边界条件和载荷等，这些前处理流程都可以通过内核二次开发来完成。用户既可以开发出一个小脚本来实现特定功能，也可以编写一个完整的前处理流程脚本，实现有限元分析的自动化和流水化，大幅提高工作效率的同时，还能保证每次前处理的操作和设置都一致，避免人为错误的出现。

后处理二次开发是对 odb 文件进行快速分析和处理。通过后处理二次开发可以快速提取仿真结果、生成图表，进行可视化和自动截图等操作，以方便用户查看和解析仿真结果，了解模拟过程中各个节点和单元的状态、变形和应力等情况，及时识别模型中潜在的薄弱之处。

1.3.2 Abaqus 插件程序 GUI

Abaqus 插件程序 GUI 的二次开发与 Abaqus 内核程序的二次开发是相辅相成的。

即使 Abaqus 内核程序的脚本很强大和完美，对于不熟悉编程的人来说，使用这些脚本可能也会比较困难。一个优秀的插件程序必定是易于使用的，要让不懂编程的人也能轻松地使用内核脚本，还需要同时配备一个易于理解的图形界面。用户可以在对话框中进行输入、点击和拾取等操作，而无须了解编程的细节，就可以轻松完成一个定制的内核程序任务，这就是 Abaqus 插件程序 GUI 二次开发能够发挥的作用。

Abaqus 插件程序 GUI 二次开发以对话框的形式显示和收集与任务相关的信息和数据。对话框是一个独立的窗口，是实现用户与脚本交互的主要方式。为了便于用户快速开发，Abaqus 提供了 RSG 对话框生成器（Really Simple GUI Dialog Builder），它可以方便地创建含有多种控件的对话框，并将内核脚本与对话框关联起来。对于较为简单的插件，使用 RSG 对话框生成器就足够了。然而，如果想要创建更精简、完善和强大的图形界面，就需要使用功能更多的 Abaqus GUI Toolkit。

Abaqus GUI Toolkit 是一种基于 FOX GUI Toolkit 的扩展，FOX GUI Toolkit 是一个可移植性很高的 C++工具包，提供了大量的控件，可以有效地开发各种图形界面。针对 Abaqus 的实际需求，达索公司进行了改进，对部分控件进行了重新编写，以更好地适应 Abaqus 实际应用场景。

1.3.3 Abaqus 主窗口 GUI

Abaqus 的插件程序默认放置在主菜单的 Plug-ins 选项中，但随着插件数量的增加，

Plug-ins 下拉菜单中的选项会变得杂乱无章，所需插件难以快速找到。为了更好地分类管理这些插件程序，Abaqus 提供了对 Abaqus/CAE 主窗口进行二次开发的接口。通过这个接口，用户可以为插件程序赋予自定义图标，将它们放置在工具条、左侧的工具箱或菜单栏中，打开时点击图标或菜单项即可，如同 Abaqus 的图标一样。此外，随着 Abaqus 模块的切换，还可以指定某些插件程序处于隐藏或显示状态。这样，各种插件程序不需要拥挤在 Plug-ins 下拉菜单中，而是融入主窗口界面，除了更方便管理和使用，还能形成一个专属用户自己的定制化界面。

1.4 Abaqus 二次开发链

从上一节中可以看出，基于 Python 语言的 Abaqus 二次开发技术主要包含三个部分：内核二次开发、插件程序 GUI 二次开发和主窗口 GUI 二次开发，这三个部分共同构成了一个完整的开发链。为了更清楚地描述这个开发链，按照开发顺序将它们拆分成 11 个步骤，以图 1-1 中流程图的形式予以展现。

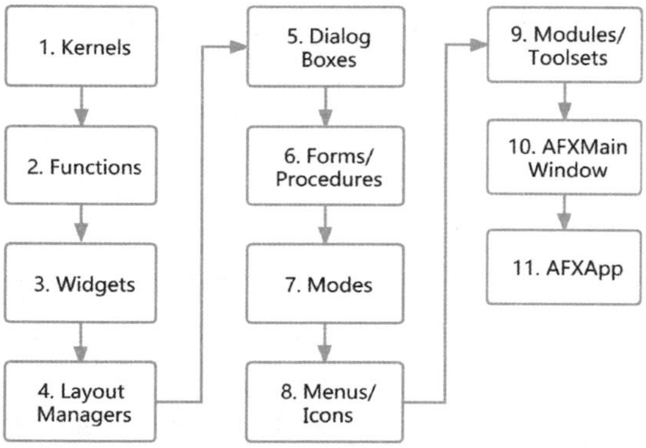

图 1-1 Abaqus 二次开发链

其中各步骤的含义如下。

1. Kernels：内核语句和代码。
2. Functions：内核语句构成的函数。
3. Widgets：对话框中的控件，如单选按钮、复选按钮、文本框等。
4. Layout Managers：对话框中各种控件的布局。
5. Dialog Boxes：插件程序对话框。
6. Forms/Procedures：Forms 模式和 Procedures 模式。Forms 模式通过用户在对话框中输入字符的方式收集参数，比如输入泊松比或模型名称；Procedures 模式通过用户在视口中用鼠标点选的方式收集参数，比如选择一个面或几个节点。
7. Modes：负责收集用户输入参数和处理命令的模式。
8. Menus/Icons：修改、增加菜单，以及自定义图标。
9. Modules/Toolsets：自定义模块和工具集。
10. AFXMainWindow：注册标准和自定义的 Abaqus 模块和工具集。

11. AFXApp：创建一个 Abaqus 应用程序。

其中，第 1 步和第 2 步属于内核二次开发，第 3~7 步是插件程序 GUI 二次开发，第 8~11 步则是主窗口 GUI 二次开发。

本书将全面介绍 Abaqus 二次开发的三个部分，通过各种实例讲解 Abaqus 内核脚本、插件程序 GUI 和主窗口 GUI 等二次开发的基本知识和实践技巧。这些内容将会随着章节的展开逐步呈现，引领读者深入地了解和掌握 Abaqus 二次开发技术。

1.5 本章小结

本书主要基于 Python 编程语言介绍如何进行 Abaqus 二次开发，以满足特定的功能需求。Abaqus 二次开发由内核二次开发、插件程序 GUI 二次开发和主窗口 GUI 二次开发三个部分组成，它们构成了一条完整的开发链。随着章节的展开，这些内容将会陆续展现。

第2章 Python语言基础

Abaqus 内核二次开发和 GUI 二次开发使用的 Python 语言是一种简单易学的编程语言，它有效率高、能够面向对象做开发以及可移植扩展等优点，已经成为全球最受欢迎的编程语言之一。本章将介绍一些基础的 Python 知识，为尚不熟悉 Python 语言的读者提供入门引导。

2.1 Python 开发工具

要使用 Python 做 Abaqus 二次开发，开发工具必不可少，选择合适的编辑器可以很大程度上提高编程开发效率。目前优秀的代码编辑器很多，读者可根据自身情况做选择。本节介绍两款编辑器以供参考，它们各有优点。

2.1.1 Abaqus PDE

Abaqus PDE 是一款由达索公司专为 Abaqus 开发的编辑器，它是一个单独的应用程序，可以创建、编辑、测试和调试 Python 脚本，主要用于 Abaqus/CAE 图形用户界面命令、内核脚本和普通脚本的编写及调试。Abaqus PDE 最大的优点是内置了 Abaqus 自带的模块，脚本中导入模块即可直接使用，这种先天的优势是第三方编辑器无法比拟的。除此之外，Abaqus PDE 还具有良好的集成性，可以方便地与 Abaqus/CAE 进行交互，更加直观地执行代码。

Abaqus PDE 有三种打开方式。

1）在 Abaqus/CAE 中，点击主菜单选项 File→Abaqus PDE。

2）打开 Abaqus Command，输入 abaqus cae -pde 后按〈Enter〉键。

3）打开 Abaqus Command，输入 abaqus pde 后按〈Enter〉键。

使用第二种方式打开 Abaqus PDE 的同时，还能一并打开 Abaqus/CAE 主窗口。第三种为单独打开 Abaqus PDE，并不会启动 Abaqus/CAE。

Abaqus PDE 界面及使用说明如图 2-1 所示。

选择执行空间的 GUI 单选按钮 ◉ GUI 时，用户可以通过点击 ○ 按钮录制 Abaqus/CAE 中每一步的执行动作，并会自动生成 guiLog 文件。反过来，在 Abaqus PDE 中运行该 guiLog 文件，便可在 Abaqus/CAE 中完全复现每一步操作。

对于二次开发来说，Abaqus PDE 最大的作用是调试脚本。代码调试过程中，经常需要实时掌握某变量在某个时刻的传入值。在 Abaqus/CAE 环境中调试时，采用的办法往往是用 print 方法将该变量打印出来。而 Abaqus PDE 调试功能的强大之处就在于，可以一次性自动获取许多变量的传入值，在很大程度上提高调试效率。此外，Abaqus PDE 还可以设置断点，断点前的语句可以连续运行，直到断点处自动停止，再根据需求选择继续运行或手动逐行执行，同时，Abaqus/CAE 中会实时显示对应代码的执行结果，给予用户直观的及时反馈。

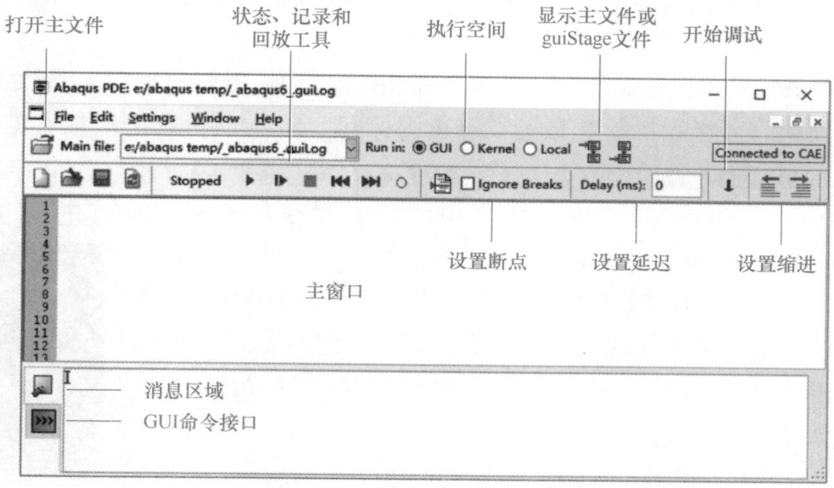

图 2-1　Abaqus PDE 界面及使用说明

例如，图 2-2 所示为调试生成角钢模型的内核脚本。

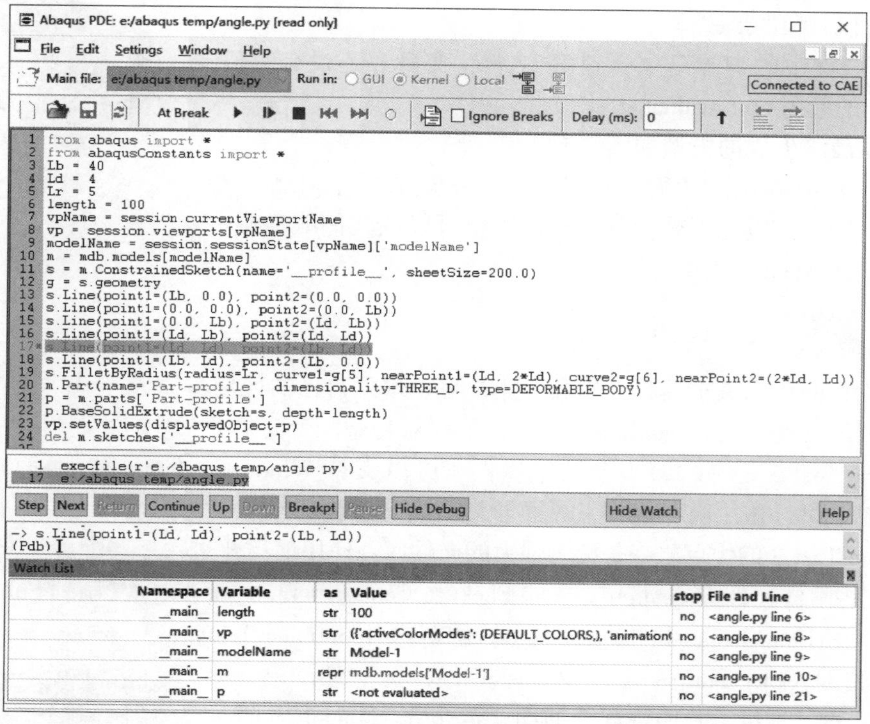

图 2-2　Abaqus PDE 调试脚本

调试过程中，如果需要监控一些变量的传入值，以第 8 行的变量 vp 为例，用户只需在该行用鼠标选中变量名 vp，点击右键，选择 Add Watch：vp，如图 2-3 所示，即可在下方的 Watch List 表格中添加该变量以便监控。图 2-2 中关注了 length、vp、modelName、m 和 p 共 5 个变量。

图 2-3　监控变量

有时脚本语句较多，需要做分段调试，例如图 2-2 中，要想明确第 17 行之前的执行结果是否符合预期，可将光标放在该行，点击图标，或在该行点击鼠标右键，选择 Add Breakpoint，即可添加断点，接着点击按钮或按〈F5〉键便可执行脚本。程序运行到第 17 行时会自动停止，用户可在 Watch List 中观察当前变量的赋值是否正确。与此同时，Abaqus/CAE 中的草图也会与脚本同步，草图停留在执行第 16 行后的状态，如图 2-4 所示。通过这种调试方式，可以非常方便地判断代码是否正确执行。如果语句无误，可以再次点击或 Continue （调试模式下）按钮继续自动执行接下来的语句，也可以手动点击 Next （调试模式下）按钮逐行往下执行。

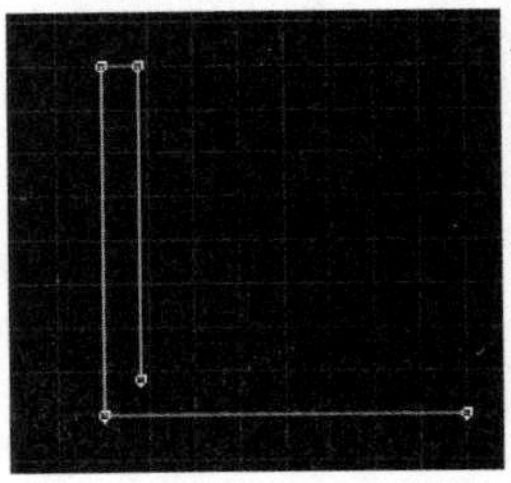

图 2-4　同步的草图模块

被监控的变量默认以 str() 显示，但对于诸如模型、部件或视图等对象来说，这些值的字符串非常长，不太利于理解，如图 2-2 所示的 Watch List 表格中的 vp 值。更好的方式是将它们以 repr() 格式展现，以变量 m 为例，右击后，选择 Display str (not repr) value of m，该变量就会以对象的形式体现，一目了然。

由于图 2-2 中的脚本只执行到第 17 行，变量 p 还没有赋值，所以表格中的值为<not evaluated>。

该脚本最终生成的模型如图 2-5 所示。

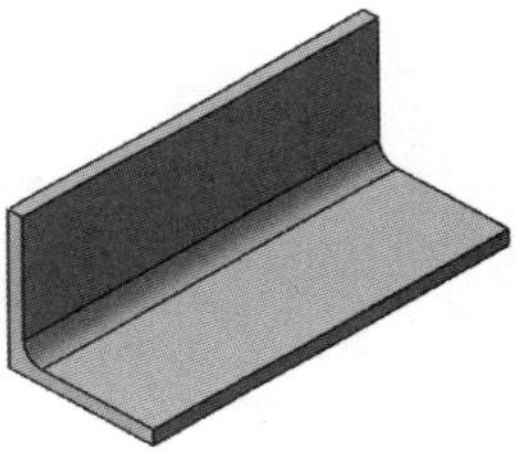

图 2-5　最终生成的模型

Abaqus PDE 在调试功能上很有优势，不过它并不具备自动补全功能，编写环境也不算十分突出，用户可以在其他编辑器中编写代码，在 Abaqus PDE 中进行调试。

2.1.2　Sublime Text 3

目前优秀的代码编辑器不在少数，用户可以根据自己的使用习惯选择一款得心应手的编辑器。笔者经常使用的是 Sublime Text 3，下面对它做一个简单介绍。

Sublime Text 3 是一款跨平台的编辑器，可以支持 Windows、Linux 和 macOS 等操作系统。它比较轻量，占用内存很少，界面非常简洁，功能却非常强大。

Sublime Text 3 的优点之一是拥有强大的插件库，使用前需要进行一些配置。安装 Sublime Text 3 后，将附件文件夹 chapter 2 中的 Package Control. sublime-package 复制到 Sublime Text 3 安装目录下的 Data\Installed Packages\中。重新打开 Sublime Text 3，按下组合键〈Ctrl+Shift+P〉，输入 install Package，选中第一项按〈Enter〉键，即可安装插件库，如图 2-6 所示。此时下方的状态栏中会显示 Loading repositories [　　=], Line 1, Column 1，稍等一会儿即可完成安装。再次按下组合键〈Ctrl + Shift + P〉，输入 install

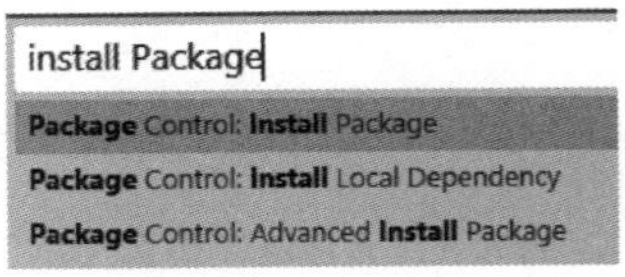

图 2-6　安装插件库

Package 后按〈Enter〉键，即可搜索和安装想要的插件。如果出现 There are no packages available for installation 的提示，还需要进一步设置。

Sublime Text 3 的插件库内容非常丰富，用户可以在网络上搜索并安装适合自身需求的插件，这里仅介绍两个比较实用的插件。

- ConvertToUTF8：Sublime Text 3 默认不支持中文编码，该插件可以解决中文乱码问题。
- SublimeREPL：可以交互式地调试程序。

以 Python 2.7 为例，计算机安装 Python 2.7 后，可以在 Sublime Text 3 中配置 Python 开发环境。依次点击 Sublime Text 3 主菜单中的“工具”→“编译系统”→“新编译系统”，如图 2-7 所示。

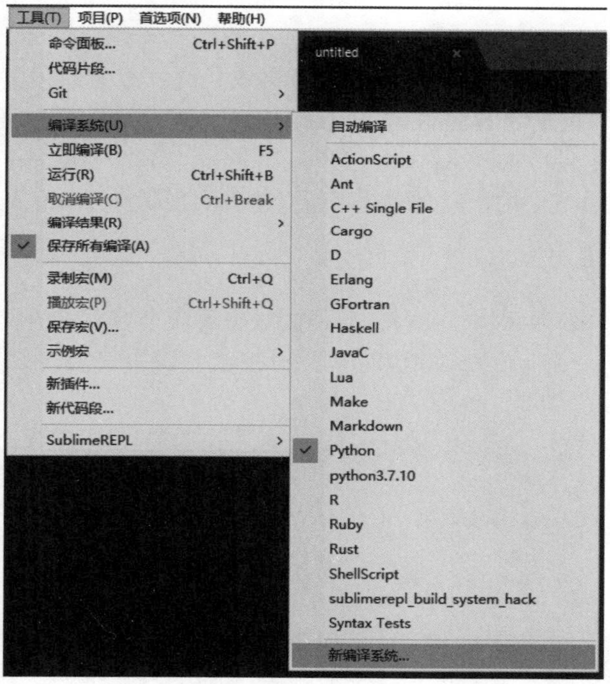

图 2-7　配置 Python 开发环境

在弹出的编辑窗口中输入图 2-8 所示的代码。

```
1 {
2      "cmd":["C:/Python27/python.exe", "-u", "$file"],
3      "file_regex": "^[ ]*File \"(...*?)\", line ([0-9]*)",
4      "selector": "source.python"
5 }
```

图 2-8　输入 Python 开发环境代码

其中第二行的地址要更改为用户计算机中的 Python 实际安装路径，注意路径中的斜杠应为正斜杠“/”。输入完成后，在默认地址中保存为 python2.7.11.sublime-build，此时图 2-7 所示的子菜单中便会添加。打开任意 py 文件，选择 python2.7.11，使用快捷键〈Ctrl+B〉或〈F5〉即可执行 py 脚本，运行结果在窗口下方显示，如图 2-9 所示。

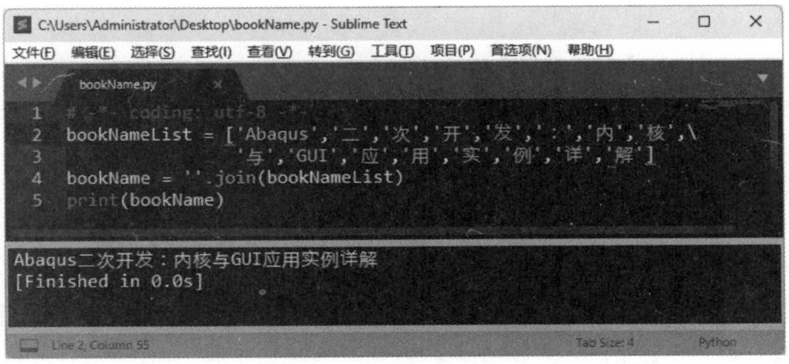

图 2-9　窗口下方显示运行结果

Sublime Text 3 具备十分实用和强大的功能，下面介绍几个主要功能。

1. 实时更新

用户做 Abaqus 内核二次开发时，为了快速提取代码，很多时候需要在 Abaqus/CAE 中手动操作，然后从工作目录的 abaqus.rpy 中获取相应语句。Sublime Text 3 具有实时更新代码的功能，用户可以先在 Sublime Text 3 中打开 abaqus.rpy，随着 Abaqus/CAE 操作的进行，当返回 Sublime Text 3 时，其中的代码会自动更新，这就实现了操作和代码的无缝衔接，提升了用户工作效率和体验感。

2. 分屏

分屏功能可将窗口分为几列或几行，以便同时查看两个或更多的脚本，布局的方式为选择主菜单的“查看”→“布局”，如图 2-10 所示，也可以用快捷键设置。窗口分成两列后的效果如图 2-11 所示。

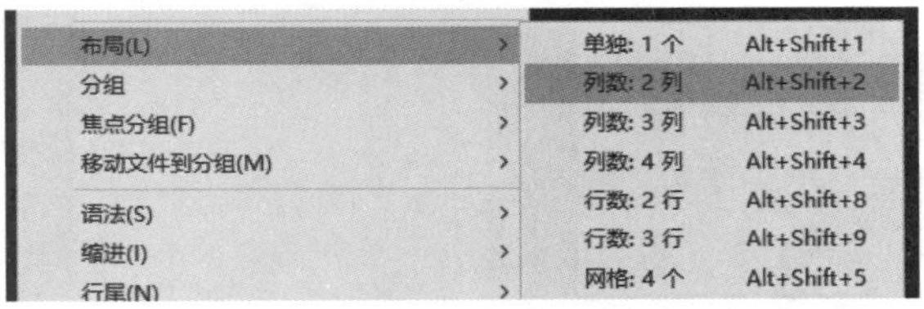

图 2-10　设置分屏

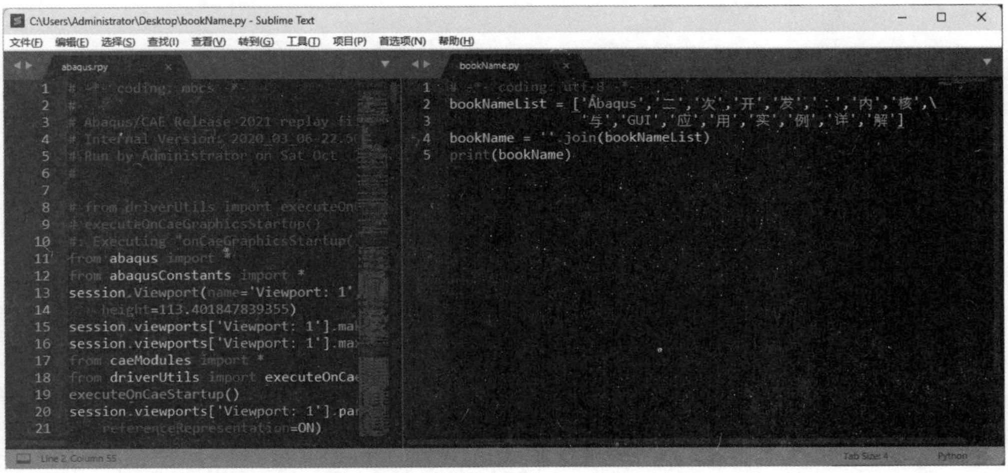

图 2-11　两列窗口的效果

3. 迷你地图

如果代码较长，位于右侧的迷你地图可以很方便地帮助用户定位，用鼠标点击迷你地图也可快速切换位置。当选中某个变量或数值后，脚本中所有的相同词会以高亮的形式在迷你地图中直观展示，如图 2-12 所示。

4. 选择相同词

选中某个词后按〈Ctrl+D〉组合键，可快速选中下一个相同的词，按住〈Ctrl〉键不放多次按〈D〉键，会同时选中多个相同的词，以方便用户批量编辑。例如图 2-13 中，通过该方式已经选中第 32~35 行中的 4 个 import。要跳过不想选的词，可以按〈Ctrl+K〉组合键取消选择。如果想要替换，则按住〈Ctrl+H〉组合键在下方打开替换栏，如图 2-14 所示，选中的词会自动出现在 Find 一栏中，以便快速替换。

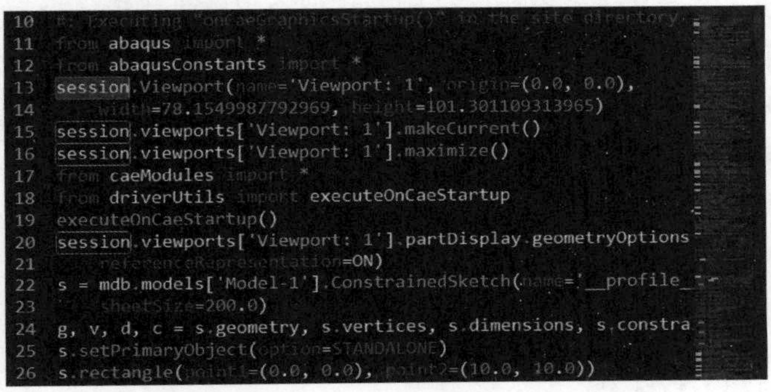

图 2-12　迷你地图

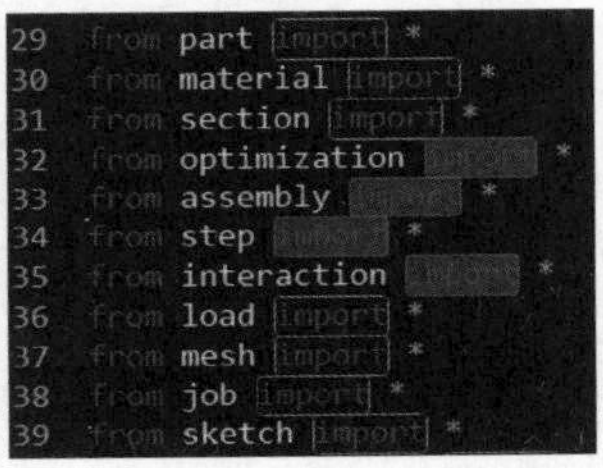

图 2-13　快速选中相同的词

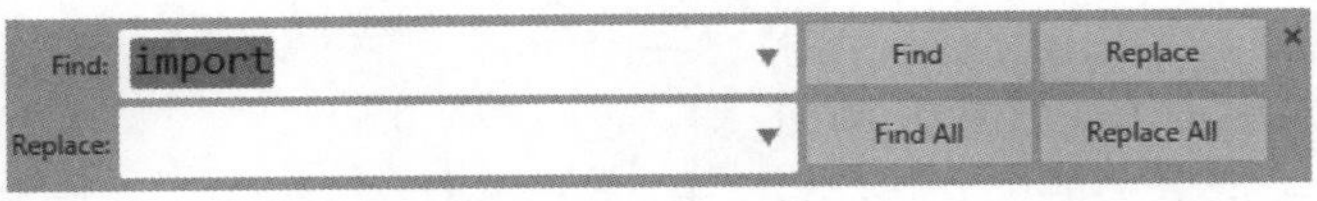

图 2-14　快速替换

5. 多行光标

通过〈Shift〉键+右键拖动鼠标的方式，可以把光标同时放置在多行中，在需要对多行同时进行输入或删除等操作时很有用。

6. 文件夹内搜索

使用〈Shift+F〉组合键可以对脚本中的关键词进行搜索，使用〈Shift+Ctrl+F〉组合键可以对某文件夹中的所有文档进行关键词搜索，如图 2-15 所示，在众多脚本中查找某个词时该功能可以极大地节省操作时间。

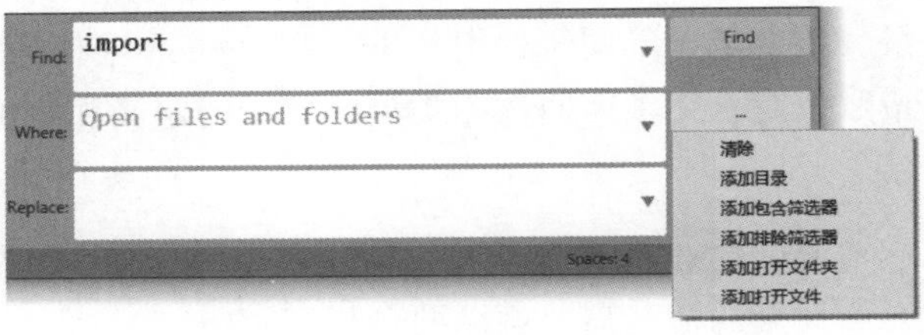

图 2-15　搜索文件夹

以上是 Sublime Text 3 的部分功能，它的强大之处不止于此。用户可以继续探索其他功能，以满足不同的编程需求。其中文官网 https://www.sublimetextcn.com/提供了中文版的说明文档，可以帮助用户快速掌握编辑器的使用技巧。Sublime Text 3 可以从官方网站 https://

www.sublimetext.com/下载，目前的版本为 Sublime Text 4，较 Sublime Text 3 有了进一步提升，用户可以根据实际需求选择相应版本。

2.2 Python 语法基础

尽管官方已于 2020 年 1 月 1 日停止对 Python 2.x 版本提供支持。不过，Abaqus 二次开发仍使用 Python 2.7.x 版本，为了与之对应，本章将基于 Python 2.7 版本进行介绍。对于其他 Python 项目，建议使用较新的 Python 3.x 版本。

2.2.1 缩进

Python 中使用缩进表示程序块。若缩进不符合规范，则解析器会报缩进错误，导致程序无法运行。通常，用户可以用 4 个空格作为缩进，或者使用制表符〈Tab〉来标记缩进，但同一个程序块中的缩进方式必须保持一致。

缩进的空格数是可变的，如果脚本较长，可以用两个空格作为缩进。同样，同一程序块中的语句必须包含相同的缩进空格数。

2.2.2 注释

注释的作用是对某些代码进行标注说明，在关键代码处加上注释可以增强程序的可读性。Python 中的注释包括单行注释和多行注释。

在单行注释前添加“#”时，Python 解释器会忽略“#”后面的内容，例如：

```
# 这是一行注释
```

单行注释也可以用于语句之后，例如：

```
print 'Abaqus 二次开发:内核与 GUI 应用实例详解'          # Author: 陈开伟
```

多行注释是连续两组 3 个引号（单引号和双引号均可），当出现一组 3 个引号时，Python 解释器会扫描下一组 3 个引号，并会忽略它们之间的内容，例如：

```
'''
Abaqus 二次开发:内核与 GUI 应用实例详解
Author:陈开伟
'''
```

2.2.3 变量

变量（variable）相当于一个标识符，它是各种数据的名称，用户将一组数据传递给变量，该变量就等同于这组数据。在 Python 中使用变量前必须赋值，否则会报错，不过给变量赋值时，无须声明数据类型。变量的定义和赋值非常简单，例如：

```
num = 10
```

此处的 num 即为变量，使用单个等于号“=”进行赋值操作，变量的传入值为 10。

变量的命名需要遵循两个规则：

1）变量名通常由英文字母、下画线或数字组成，且第一个字符不能为数字。

2）变量名不能为 Python 保留字，Python 2 的保留字有 31 个，见表 2-1。

表 2-1 Python 2 的保留字

and	as	assert	break	class	continue	def	del
elif	else	except	exec	finally	for	from	global
if	import	in	is	lambda	not	or	pass
print	raise	return	try	while	with	yield	

编写程序时，Python 变量名中的字母严格区分大小写。同时，以下画线开头的变量往往有特殊含义，应尽量避免使用。

2.2.4 运算符

运算符是 Python 语言中执行算术或逻辑运算的特殊符号，本小节介绍几种常用的运算符。

算术运算符也称数学运算符，用来对数字进行数学运算。表 2-2 为 Python 支持的算术运算符。

表 2-2 算术运算符

算术运算符	描述	实例	结果
+	相加	15.2 + 86.7	101.9
-	相减	45.7 - 26.8	18.9
*	相乘	4 * 12.6	50.4
/	相除	24 / 1.6	15.0
//	求整除	11 // 3	3
%	求模	11 % 3	2
**	求幂	11 ** 3	1331

比较运算符也称关系运算符，用于常量、变量或表达式的大小比较。如果比较成立则返回 True（真），反之则返回 False（假）。表 2-3 是 Python 支持的比较运算符。

表 2-3 比较运算符

比较运算符	描述	实例	结果
>	大于	10 > 8	True
<	小于	10 < 8	False
==	等于	10 == 8	False
>=	大于等于	10 >= 10	True
<=	小于等于	10 <= 8	False
!=	不等于	10 != 8	True
is	判断两个变量引用的对象是否相同	a is b	False
is not	判断两个变量引用的对象是否不相同	a is not b	True

逻辑运算符类似于通常所说的与、或、非，分别用 and、or 和 not 表示。操作对象可以是表达式，计算顺序为先进行表达式，得出结果后再进行逻辑运算，见表 2-4。

表 2-4　逻辑运算符

逻辑运算符	描　述	实　例	结　果
and	与运算，当左、右表达式都为真时，结果为真，否则为假	10 > 8 and 5 < 3	False
or	或运算，当左、右表达式都为假时，结果为假，否则为真	10 > 8 or 5 < 3	True
not	非运算，如果表达式为真，非运算则为假，相当于对表达式取反	not 5 < 3	True

成员运算符可检测某个数据是否包含在另一个数据中，可以用于字符串、列表、元组、集合和字典，见表 2-5。

表 2-5　成员运算符

成员运算符	描　述	实　例	结　果
in	如果后者包含前者，结果为真；否则为假	'p' in 'python'	True
not in	如果后者不包含前者，结果为真；否则为假	1 not in [2,3,4]	True

2.3　数据类型

Python 中共有 6 种标准数据类型，分别是：Number（数字）、String（字符串）、List（列表）、Tuple（元组）、Set（集合）和 Dictionary（字典）。

2.3.1　数字

数字类型包含整型、浮点型、布尔类型和复数，见表 2-6。

表 2-6　数字类型

数字类型	描　述	实　例
整型 (int 和 long)	即整数，不带小数点，可以是正整数或负整数，含二进制、八进制、十进制和十六进制	0x7D、125
浮点型 (float)	由整数部分与小数部分组成，也可以用科学计数法表示	3.14、1.6e-2
布尔类型 (bool)	计算机中最基本的类型，只有 True 和 False	True、False
复数 (complex)	由实数部分和虚数部分构成，可以用 a + bj 或 complex(a, b)表示	3+2j complex(4. 6, 5.9)

2.3.2　字符串

字符串是 Python 中常见的数据类型，用单引号、双引号和三引号都可以创建，例如：

```
strA = 'Hello, World! '
strB = "Hello, Python!"
```

单引号、双引号在单独使用时没有区别，它们也可以配合使用，例如：

```
strC = "Happy Children's Day!"
```

三引号支持换行，例如：

```
strD = '''Hello,
World & Python! '''
```

字符串属于不可变的数据类型，对它修改后产生的新字符串需要赋值给新的变量，原字符串仍保持不变。以下是几个常用的字符串内置方法。

1. 查找方法 find()

语法格式为 str.find(sub[,start[,end]])。

find()用于查找字符串中是否包含子字符串 sub。如果指定 start 和 end 范围，则在指定范围内检查。如果含有子字符串，则返回第一次出现时的位置，以索引值表示，否则返回 -1。例如：

```
>>> strE = 'do one thing at a time, and do well.'
>>> print strE.find('one')
3        # 返回值 3 为索引值,表示'one'起始于 strE 的第 4 个字符(索引值从 0 开始)
>>> print strE.find('do')
0        # 尽管有两个'do',但只返回第一次出现'do'时的索引值
>>> print strE.find('one', 20, 30)
-1       # 返回-1,表示在指定范围内没有'one'
```

2. 替换方法 replace()

语法格式为 str.replace(old_str,new_str[,max_num])。

replace()用于将指定的字符串替换为目标字符串。old_str 为被替换的字符串，new_str 为新字符串。max_num 是可选的，用于指定替换次数，不指定则默认为全部替换。例如：

```
>>> strE.replace('do', 'doing')
'doing one thing at a time, and doing well.'
>>> strE.replace('do', 'doing', 1)
'doing one thing at a time, and do well.'# 只替换一次,后面的'do'没有变
```

3. 拆分方法 split()

语法格式为 str.split(str=" ",num=string.count(str))。

split()用于指定分隔符对字符串进行拆分，返回拆分后的列表。参数 str 为分隔符，默认为空格。num 表示拆分次数，默认为 -1，即拆分所有。例如：

```
>>> strE.split('')                    # 以空格作为分隔符,等同于 strE.split()
['do', 'one', 'thing', 'at', 'a', 'time,', 'and', 'do', 'well.']
>>> strE.split('', 2)                 # 拆分两次,后面的字符串不做拆分
['do', 'one', 'thing at a time, and do well.']
```

4. 合并方法 join()

语法格式为 str.join(sequence)。

join()是 split()的逆方法，可以将序列中的元素用指定的字符串作为分隔符合并成一个字符串。str 为合并时的分隔符，sequence 为要合并的序列。例如：

```
>>> listA = ['do', 'one', 'thing', 'at', 'a', 'time,', 'and', 'do', 'well.']
>>>''.join(listA)                     # 以空格作为分隔符
```

```
'do one thing at a time, and do well.'
>>> '-'.join(listA)                          # 以'-'作为分隔符
'do-one-thing-at-a-time,-and-do-well.'
```

2.3.3 列表

列表（List）是 Python 语言中最常用的数据类型之一，是一种有序、可更改的集合，可以使用索引值访问，允许存在重复元素。它具备修改、删除、切片、运算等方法。

列表以中括号[]的形式表示，其中的元素可以是任意类型。例如：

```
listA = [3.14, 'Hello, world! ', None, True, [1, 2, 3]]
```

列表中的每个元素都会分配一个索引值，索引值从 0 开始，依次类推。通过索引值可以访问列表中的元素，例如：

```
>>> listA[1]
'Hello, world! '
```

如果元素较多，访问最后的元素时，索引值可设为-1，例如：

```
>>> listA[-1]
[1, 2, 3]
>>> listA[-2]
True
```

用索引值可以修改元素，例如：

```
>>> listA[3] = False
>>> print listA
[3.14, 'Hello, world! ', None, False, [1, 2, 3]]
```

为列表增加新的元素，最常用的是 append()，可以添加在列表的最后，例如：

```
>>> listA.append((4, 5, 6))
>>> print listA
[3.14, 'Hello, world! ', None, False, [1, 2, 3], (4, 5, 6)]
```

删除元素可以利用索引值或直接删除，例如：

```
# 删除方法 pop()
>>> listA.pop()                   # pop()中不指定索引值时默认删除最后一个元素
(4, 5, 6)                         # pop()会返回删除的元素
>>> print listA
[3.14, 'Hello, world! ', None, False, [1, 2, 3]]
>>> listA.pop(1)                  # 通过指定索引值删除第二个元素
'Hello, world! '
>>> print listA
[3.14, None, False, [1, 2, 3]]
# 删除方法 remove()
>>> listA.remove(False)           # remove()会删除第一个符合条件的元素,一次只删除一个元素
>>> print listA
[3.14, None, [1, 2, 3]]
# 删除方法 del
>>> del listA[1]                  # del 后直接加要删除的元素
```

```
>>> print listA
[3.14, [1, 2, 3]]
```

作为有序的数据集合，列表切片能够快速获取多个元素，例如：

```
>>> listB = [10, 20, 30, 40, 50, 60, 70, 80, 90, 100]
>>> listB[2:5]              # 获取起始位置和结束位置之间的元素,位置以冒号隔开
[30, 40, 50]                # 获取的元素遵循“包头不包尾”
>>> listB[1:8:2]            # 2 为步长,表示每多少个获取一个元素
[20, 40, 60, 80]
>>> listB[5:]               # 冒号后为空,表示获取元素直到最后一个元素
[60, 70, 80, 90, 100]
>>> listB[:5]               # 冒号前为空,表示从第一个元素开始获取
[10, 20, 30, 40, 50]
>>> listB[::-1]             # 列表倒置
[100, 90, 80, 70, 60, 50, 40, 30, 20, 10]
```

常用的列表运算有算数运算和成员运算，例如：

```
>>> listC = [11, 22, 33] + ['aa', 'bb', 'cc']          # +用于合并两个列表
>>> print listC
[11, 22, 33, 'aa', 'bb', 'cc']
>>> listD = ['###'] * 5                                # * 用于复制元素,相当于乘号
>>> print listD
['###', '###', '###', '###', '###']
>>> '*' in listD                                       # in 判断元素是否存在于列表中
False                                                  # 不存在,返回 False
```

列表具备的内置函数和内置方法较多，以下为部分常用函数和方法的实例：

```
>>> listE = [30, 20, 30, 40, 30, 60, 80, 80]
>>> len(listE)                    # 返回列表中元素的数量
8
>>> max(listE)                    # 返回列表元素的最大值
80
>>> listE.index(40)               # 通过元素获取索引值
3
>>> listE.count(30)               # 统计某元素在列表中出现的次数
3
>>> listE.sort()                  # 对列表从小到大排序
>>> print listE
[20, 30, 30, 30, 40, 60, 80, 80]
>>> listE.insert(2, 35)           # 将元素 35 插入到索引值为 2 的位置
>>> print listE
[20, 30, 35, 30, 30, 40, 60, 80, 80]
>>> listE.reverse()               # 反转列表中的元素
>>> print listE
[80, 80, 60, 40, 30, 30, 35, 30, 20]
```

2.3.4 元组

元组（Tuple）是一种有序、不可更改的集合。元组中的元素可以使用索引值访问，允许存在重复元素。

元组以小括号“()”的形式表示，其中的元素可以是任意类型。例如：

```
tupleA = (3.14, 'Hello, world! ', None, False, [1, 2, 3])
```

只存在一个元素时，必须加上一个逗号，才能构成一个元组，例如：

```
tupleB = (3.14, )
```

元组与列表类似，但由于其不可更改的特性，它的内置函数和内置方法比列表少了许多。以下列出部分实例：

```
>>> tupleC = (30, 20, 30, 40, 30, 60, 80, 80)
>>> tupleC[5]                      # 通过索引值获取元素
60
>>> tupleC[3:7]                    # 通过切片获取多个元素
(40, 30, 60, 80)
>>> tupleC.count(30)               # 统计某元素在元组中出现的次数
3
>>> tupleC.index(40)               # 返回第一个指定元素的索引值,若没有该元素会报错
3
```

2.3.5 集合

集合（Set）是一种无序、可更改的集合。集合中的元素不能使用索引值访问，也不允许存在重复元素。

集合以花括号“{}”的形式表示，其中的元素不可以为列表和字典。创建时如果出现重复元素，Python 会自动剔除，例如：

```
>>> setA = {1,2,1,2,3}
>>> print setA
set([1, 2, 3])
```

集合是无序的，不能使用切片和通过索引值访问。但它是可更改的，可以使用增加、删除等方法，例如：

```
>>> setB = {11, 22, 33, 'aa', 'bb', 'cc'}
>>> setB.add(55)                      # 增加一个元素
>>> print setB
set(['aa', 33, 'bb', 'cc', 11, 22, 55])
>>> setB.remove('cc')                 # 删除一个元素
>>> print setB
set(['aa', 33, 'bb', 11, 22, 55])
>>> setC = {1, 2, 3}
>>> setB.update(setC)                 # 添加其他集合中的元素
>>> print setB
set(['aa', 33, 2, 3, 'bb', 1, 11, 22, 55])
```

由于集合中的元素是唯一的，故集合之间可使用逻辑运算符，例如：

```
>>> setD = {10, 20, 30}
>>> setE = {20, 30, 40}
>>> setD & setE                       # 求交集
set([20, 30])
```

```
>>> setD | setE                          # 求并集
set([20, 40, 10, 30])
>>> setD - setE                          # 求差集
set([10])
>>> setD ^ setE                          # 求对称差集
set([40, 10])
```

2.3.6 字典

字典（Dictionary）是一种无序、可更改的集合。Abaqus 内核二次开发中，字典（即仓库）是一种十分重要的数据类型，用于存储和操作各种数据。

字典以花括号“{}”的形式表示，其中的元素以键值对的形式存储，键和值之间用冒号隔开，例如：

```
dictA = {'a':1, 'b':2, 'c':3}
```

还可以使用内置函数 dict()来创建一个字典，例如：

```
dictB = dict(a = 1, b = 2, c = 3)             # 作为键的 a、b、c 不需要引号
```

字典中的键是唯一的，且为不可变的数据类型，比如使用字符串、数字或元组作为键。不同键的值可以相同，可以为任何数据类型。由于字典是无序的，故其中的元素不能通过索引值访问，而是通过键来查找相应的值，例如：

```
>>> dictC = dict(one = 1, two = 2, three = 3, four = 4)
>>> dictC['two']
2                        # 如果键不存在,会报错
>>> dictC.get('two')
2                        # 如果键不存在,会返回 None
```

字典可以做增加、修改和删除等操作，例如：

```
>>> dictC['five'] = 5                          # 增加新的键值对
>>> print dictC
{'four': 4, 'five': 5, 'three': 3, 'two': 2, 'one': 1}
>>> dictC['three'] = 3.3                       # 修改原有键值对
>>> print dictC
{'four': 4, 'five': 5, 'three': 3.3, 'two': 2, 'one': 1}
>>> del dictC['four']                          # 删除键值对
>>> print dictC
{'five': 5, 'three': 3.3, 'two': 2, 'one': 1}
```

字典还有一些常用的内置函数和内置方法，例如：

```
>>> len(dictC)                          # 返回键值对的数量
4
>>> dictC.keys()                        # 返回所有的键
['five', 'three', 'two', 'one']
>>> dictC.values()                      # 返回所有的值
[5, 3.3, 2, 1]
>>> dictC.has_key('one')                # 判断字典中是否含有指定的键
True
```

```
>>> dictC.items()                    # 以列表的形式列出所有的键值对,可用于遍历
[('five', 5), ('three', 3.3), ('two', 2), ('one', 1)]
```

2.4 流程控制

编程语言要遵循一定的执行流程，用户根据需求决定程序在“何时”“做什么”，以及“怎么做”。流程的控制对于编程语言来说是极其重要的，它直接决定了程序以何种方式执行。按照执行流程来划分，Python 有三种流程控制方式，分别是顺序执行、条件控制和循环控制。

顺序执行是让程序从头到尾依次执行每一条语句，不重复执行，也不跳过任何语句。

条件控制是对条件进行判断，根据不同的判定结果执行不同的代码，从而有选择性地运行程序。

循环控制则是在一定的条件下重复执行同一段代码。循环分为两种，一种是一直重复，直到条件不满足时才结束循环，另一种是重复一定次数的循环。

本节简单介绍一下条件控制和循环控制。

2.4.1 条件控制

条件控制使用 if 语句，根据给定条件的不同，大致可分为三种形式，分别是 if 语句、if-else 语句和 if-elif-else 语句，例如：

```
# -*- coding: utf-8 -*-
score = input('请输入考试分数:') # 提示输入分数
```

第一种形式：if 表达式。

```
if score >= 60:
    print '本次考试成绩及格。'
```

第二种形式：if-else 表达式。

```
if score >= 60:
    print '本次考试成绩及格。'
else:
    print '本次考试成绩不及格。'
```

第三种形式：if-elif-else 表达式。

```
if 0 <= score < 60:
    print '本次考试不及格。'
elif 60 <= score < 75:
    print '本次考试成绩及格。'
elif 75 <= score < 90:
    print '本次考试成绩良好。'
elif 90 <= score <= 100:
    print '本次考试成绩优秀。'
else:
    print '考试分数输入错误。'
```

2.4.2 循环控制

根据循环条件的不同，循环控制分为 while 循环和 for 循环。

1. while 循环

语法格式为：

```
while 表达式:
    执行语句
```

程序首先会判断 while 后面的表达式是真或假。若表达式的值为真，则执行后面的执行语句，执行完毕后返回 while 继续判断表达式的真假。若表达式仍为真，则继续循环执行；若为假，则跳过执行语句，结束 while 语句。为了防止出现死循环，表达式中往往要控制循环的次数，执行语句中还可配合使用 continue 语句来结束本次循环，或用 break 语句结束整个 while 循环。例如：

```
# -*- coding: utf-8 -*-
import random
randomNum = random.randint(0,10)                  # 随机产生 0~10 的整数
while True:                                       # 表达式为 True,表示永远为真
    num = input('请猜一个 0~10 的数字:')
    if num >randomNum:
        print '猜大了,请再猜一次。'
    elif num < randomNum:
        print '猜小了,请再猜一次。'
    else:
        print '恭喜,猜对了!'
        break                                     # break 可以跳出 while 语句
```

执行结果为：

```
请猜一个 0~10 的数字:5
猜小了,请再猜一次。
请猜一个 0~10 的数字:7
猜大了,请再猜一次。
请猜一个 0~10 的数字:6
恭喜,猜对了!
```

2. for 循环

语法格式为：

```
for 迭代变量 in 可迭代对象:
    执行语句
```

for 循环通常用于遍历字符串、列表、元组或字典等序列。在执行时，迭代变量会依次赋值为可迭代对象中的元素，并执行一次执行语句，随后迭代变量会赋值为下一个元素，再次执行一次执行语句，直到可迭代对象中的元素遍历完毕为止。for 循环也可以使用 continue 或 break 语句控制循环的进程。

下面的例子是用 for 循环列出 0~100 中所有为 8 的整数倍的数字。

```
# -*- coding: utf-8 -*-
listA = []
```

```
for i in range(0,101,8):                       # range()可以创建整数列表
    listA.append(i)
print '0-100 中 8 的整数倍的数字共有{0}个。'.format(len(listA))
print '它们分别是:{0}'.format(listA)
```

执行结果为：

```
0-100 中 8 的整数倍的数字共有 13 个。
它们分别是:[0, 8, 16, 24, 32, 40, 48, 56, 64, 72, 80, 88, 96]
```

对于无序的字典来说，可以使用 for 循环遍历字典中的键值对。迭代变量会依次取到每个键值对的键和值，可以通过字典的键来访问对应的值。例如：

```
name_age = {'李娜': 25, '张明': 30, '王军': 35}
for name, age in name_age.items():                 # 使用 for 循环遍历字典中的键值对
    print name, age
```

执行结果为：

```
王军 35
张明 30
李娜 25
```

2.5 函数、模块和包

2.5.1 函数的定义和调用

在 Python 中，函数可以实现某个特定功能，它由特定的语句构成，可以重复使用。函数可以把较大的程序分解成小级别的块，有助于用户对整体结构进行规划和管理。Python 中的函数可以分为内置函数、标准库函数、第三方库函数和用户自定义函数等。前三个可以直接使用或导入模块后使用，而用户自定义函数则由用户根据自身需求自行开发。

函数定义的语法格式为：

```
def 函数名(参数):
    函数语句
```

函数由 def 定义，空格后是自定义的函数名。参数放置在小括号中，多个参数由逗号隔开。函数可以没有参数，但仍需有小括号，最后的冒号不可或缺。

函数语句是函数要执行的语句，如果其中包含 return 语句，则遇到时会终止执行函数语句，并返回 return 语句中的值。如果不包含 return 语句，函数会返回 None。

例如，把上一节中的 for 语句定义为函数，如下：

```
# -*- coding: utf-8 -*-
def defA():
    '''列出 0-100 中 8 的整数倍的所有数字'''
    listB = []
    for i in range(0,101,8):
        listB.append(i)
    print '0-100 中 8 的整数倍的数字是:{0}'.format(listB)
```

```
8        return len(listB)
9    count = defA()
10   print '0-100 中 8 的整数倍的数字共有{0}个。'.format(count)
```

函数由多行语句组成，为了加强可读性，往往在函数语句开头添加本函数的说明，用注释符号“#”或三引号都可以，本例第 3 行告知了本函数的用途。

本函数没有定义参数，执行时直接以 defA()的方式调用。函数体第 8 行为 return 语句，返回了列表 listB 中的元素数量，第 9 行中把函数的返回值赋给了变量 count，并在第 10 行打印出来。上例执行结果为：

```
0-100 中 8 的整数倍的数字是:[0, 8, 16, 24, 32, 40, 48, 56, 64, 72, 80, 88, 96]
0-100 中 8 的整数倍的数字共有 13 个。
```

Python 还支持一种简单的函数定义方式——匿名函数。顾名思义，匿名函数没有函数名，它以 lambda 表达式的形式创建，其语法格式为：

```
result = lambda arg1[, arg2, ..., argn] : expression
```

其中，arg1、arg2、…为函数的参数，多个参数之间用逗号分隔，参数和表达式之间以冒号隔开，表达式相当于函数语句。匿名函数中的函数语句只允许有一个，且不能过于复杂。lambda 表达式实际生成了一个函数对象，该对象赋值给变量 result，可以用 result 调用，例如：

```
>>> squA = lambda a, b : a*a + b*b
>>> print squA(30, 40)
2500
```

该例创建了一个匿名函数，作用是计算两个数的平方和，函数对象赋值给变量 squA，接着用 squA 调用该匿名函数，小括号中输入两个数值 30 和 40，运行结果为 2500。

2.5.2 参数的传递

多数时候函数需要带有参数。从函数定义和调用的角度来说，参数可以分为形式参数和实际参数，例如：

```
1    def sumA(a, b, c):
2        print a + b + c
3    sumA(10, 20, 30)
```

在定义函数时，定义的参数称为形式参数（简称形参），它们只在函数内部有效，例如第 1 行的 a、b 和 c。而在调用函数时，传递给函数的参数称为实际参数（简称实参），它们可以是具体的数值、变量或表达式，如第 3 行的 10、20 和 30。代码运行结果为 60。

上例的形参并没有预先赋值，实际上形参可以设为默认值，例如：

```
1    def sumA(a, b, c = 30):
2        print a + b + c
3    sumA(10, 20)
```

第 1 行的形参 c 设为默认值 30，第 3 行调用函数时，如果该参数无变更，可以只传入其他实参，运行结果同样为 60。如果想更改第三个参数，第 3 行可以改为：

```
3    sumA(10, 20, 80)
```

这样运行结果则为 110。

需要注意的是，带有默认值的形参一定要位于参数列表的后面，不然 Python 会提示报错，例如：

```
1  def sumA(a = 10, b, c):
2      pass
3  SyntaxError: non-default argument follows default argument
```

如果形参的数量不能确定，可以使用可变参数。可变参数分为两种情况，第一种为 * args，函数在调用时可传入多个参数，这些参数保存为元组，例如：

```
1  def sumA(a, *args):
2      print a + sum(args)
3  sumA(10, 20, 30, 40)
```

注意第 2 行函数语句中的 args 前不能有 * 。args 是元组，用 sum() 可以实现元素相加。第 3 行调用时可以直接传入多个数值，代码运行结果为 100。

第二种可变参数为 ** kwargs，函数在调用时接收多个关键字参数，这些参数保存为字典，例如：

```
1  def sumB(a, **kwargs):
2      print a + sum(kwargs.values())
3  sumB(10, b = 20, c = 30, d = 40)
```

同样，第 2 行函数语句中的 kwargs 前不可出现 ** 。由于关键字参数以字典的形式出现，故需要用 kwargs.values() 的方式获取字典中键值对的值，再用 sum() 进行相加。第 3 行调用时，需通过变量的方式传入多个数值，代码运行结果为 100。

2.5.3 模块和包

Python 之所以非常流行，原因之一在于它除了官方内置的核心模块，还有海量的第三方模块，基本可以实现所有常见的功能，能够帮助用户处理诸如云计算开发、Web 开发、大数据、人工智能和金融分析等工作。选择合适的模块进行开发，可以节省大量时间，极大地提高效率。

通常一个模块就是一个 Python 文件，使用前需要导入模块。导入的形式分为 import xxx 和 from xxx import xxx 两类，以导入内置模块 math 和使用开根函数 math.sqrt() 为例：

```
#格式:import xxx,导入模块中所有的函数,使用函数时需以模块名调用
>>> import math
>>> math.sqrt(3*3 + 4*4)
#格式:import xxx as xxx,导入模块中所有的函数,当模块名较长时,可重命名为较短的名称
>>> import math as m
>>> m.sqrt(3*3 + 4*4)
#格式:from xxx import xxx,导入模块中特定的函数,该函数可直接使用
>>> from math import sqrt
>>> sqrt(3*3 + 4*4)
#格式:from xxx import *,导入模块中所有的函数,所有函数可直接使用
>>> from math import *
>>> sqrt(3*3 + 4*4)
#格式:from xxx import xxx as xxx,导入模块中特定的函数,当函数名较长时,可重命名为较短的名称
```

```
>>> from math import sqrt as s
>>> s(3 * 3 + 4 * 4)
```

当一个项目含有多个自定义模块时，为了便于导入，需要以包的形式进行组织管理。把多个模块放置到一个文件夹中，就形成了包。在 Python 2.x 中，含有多个模块的文件夹中还需要有名为__init__.py 的文件，该文件中的内容可以为空。同样，如果包中还有子文件夹，其中仍有模块，那么子文件夹中也要有文件__init__.py，以此类推。但在 python 3.x 中，即使没有__init__.py 文件，也可以作为包导入模块。还需要注意的是，包名不能与 Python 内置模块或第三方模块的名称相同，否则会导致命名冲突。

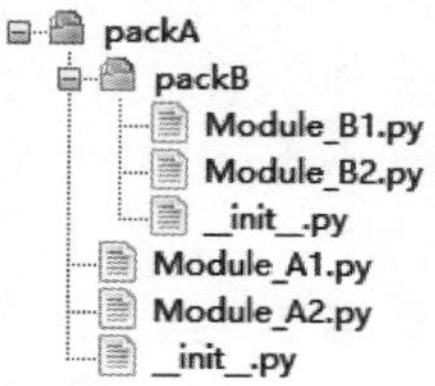

图 2-16　含有多个模块的包

以 Python 2.x 为例。图 2-16 所示为一个文件夹 packA，其中含有两个模块和一个子文件夹 packB，packB 中也有两个模块，两个文件夹中都有__init__.py，这样便构成了包。

在导入语句中，以点号“.”作为包的路径分隔符，例如：

```
import packA.Module_A1                # 导入 Module_A1 模块
import packA.packB.Module_B1          # 导入 packB 中的 Module_B1 模块
from packA.packB import Module_B2     # 导入 packB 中的 Module_B2 模块
```

如果模块 Module_A1 中含有名为 Def_A1()的函数，也可以单独导入，例如：

```
from packA.Module_A1 import Def_A1             # 导入 Module_A1 模块中的函数 Def_A1()
```

2.6　面向对象编程

2.6.1　类的概念

Python 语言同时支持面向过程和面向对象的编程方式。在面向过程的编程中，程序主要以过程或函数为中心来设计，通过将一些代码组合成一个函数来实现特定的功能。在这种编程方式中，程序员将代码分解成较小的、可重复使用的部分，以便于代码维护和复用。这种设计方式具有很好的结构性和可读性，因为代码流程比较直观，符合人们的思维方式。

面向对象是 Python 编程中一个非常重要的概念。在面向对象编程中，程序设计主要围绕对象展开，通过创建不同的对象来模拟现实世界中的事物或概念，并通过对象之间的交互来实现功能。

在 Python 中，任何事物都是一个对象，它们都拥有自己的属性和方法。通过定义类和实例化对象，可以将相似的对象抽象出来，并赋予它们自己的属性和方法。同时也可以利用继承和多态等特性，实现代码的复用和扩展。

面向对象编程的优点在于能够更好地组织和管理代码，使代码结构更加清晰、易于理解和维护。同时，它也可以提高代码的复用性，避免重复编写代码。

在 Abaqus 二次开发中，内核程序由于其本身设计的特点，采用了面向过程的编程方式，而插件程序 GUI 和主窗口 GUI 的开发则更多地运用了面向对象的编程思想。这是因为面向对象编程能够更好地处理大量的交互式界面和图形化界面，使得程序更加易于维护和扩展，同时也更加符合用户的使用习惯和需求。

面向对象的基础是“类”。什么是类？类可以认为是一个模板，用于创建各种对象。同一模板创建出的对象都拥有相同的技能，但各自的特征可能不相同。打个比方，鱼类是一个总称，也是一个模板，所有鱼类都会游泳，也能在水中呼吸，但不同鱼类的外观、颜色和大小则不尽相同。如果把鱼类比作类，各式各样的鱼则是由鱼类这个类创建出的对象。

Python 语言中流行这么一句话：“Python 中一切皆对象”。从计算机的角度来说，对象包含三个内容：id、type 和 value。id 是内存地址、type 是数据类型、value 是属性（attribute）和方法（method）的合称。id 和 type 容易理解，value 中的属性相当于鱼的特征，方法则对应鱼的技能。

类也是对象，称为类对象。将类实例化后产生的对象称为实例对象。所谓实例化，就是从鱼类中挑选出一种鱼的过程，选出来的鱼则是实例对象。

定义类的语法格式为：

```
class 类名:
    类属性
    def __init__(self,参数):                      # 初始化方法
        self.实例属性 = 值                         # 定义实例属性
    def 函数名(self, 参数):                        # 定义实例方法
        函数语句
```

类名的首字母一般为大写，类名如果由几个单词组合在一起，尽可能采用“驼峰原则”，即每个单词的第一个字母大写。如果有继承，类名后添加小括号，并输入继承的父类名。和函数一样，类语句的首行可以用三引号来说明类的信息。例如一个空类可以定义为：

```
class EmptyClass:
    ''' 空类 '''
    pass
```

2.6.2 初始化方法、实例属性和实例方法

属性是类中的数据成员，可以认为属性是用初始化方法__init__()定义的，初始化方法的特点是每当对类进行实例化时，它能被自动调用，根据这个特点，通常在初始化方法中设置实例属性的初始值。例如：

```
class FishA:
    def __init__(self, size):
        self.color = '白色'
        self.size = size
fishA = FishA('较小')
print fishA.color
print fishA.size
```

上例定义了一个名为 FishA 的类，类中只有初始化方法__init__()，当中的参数就是实例对象拥有的属性，这里定义了两个实例属性 color 和 size。代码运行结果为：

```
白色
较小
```

使用初始化方法__init__()时要遵循以下要点。

1）名称固定，必须为__init__()，init 前后均为两个下画线。

2）小括号中第一个参数固定，通常都是 self。

3）不需要也不能给 self 传参。

4）初始化方法中没有 return 语句。

上例第 5 行需通过“类名（参数）”的方式将类实例化。实例化过程中会自动调用初始化方法，使实例对象具备 color 和 size 这两个实例属性。其中，color 为固定值，size 则可以根据实际需求赋值，此处传入字符串“较小”。

这里有一个约定俗成的习惯，实例属性的名称与形参的名称是一样的，比如第 4 行的 self.size = size，前面的 size 是实例属性名，后面的 size 是形参。

实例属性是每个实例对象所独有的属性，可以通过实例对象的名称来访问和修改，它不仅可以被实例对象调用，在类的实例方法中也可以通过 self 来访问实例属性，因为在方法内部的 self 指向调用该方法的实例对象。

创建实例属性后，便可创建实例方法。实例方法是从属于实例对象的方法，实例方法的创建方式几乎和函数一样，不同之处在于实例方法的第一个参数必须是 self。例如：

```
1   class FishA:
2       def __init__(self, size):
3           self.color = '白色'
4           self.size = size
5       def describe(self):
6           print '这是一条{0}的小鱼,它的体型{1}。'.format(self.color, self.size)
7   fishA = FishA('较小')
8   fishA.describe()
```

运行结果为：

```
这是一条白色的小鱼,它的体型较小。
```

第 5 行和第 6 行创建名为 describe 的实例方法，方法中调用了两个实例属性。实例化后，实例对象 fishA 具备了实例属性 color 和 size，以及实例方法 describe()。

2.6.3 类对象和类属性

1. 类对象

前面提到过，Python 中一切都是对象，类也是对象，类对象自身也有属性和方法。Python 解释器在执行 class 语句时就已经创建了一个类对象，对象都包含 id、type 和 value。以最简单的空类为例：

```
1   class FishB:
2       pass
3   print id(FishB)
4   print type(FishB)
5   print dir(FishB)
```

上例创建名为 FishB 的空类，并没有将类实例化，而是直接查看类本身的信息。第 3 行和第 4 行打印出类对象 FishB 的 id 和 type，第 5 行的内置函数 dir()可以列出对象拥有的属性名和方法名，即便是空类也有一些信息。运行结果为：

```
47425576
<type 'classobj'>
['__doc__', '__module__']
```

2. 类属性

类属性是从属于类对象的属性，也称为类变量。定义类属性的语法格式为：

```
class 类名:
    类属性 = 初始值
```

一般来说，类属性定义在最上方，定义的方式与普通变量赋值一样，例如：

```
1  class FishC:
2      hometown = '中国'
3      def __init__(self):
4          self.species = '金鱼'
5      def introduce(self):
6          print '大家好,我是一条小{0},我来自{1}。'.format(self.species, FishC.hometown)
7  print FishC.hometown
8  fishC = FishC()
9  print fishC.hometown
10 fishC.introduce()
```

代码运行结果为：

```
中国
中国
大家好,我是一条小金鱼,我来自中国。
```

上例的第 2 行定义了类属性 hometown。第 6 行的实例方法中可以通过类名.或 self.调用类属性的方式访问。同时，类属性作为类对象的属性，类对象和实例对象都能访问，例如第 7 行的类对象和第 9 行的实例对象都访问了 hometown，在所有实例对象中，类属性的值都是相同的。本书 Abaqus GUI 二次开发的章节中会运用到类属性的相关内容。

2.6.4 继承和重写

Python 作为面向对象的语言，同样支持面向对象编程的三大特征——继承、封装和多态，其中继承是 Abaqus GUI 二次开发中必须掌握的要点。

继承是面向对象编程中一个非常重要的概念，它可以让子类继承父类的属性和方法，并且在此基础上添加新的属性和方法。通过继承可以避免重复编写大量代码，提高代码的重用性和可维护性，大大减轻工作量。

如果 B 类继承了 A 类，A 类就称为父类或者基类，B 类则称为子类或者派生类，这样 B 类就能够直接使用 A 类中定义的属性和方法。此外，子类还可以在继承父类的基础上，增加新的属性和方法，以满足子类的需求。继承的语法格式为：

```
class 子类类名(父类 1[, 父类 2, ...]):
    类语句
```

继承的方式很简单，定义子类时，通过后面的小括号指定父类即可。Python 支持多重继承，父类可以多于一个。下面是一个继承的例子：

```
1  class FishD:
2      def __init__(self, skill):
3          self.skill = skill
4      def introduce(self):
5          print '大家好,我是一条自由自在的鱼,{0}是我的拿手好戏。'.format(self.skill)
6  class FishE(FishD):
7      def __init__(self, skill, species, hometown):
8          FishD.__init__(self, skill)
9          self.species = species
10         self.hometown = hometown
11     def introduce(self):
12         print '大家好,我是一条{0},我来自{1},{2}是我的拿手好戏。'\
13                         .format(self.species, self.hometown, self.skill)
14 fishE = FishE(skill = '戏水', species = '小金鱼', hometown = '中国')
15 fishE.introduce()
```

第 1 行~第 5 行定义了名为 FishD 的父类，其中定义了一个实例属性 skill 和实例方法 introduce。接着第 6 行~第 13 行定义了子类 FishE，它继承自父类 FishD。在子类中定义实例属性时要注意，如果子类中不定义初始化方法，那么会自动继承父类的初始化方法和实例属性。但如果子类中需要定义初始化方法，那么父类中的实例属性不能直接继承，而必须在子类中显式地调用父类的初始化方法后，才能继承父类的实例属性。在上例中，子类需要定义新的实例属性 species 和 hometown，在第 7 行定义了初始化方法，为了顺利继承父类的实例属性 skill，在第 8 行由父类调用__init__()，其中的参数包含父类的实例属性，然后在第 9 行~第 10 行定义子类的两个实例属性。

继承的目的还在于对父类的实例方法进行重写。重写可以在不改变父类的情况下重新定义父类的实例方法。在第 11 行~第 13 行中，子类对名为 introduce() 的实例方法进行了重写，这样会覆盖继承而来的实例方法，但父类并不受影响。

第 14 行中，传入必要的实参，将子类实例化，得到的实例对象赋值给变量 fishE。第 15 行中，子类的实例对象 fishE 调用实例方法 introduce()，即可打印重写之后的语句，运行结果为：

```
大家好,我是一条小金鱼,我来自中国,戏水是我的拿手好戏。
```

Python 允许多重继承，比如子类 C 同时继承 A 类和 B 类，定义时可以写成 class C(A,B)。如果 A 类和 B 类中有同名方法或属性，子类将按照从左到右的顺序使用第一个找到的方法或属性。使用过程中，多重继承可能会把类的层次复杂化，应尽可能只继承一个父类。

2.7 本章小结

作为目前全世界最流行的编程语言之一，Python 具备很多优点，比如简单易学、可以移植、有丰富的模块，以及支持面向对象等，吸引了大量个人用户和企业用户。Abaqus 内核和 GUI 的二次开发也是基于 Python 语言，开发前需要掌握 Python 的基本概念和语法。

本章 2.1 节介绍了两个常用的代码编辑器。Abaqus PDE 是达索公司发布的专用于 Abaqus 二次开发的 Python 开发环境，可以直接执行脚本程序，同时还支持单行执行、断点和监控变量等非常实用的功能。Sublime Text3 是一个轻量级的编辑器，占用内存少，打开速度快，可安装大量的第三方模块，同时具备很高效的代码编写环境。

2.2 节~2.6 节分别介绍了 Python 语言的语法基础、数据类型、流程控制、函数/模块/包，以及面向对象编程的相关知识。由于 Python 基础知识并非本书的重点，本章只粗浅地进行了介绍，并未展开讨论，有更多学习需求的读者请参看 Python 的专业书籍和网站。

内核开发篇

第3章

Abaqus内核开发

Abaqus 是一款广泛应用于结构力学、热力学、流体力学等领域的商业有限元软件，同时也是一款支持内核二次开发的软件。Abaqus 内核二次开发是指将 Abaqus 提供的 API 与 Python 语言相结合，进行定制化脚本程序开发。通过二次开发，用户可以扩展 Abaqus 的功能，实现一些特定的需求。例如，用户可以利用脚本程序快速完成建模、创建材料、施加约束、加载边界条件等前处理操作，也可以通过后处理 API 实现自定义场数据、提取历史数据和 XY 曲线、分析和可视化等功能。Abaqus 内核二次开发是 Abaqus 用户高级应用的重要实现方式之一，可以大大提高仿真效率和 Abaqus 使用的灵活性。

用户进行 Abaqus 内核二次开发，除了要有 Abaqus 软件的使用经验、具备一定的 Python 编程能力，还要熟悉 Abaqus 的 API、数据类型和各种模型对象等基本概念。

3.1 实例：生成 H 型钢的代码提取及修改

Abaqus 内核二次开发的入门往往是从 abaqus.rpy 文件开始的。用户在 Abaqus/CAE 界面中所有的手动操作步骤都以 Python 代码的形式记录在 abaqus.rpy 文件中，该文件通常保存在 Abaqus 工作目录下。运行这些代码可以完全重现之前的操作内容。修改 abaqus.rpy 文件是 Abaqus 内核二次开发的一种重要辅助方式和实现手段。

以下是一个创建 H 型钢模型的实例，H 型钢截面图如图 3-1 所示。本次选用宽翼缘 H 型钢，其规格为 $H=150\text{mm}$，$B=150\text{mm}$，$t1=7\text{mm}$，$t2=10\text{mm}$，$r=13\text{mm}$。首先通过手动绘制草图的方式建立模型，启动 Abaqus/CAE，新建一个拉伸的实体部件，在弹出的草图中绘制截面。由于 H 型钢是对称结构，可以只绘制二分之一截面，然后利用镜像得到完整图形，草图如图 3-2 所示。截面绘制完成后，接着拉伸得到长度为 1000mm 的 3D 模型，如图 3-3 所示。

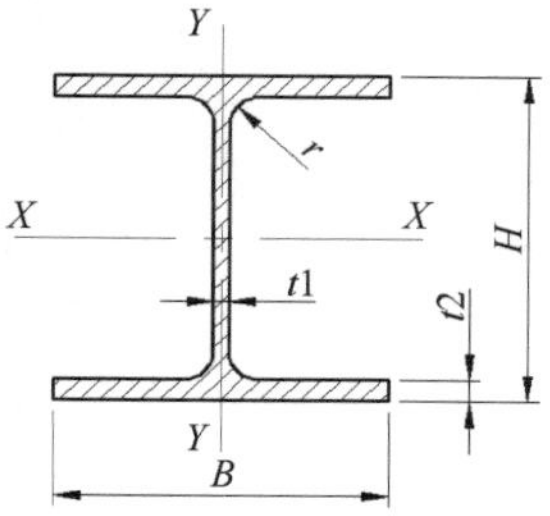

图 3-1　H 型钢截面图

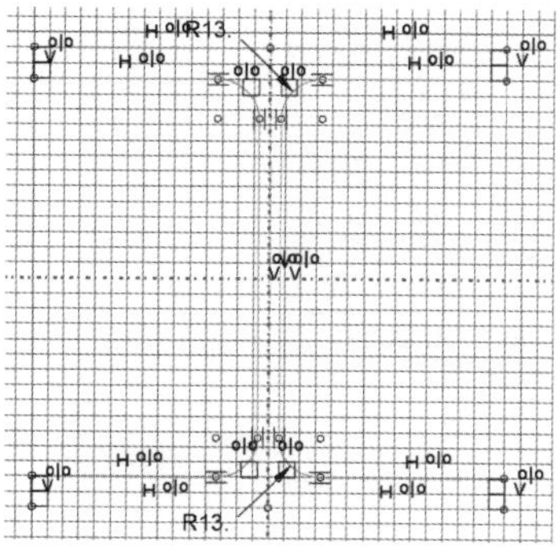

图 3-2　截面草图

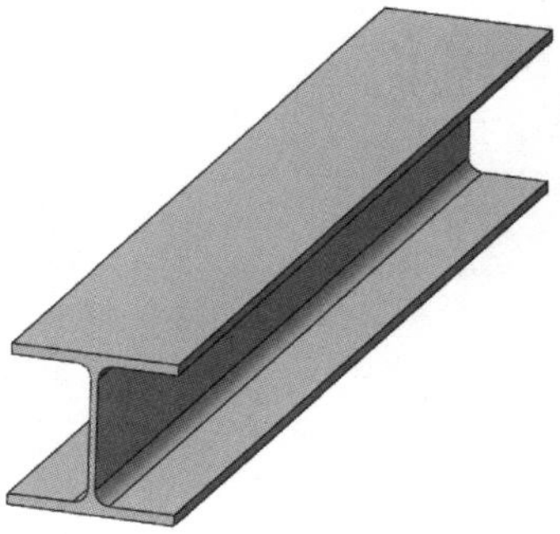

图 3-3　生成的 H 型钢 3D 模型

模型生成后，打开 abaqus.rpy 文件可以得到如下的代码：

3-1.py

```
1       from abaqus import *
2       from abaqusConstants import *
3       session.viewports['Viewport: 1'].setValues(displayedObject=None)
4       s1 = mdb.models['Model-1'].ConstrainedSketch(name='__profile__', sheetSize=200.0)
5       g, v, d, c = s1.geometry, s1.vertices, s1.dimensions, s1.constraints
6       s1.setPrimaryObject(option=STANDALONE)
7       s1.ConstructionLine(point1=(0.0, 0.0), point2=(0.0, 7.5))
8       s1.VerticalConstraint(entity=g[2], addUndoState=False)
9       session.viewports['Viewport: 1'].view.fitView()
10      s1.Line(point1=(0.0, 75.0), point2=(75.0, 75.0))
11      s1.HorizontalConstraint(entity=g[3], addUndoState=False)
12      s1.Line(point1=(75.0, 75.0), point2=(75.0, 65.0))
13      s1.VerticalConstraint(entity=g[4], addUndoState=False)
14      s1.PerpendicularConstraint(entity1=g[3], entity2=g[4], addUndoState=False)
15      s1.Line(point1=(75.0, 65.0), point2=(3.5, 65.0))
16      s1.HorizontalConstraint(entity=g[5], addUndoState=False)
17      s1.PerpendicularConstraint(entity1=g[4], entity2=g[5], addUndoState=False)
18      s1.Line(point1=(3.5, 65.0), point2=(3.5, -65.0))
19      s1.VerticalConstraint(entity=g[6], addUndoState=False)
20      s1.PerpendicularConstraint(entity1=g[5], entity2=g[6], addUndoState=False)
21      s1.Line(point1=(3.5, -65.0), point2=(75.0, -65.0))
22      s1.HorizontalConstraint(entity=g[7], addUndoState=False)
23      s1.PerpendicularConstraint(entity1=g[6], entity2=g[7], addUndoState=False)
24      s1.Line(point1=(75.0, -65.0), point2=(75.0, -75.0))
25      s1.VerticalConstraint(entity=g[8], addUndoState=False)
26      s1.PerpendicularConstraint(entity1=g[7], entity2=g[8], addUndoState=False)
27      s1.Line(point1=(75.0, -75.0), point2=(0.0, -75.0))
28      s1.HorizontalConstraint(entity=g[9], addUndoState=False)
29      s1.PerpendicularConstraint(entity1=g[8], entity2=g[9], addUndoState=False)
30      s1.FilletByRadius(radius=13.0, curve1=g[5], nearPoint1=(68.4008026123047,
31          65.4230651855469), curve2=g[6], nearPoint2=(3.36771392822266, 55.5288391113281))
32      s1.FilletByRadius(radius=13.0, curve1=g[7], nearPoint1=(66.9870452880859,
33          -64.8173065185547), curve2=g[6], nearPoint2=(3.36771392822266, -53.5096168518066))
34      s1.copyMirror(mirrorLine=g[2], objectList=(g[3], g[4], g[5], g[6], g[7], g[8], g[9],
g[10], g[11]))
35      session.viewports['Viewport: 1'].view.fitView()
36      p = mdb.models['Model-1'].Part(name='Part-1', dimensionality=THREE_D, type=DEFORMABLE_BODY)
37      p = mdb.models['Model-1'].parts['Part-1']
38      p.BaseSolidExtrude(sketch=s1, depth=1000.0)
39      s1.unsetPrimaryObject()
40      p = mdb.models['Model-1'].parts['Part-1']
41      session.viewports['Viewport: 1'].setValues(displayedObject=p)
42      del mdb.models['Model-1'].sketches['__profile__']
```

其中记录了生成 H 型钢的全部代码，重新运行这些代码可以再次生成一样的模型。实际上，有些语句并不是必需的，比如第 8、11、13、14、16、17 行中的 VerticalConstraint、HorizontalConstraint 和 PerpendicularConstraint，从字面上可以得知它们是对线施加竖直约束、水平约束和垂直约束；有些语句可以适当修改，比如第 30 行~第 33 行中有很多小数，它们是创建倒角时选择的坐标，可以改为较整的数值；此外，第 10 行、第 12 行、第 15 行等语句的作用是创建一条线，这些线在第 34 行的镜像方法中会被调用，可以将这些新建的线对象传入不同的变量，以作为镜像的参数方便使用。

对以上几处进行修改，可以将代码大幅简化，得到的语句如下：

3-2.py

```
from abaqus import *
from abaqusConstants import *
session.viewports['Viewport: 1'].setValues(displayedObject=None)
s1 = mdb.models['Model-1'].ConstrainedSketch(name='__profile__', sheetSize=200.0)
s1.setPrimaryObject(option=STANDALONE)
mirrorLine = s1.ConstructionLine(point1=(0.0, 0.0), point2=(0.0, 1.0))
line1 = s1.Line(point1=(0.0, 75.0), point2=(75.0, 75.0))
line2 = s1.Line(point1=(75.0, 75.0), point2=(75.0, 65.0))
line3 = s1.Line(point1=(75.0, 65.0), point2=(3.5, 65.0))
line4 = s1.Line(point1=(3.5, 65.0), point2=(3.5, -65.0))
line5 = s1.Line(point1=(3.5, -65.0), point2=(75.0, -65.0))
line6 = s1.Line(point1=(75.0, -65.0), point2=(75.0, -75.0))
line7 = s1.Line(point1=(75.0, -75.0), point2=(0.0, -75.0))
line8 = s1.FilletByRadius(radius=13.0, curve1=line3, nearPoint1=(70.0, 65.0), \
                                  curve2=line4, nearPoint2=(3.0, 5.0))
line9 = s1.FilletByRadius(radius=13.0, curve1=line5, nearPoint1=(70.0, -65.0), \
                                  curve2=line4, nearPoint2=(3.0, -5.0))
s1.copyMirror(mirrorLine=mirrorLine, objectList=(line1, line2, line3, line4, line5,
line6, line7, line8, line9))
session.viewports['Viewport: 1'].view.fitView()
p = mdb.models['Model-1'].Part(name='Part-1', dimensionality=THREE_D, type=DEFORMABLE_BODY)
p = mdb.models['Model-1'].parts['Part-1']
p.BaseSolidExtrude(sketch=s1, depth=1000.0)
s1.unsetPrimaryObject()
session.viewports['Viewport: 1'].setValues(displayedObject=p)
del mdb.models['Model-1'].sketches['__profile__']
```

以上修改后的代码也能快速生成同样的 H 型钢模型。代码缩短很多，但是只能创建一种规格的 H 型钢，对其他规格却无能为力。如果将这些代码做成函数的形式，将与规格尺寸有关的数值以形参表示，则可以形成一个通用的脚本程序，传入不同的尺寸参数可以快速生成各种规格的 H 型钢。经过修改，生成 H 型钢的函数代码如下：

3-3.py

```
from abaqus import *
from abaqusConstants import *
def HProfile(H, B, t1, t2, r, length):
    h, b, t1 = H/2, B/2, t1/2
    m = mdb.models['Model-1']
    vp = session.viewports['Viewport: 1']
    s1 = m.ConstrainedSketch(name='__profile__', sheetSize=200.0)
    vp.setValues(displayedObject=s1)
    s1.setPrimaryObject(option=STANDALONE)
    mirrorLine = s1.ConstructionLine(point1=(0.0, 0.0), point2=(0.0, 1.0))
    line1 = s1.Line(point1=(0.0, h), point2=(b, h))
```

```
        line2 = s1.Line(point1=(b, h), point2=(b, h-t2))
        line3 = s1.Line(point1=(b, h-t2), point2=(t1, h-t2))
        line4 = s1.Line(point1=(t1, h-t2), point2=(t1, t2-h))
        line5 = s1.Line(point1=(t1, t2-h), point2=(b, t2-h))
        line6 = s1.Line(point1=(b, t2-h), point2=(b, -h))
        line7 = s1.Line(point1=(b, -h), point2=(0.0, -h))
        line8 = s1.FilletByRadius(radius=r, curve1=line3, nearPoint1=((b-5), (h-10)), \
                         curve2=line4, nearPoint2=((t1-0.5), (t1+1.5)))
        line9 = s1.FilletByRadius(radius=r, curve1=line5, nearPoint1=((b-5), (10-h)), \
                         curve2=line4, nearPoint2=((t1-0.5), (-t1-1.5)))
        s1.copyMirror(mirrorLine=mirrorLine, objectList=(line1, line2, line3, line4, line5, line6, \
                         line7, line8, line9))
        m.Part(name='Part-1', dimensionality=THREE_D, type=DEFORMABLE_BODY)
        p = m.parts['Part-1']
        p.BaseSolidExtrude(sketch=s1, depth=length)
        s1.unsetPrimaryObject()
        vp.setValues(displayedObject=p)
        del mdb.models['Model-1'].sketches['__profile__']
    HProfile(H = 150.0, B = 150.0, t1 = 7.0, t2 = 10.0, r = 13.0, length = 1000.0)
```

用户只需将最后一行 HProfile() 中的参数设为各种 H 型钢的相关尺寸，便可以一键生成新的 H 型钢，比如下行语句可生成图 3-4 所示的 H 型钢。

```
HProfile(H = 244.0, B = 175.0, t1 = 7.0, t2 = 11.0, r = 16.0, length = 800.0)
#生成规格为 250mm×175mm 的 H 型钢
```

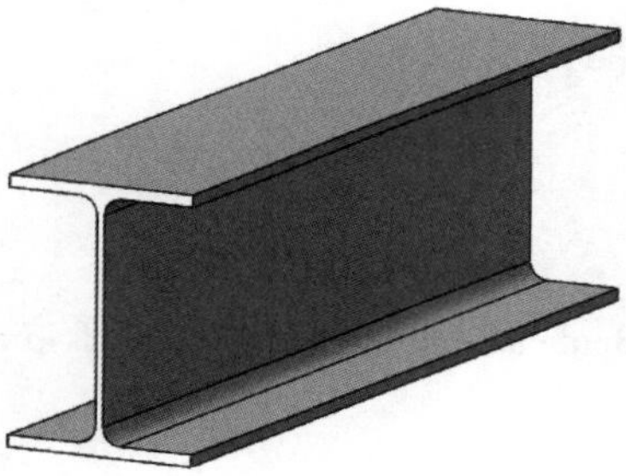

图 3-4　规格为 250mm×175mm 的 H 型钢

3.2　Abaqus 数据类型

上节以生成 H 型钢为实例，提取并修改 abaqus.rpy 中的代码，创建了一个通用的 H 型钢生成函数 HProfile()。然而，从 abaqus.rpy 中获取代码只是 Abaqus 内核二次开发的辅助手段，想要熟练掌握开发技能，还需要掌握内核二次开发的相关知识。

第 2 章列举了 Python 的几种常见数据类型，Abaqus 也有自身的数据类型。以下是几种常见的 Abaqus 数据类型。

3.2.1 符号常量（SymbolicConstants）

在 Abaqus 中，符号常量是指在模型中定义并赋值的常量。这些常量通常代表一些物理或数学上的常数，恰当的符号常量可以使模型更具可读性。使用前要先导入相关模块，以下语句均为 Abaqus/CAE 内核命令行接口（Kernel CLI）中的格式，例如：

```
>>> from abaqusConstants import *
>>> from symbolicConstants import *
```

Abaqus 中的符号常量只能包含大写字母、数字或下画线，且不能以数字开头。例如：

```
>>> p =mdb.models['Model-1'].Part(name='Part-1', dimensionality=THREE_D, type=DEFORMABLE_BODY)
```

其中，THREE_D 和 DEFORMABLE_BODY 都是符号常量，它们已经被赋予了特殊的含义：THREE_D 是三维模型，DEFORMABLE_BODY 则是变形体。

如果想要自定义符号常量，可以使用构造函数 SymbolicConstant()，例如：

```
>>> XYZ =SymbolicConstant('XYZ')
```

3.2.2 布尔值（Booleans）

与 Python 语言类似，Abaqus 的数据类型中也有布尔值，分别为 True 和 False。同时，Abaqus 内核接口还有符号常量类型的布尔值：ON 和 OFF。此外，也可以用 SymbolicConstant() 自定义一个布尔值，例如：

```
>>> wrong =SymbolicConstant('OFF')
>>> if wrong == False:
...     print 'wrong 为布尔值:假'
...
wrong 为布尔值:假
```

还可以用构造函数 AbaqusBoolean()创建布尔值，该函数只接受 0 或 1 作为参数，例如：

```
>>> right =AbaqusBoolean(1)
>>> if right == True:
...     print 'right 为布尔值:真'
...
right 为布尔值:真
```

以上代码仅为演示，布尔值只有真和假两种，平时使用 True 和 False、ON 和 OFF、1 和 0 即可，一般无须自行定义。

3.2.3 序列（Sequences）

序列是 Abaqus 中重要的数据类型，常规的序列包含列表、元组、字符串和数组，前三种序列的使用方法与 Python 相似，而数组通常由 numpy 模块创建。

坐标是常见的序列，比如在草图中创建矩形的语句为：

```
>>> s =mdb.models['Model-1'].ConstrainedSketch(name='__profile__', sheetSize=200.0)
>>> s.rectangle(point1=(0.0, 0.0), point2=(10.0, 10.0))
```

有的序列以“序列的序列”形式体现，这种序列其实是二维数组，很多时候它们作为参数 table 的赋值出现在构造函数中，比如以下定义塑性的语句：

```
>>> mdb.models['Model-1'].Material(name='Material-1')                                # 创建材料
>>> mdb.models['Model-1'].materials['Material-1'].Plastic(table=((186.0, 0.0),
                                                                   (251.0, 0.01),
                                                                   (302.0, 0.05),
                                                                   (328.0, 0.1),
                                                                   (374.0, 0.3)))  # 定义塑性参数
```

Abaqus 还有几种特有的序列：几何序列（GeomSequence）、网格序列（MeshSequence）和表面序列（SurfSequence），同种序列中的元素类型必定是相同的。

1. 几何序列

几何由顶点（Vertex）、边（Edge）、面（Face）和体（Cell）构成，它们各自组成的序列统称为几何序列。这些序列的类型名称都以 Array 作为结尾，例如 VertexArray、EdgeArray、FaceArray 和 CellArray。以一个几何立方体部件为例，想获取顶点序列，并查找顶点序列的属性和方法，语句如下：

```
>>> p =mdb.models['Model-1'].parts['Part-1']
>>> vs = p.vertices                              # 获取顶点序列
>>> type(vs)                                     # 查看顶点序列类型
<type 'VertexArray'>
>>> vs.__members__                               # 查看顶点序列的属性
['pointsOn']
>>> vs.__methods__                               # 查看顶点序列的方法
['findAt','getBoundingBox','getByBoundingBox','getByBoundingCylinder','getByBoundingSphere',
'getClosest','getMask','getSequenceFromMask','index']
```

VertexArray 中包含了该立方体的所有顶点，可以将该顶点序列 vs 当作列表，使用索引值获取单个顶点对象，例如：

```
>>> v1 = vs[0]
>>> type(v1)
<type 'Vertex'>
```

也可以以切片的形式获取几个顶点对象，返回一个 Python 意义上的序列，例如：

```
>>> v2 = vs[0:2]
>>> type(v2)
<type 'Sequence'>
```

2. 网格序列

网格序列包括单元序列（MeshElementArray）、节点序列（MeshNodeArray）、单元面序列（MeshFaceArray）和单元边序列（MeshEdgeArray），它们同样可以使用索引值或切片的方式进行提取。

```
>>> eles = mdb.models['Model-1'].parts['Part-1'].elements
>>> type(eles)
<type 'MeshElementArray'>                        # 单元序列
```

```
>>> nds = mdb.models['Model-1'].parts['Part-1'].nodes
>>> type(nds)
<type 'MeshNodeArray'>                          # 节点序列
>>> elemFaces = p.elementFaces
>>> type(elemFaces)
<type 'MeshFaceArray'>                          # 单元面序列
>>> elemEdges = p.elementEdges
>>> type(elemEdges)
<type 'MeshEdgeArray'>                          # 单元边序列
>>> elemEdge = elemEdges[5:10]
>>> type(elemEdge)
<type 'Sequence'>                               # 提取几个单元边对象
```

3. 表面序列

表面序列是由表面 Surface 构成的序列。Surface 并不像几何体那样先天存在，也并不随着网格的生成而产生，它需要人为定义。Surface 和 Face 容易搞混，Surface 是若干个几何面或单元面组成的集合，在 2D 模型中生成时需要定义方向，Surface 通常用于定义边界条件和约束。而 Face 仅仅是指几何体上的面，和 Edge、cell 等是同类型的概念。

3.2.4 仓库（Repositories）

1. 访问仓库和仓库中的对象

仓库是 Abaqus 内核二次开发中非常重要的一个概念，它相当于一个容器，存储特定类型的对象及数据。通常来说，访问一个仓库需要经过两个步骤，第一步是使用构造函数生成对象，例如下例使用构造函数 Part()创建一个部件。Abaqus 中构造函数的首字母为大写，且为单数形式。此时 p 并不是仓库，而是类型为 Part 的对象：

```
>>> p =mdb.models['Model-1'].Part(name='Part-1', dimensionality=THREE_D, type=DEFORMABLE_BODY)
>>> type(p)
<type 'Part'>
```

第二步是获取仓库。与构造函数相对应，仓库名称的首字母为小写，且为复数。这种一目了然的方式有利于快速识别和访问仓库，下例中的变量 ps 即为包含所有部件的仓库。

```
>>> ps =mdb.models['Model-1'].parts
>>> type(ps)
<type 'Repository'>
```

Abaqus 中，同一仓库中的所有对象必定是同一种类型，它们以字典的形式保存。用户可以通过键值对访问内部数据，常用的方法有 keys()、values()、items()、has_key()和 changeKey()等，比如当前模型中有两个部件 Part-1 和 Part-2：

```
>>> ps.keys()                                   # 返回仓库中所有 Part 的键,即名称
['Part-1', 'Part-2']
>>> ps.values()                                 # 返回仓库中所有 Part 的值,即 Part 对象
[mdb.models['Model-1'].parts['Part-1'],mdb.models['Model-1'].parts['Part-2']]
>>> ps.items()                                  # 返回仓库中所有 Part 的键值对
[('Part-1',mdb.models['Model-1'].parts['Part-1']), ('Part-2', mdb.models['Model-1'].parts['Part-2'])]
>>> ps.has_key('Part-6')                        # 查找仓库中是否含有名为 Part-6 的键
```

```
0
>>> ps.changeKey('Part-2','New-Part')              # 更换 Part-2 的名称
>>> ps.keys()                                      # 获取仓库中 Part 对象新的名称
['New-Part', 'Part-1']
```

如果已经明确了某部件的名称，如 Part-1，则可以用仓库调用键名的方式来访问该部件对象，比如：

```
>>> p1 = ps['Part-1']
```

如果在 Abaqus/CAE 的 Kernel CLI 中输入语句，则不需要输入键名，因为 Kernel CLI 具有自动补全功能，连续按〈Tab〉键就可以切换仓库中所有的键。

2. 调用仓库中对象的方法或属性

在仓库中获取指定的部件对象后，可以调用该对象的方法或属性。如果不太确定有哪些方法和属性，可以利用.__methods__和.__members__（前后都是双下画线）查询，比如：

```
>>> p1.__methods__# 查看部件对象的方法。方法较多,只列出一部分
['AddCells','AddFaces','AnalyticRigidSurf2DPlanar','AnalyticRigidSurfExtrude', … ,'Set',  … ,
 'addGeomToSketch','adjustMidsideNode', … ,'getVolume', …]
```

仔细观察的话，会发现这些方法分为两部分，前一部分是以大写字母开头的方法，后一部分则是小写字母开头。以大写字母开头的是构造函数，表示该 Part 对象可以用它创建新的对象，比如利用构造函数 Set()创建集合，语句如下：

```
>>> fs = p1.faces                                  # 获取 p1 中的面
>>> f1=fs[3:4]                                     # 获取特定的面序列,注意创建集合要用切片的方式,
                                                     不能为 fs[3]
>>> p1.Set(name = 'faceSet', faces = f1)           # 利用构造函数 Set()创建集合
mdb.models['Model-1'].parts['Part-1'].sets['faceSet']
```

而有些方法以小写字母开头，表示该方法可以直接使用，例如：

```
>>> p1.getVolume()              # 返回 p1 的体积
10500.0
```

有些方法需要添加参数，具体的参数可以查看官方提供的帮助文档 Abaqus Scripting Reference Guide。

对象的属性可以用__members__查看，比如：

```
>>> p1.__members__                 # 查看部件对象的属性。属性较多,只列出一部分
['allInternalSets','allInternalSurfaces','allSets','allSurfaces','beamSectionOrientations',
'cells', … ,'surfaces', … ]
```

注意，有些属性是复数，它们有可能是仓库，也有可能是序列，比如：

```
>>> surfs = p1.surfaces
>>> type(surfs)
<type 'Repository'>
>>> cs = p1.cells
>>> type(cs)
<type 'CellArray'>
```

综上所述，部件仓库中的内容层次大致可以用图 3-5 概括。

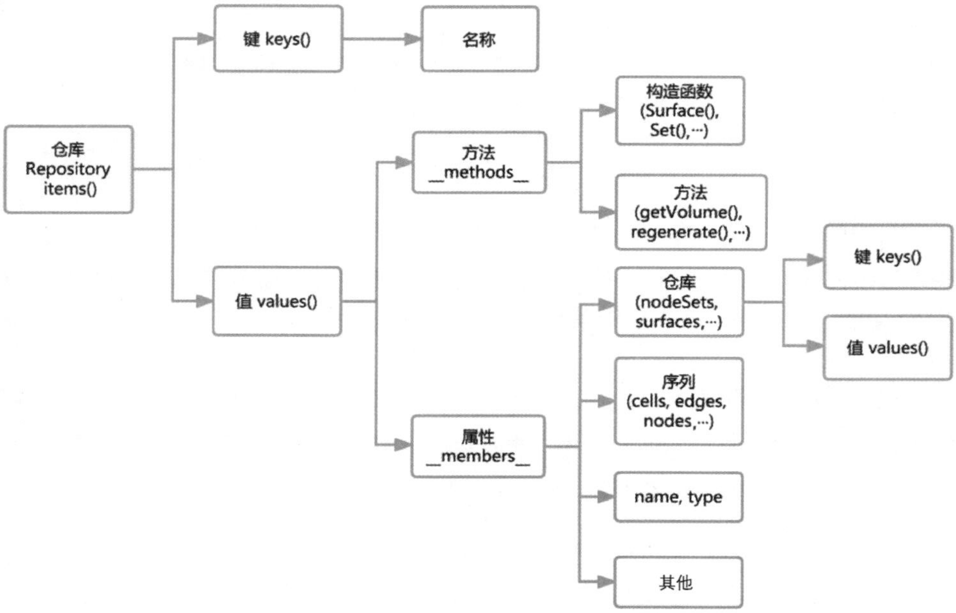

图 3-5　仓库内容层次

3.3　Abaqus 内核三大对象

Abaqus 内核程序中的对象类型超过 500 种，它们的关系错综复杂。一般而言，可以把 Abaqus 中的对象大致分为三大种类，分别为 Session 对象、Mdb 对象和 Odb 对象。图 3-6 是帮助文档 Abaqus Scripting User's Guide 提供的对象树状图。

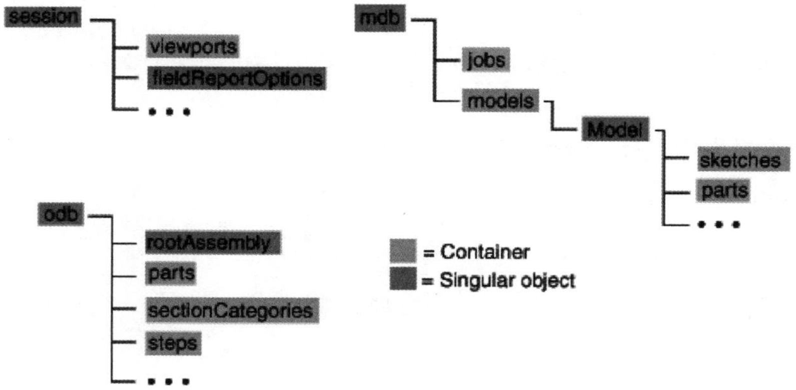

图 3-6　Abaqus 内核的三大对象

从图 3-6 中可以看出，这三大对象都包含一些分支，这些分支又分为容器（Container）和单个对象（Singular object）。Abaqus 把仓库和序列统一称为容器，每个容器中包含了相同类型的对象，比如 Mdb 中的 models 为容器（仓库），一个 cae 文件中可以包含多个 models，例如：

```
>>> mdb.models.keys()
['Model-1', 'Model-2']
```

相对应的，如果仅有一个对象，则归类为单个对象，比如一个 cae 文件中只能有一个 Mdb 对象，它自身具有属性和方法，但同一个 cae 文件不能包含其他 mdb 对象，例如：

```
>>> mdb.__members__
['acis', 'adaptivityProcesses', 'annotations', 'coexecutions', … ]
>>> mdb.__methods__
['AdaptivityProcess', 'Annotation', 'Arrow', 'Coexecution', … ]
>>> mdb.keys()                    # mdb 是对象,没有 keys()方法
AttributeError: 'Mdb' object has no attribute 'keys'
```

3.3.1 Session 对象

Session 对象表示 Abaqus 的会话，相当于 Abaqus 与用户之间的交互接口。Session 对象没有构造函数，启动 Abaqus 时会自动创建 Session 对象。需要注意的是，Session 对象不能与模型一起保存，如果关闭 Abaqus，Session 对象也会关闭。一个常见的例子是将模型设成某个视角，保存并关闭 Abaqus 后重新打开，会发现模型又回归到了默认的 Iso 视角。

Session 对象具备很多方法，例如：

```
>>> session.__methods__
['Curve', 'DisplayGroup', 'Drawing', 'EditStream', 'FreeBody', … , 'Odb', 'View', 'Viewport', … ,
'openOdb', 'openOdbs', … , 'upgradeOdb', … , 'xyDataListFromField']
```

同样，Session 对象也包含很多属性，图 3-7 是 Abaqus Scripting User's Guide 中列出的其中一部分属性，更多的属性可以通过.__methods__查询，例如：

```
>>> session.__members__
['animationController', 'attachedToGui', 'autoColors', 'aviOptions', 'charts', … , 'colors', … ,
'curves', … , 'displayGroups', … , 'odbs', … , 'paths', … , 'viewports', 'views', … , 'xyPlots', …]
```

这些属性中，有很多是容器，最为常见的是 viewports，它属于仓库类型。Abaqus 启动后会自动调用 Viewport()创建视口对象，用户可以直接获取 viewports 仓库。仓库中的每个 Viewport 对象都表示一个窗口，可以用于显示部件、装配体和结果等内容，例如：

```
>>> session.Viewport(name='Viewport: 1', origin=(0.0, 0.0), width=64, height=108)   # 自动调用
Viewport()
>>> p =mdb.models['Model-1'].parts['PART-1']
>>> session.viewports['Viewport: 1'].setValues(displayedObject=p)   # 切换视图,显示部件模型
a =mdb.models['Model-1'].rootAssembly
session.viewports['Viewport: 1'].setValues(displayedObject=a)       # 切换视图,显示装配体模型
o = session.openOdb(name='F:/test.odb')
session.viewports['Viewport: 1'].setValues(displayedObject=o)       # 切换视图,显示后处理模型
```

上例使用了 setValues()方法，很多对象都具备该方法，这是由于 Abaqus 对象的属性为只读，并不允许使用赋值语句来更改属性值，但可以使用 setValues()方法来修改属性值，比如：

```
>>> session.viewports['Viewport: 1'].assemblyDisplay.setValues(step='Step-1') # 试图切换至 Step-1
                                                                                分析步
```

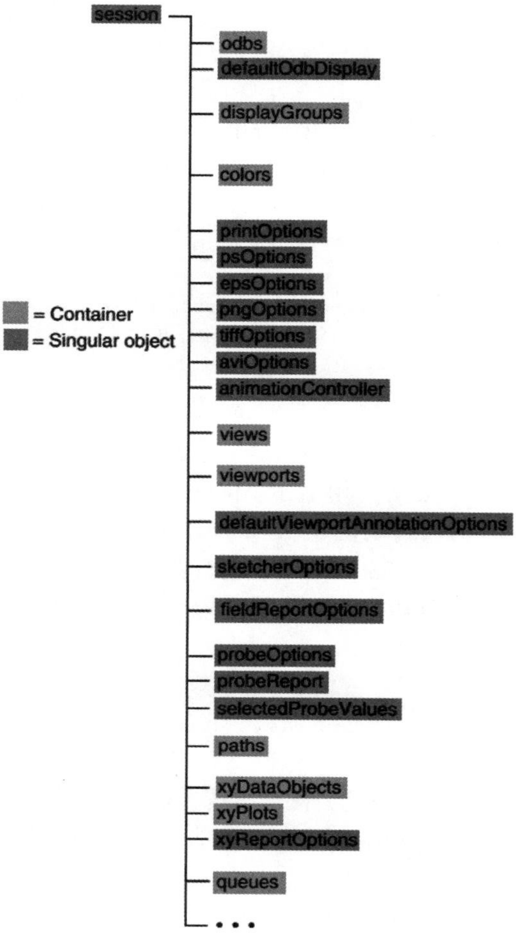

图 3-7　Session 对象部分属性

Viewport 对象中含有 View 对象，它负责模型的视图切换、平移、旋转、缩放等操作，例如：

```
>>> session.viewports['Viewport: 1'].view.setValues(session.views['Front'])  # 正视图
>>> session.viewports['Viewport: 1'].view.fitView()                          # 全屏显示
>>> session.viewports['Viewport: 1'].view.rotate(xAngle = 90)                # 围绕 x 轴旋转 90°
>>> session.viewports['Viewport: 1'].view.zoom(zoomFactor = 2)               # 模型放大一倍
>>> session.viewports['Viewport: 1'].view.setProjection(projection=PERSPECTIVE)  # 以透视图方式显示模型
```

3.3.2　Mdb 对象

Mdb 是 Model Database 的缩写，表示模型数据库。它用于存储和管理模型数据。与 Session 对象类似，Mdb 对象也是在启动 Abaqus 时自动创建的，不需要手动创建。虽然 Mdb 对象没有必要手动创建，但它确实有构造函数。如果使用 Mdb 对象的构造函数，将会创建一个新的模型，例如：

```
>>> Mdb()
A new model database has been created.
The model "Model-1" has been created.
mdb
```

使用 Mdb()时要小心，因为它会立即创建一个新的空白模型，并覆盖当前的模型，而且 Abaqus 并不会提示是否保存当前模型。因此，在使用 Mdb()之前，必须确保当前模型已经保存或者不需要保存。Mdb()通常用于遍历多个模型进行批处理任务，每次操作完成后，用它清除当前模型并打开下一个模型。

在 Abaqus 前处理中，Mdb 对象是用于创建、修改和管理模型数据的核心对象，它涵盖了所有与模型有关的操作，包括创建部件、定义材料、装配部件、设置边界条件、施加载荷、划分网格和工作任务等。

从图 3-8 可以看出，Mdb 对象包含两类仓库，分别是 jobs 仓库和 models 仓库。

相对于 models 仓库，jobs 仓库中 Job 对象的内容较少，它主要负责 Job 任务的创建、修改、提交、终止和控制等。例如用户使用静力学进行分析，如果没有特殊要求，则创建 Job 任务的语句为：

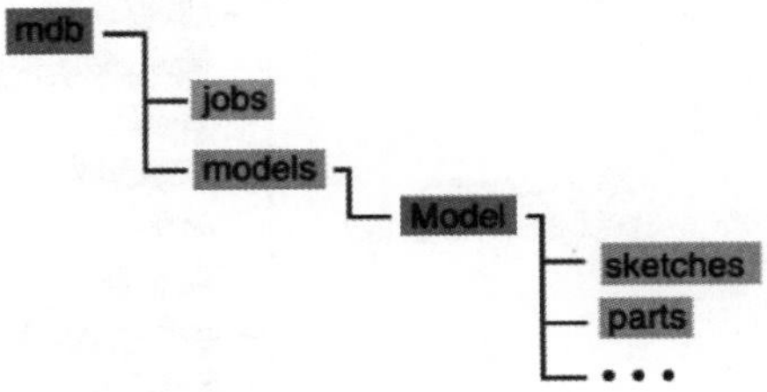

图 3-8　Mdb 对象

```
>>> mdb.Job(name='Job-1', model='Model-1', numCpus=12, numDomains=12) # 12 为实际的 CPU 数量
```

而用户使用显示动力学进行分析时，如果同样没有特殊要求，则创建 Job 任务的语句为：

```
>>> mdb.Job(name='Job-1', model='Model-1', numCpus=12,  numDomains=12, parallelizationMetho-
dExplicit=DOMAIN)       # 12 为实际的 CPU 数量
```

参数 parallelizationMethodExplicit 表示 Abaqus/Explicit 的并行方法，可设为 LOOP 和 DOMAIN。默认值是 LOOP，但更多时候采用 DOMAIN。

Job 对象还有其他方法，比如有两个任务 Job-1 和 Job-2 需要依次提交计算，可以采用以下语句：

```
>>> mdb.jobs['Job-1'].submit(consistencyChecking=OFF)        # 提交任务 Job-1
>>> mdb.jobs['Job-1'].waitForCompletion()                    # 等待计算完成
>>> mdb.jobs['Job-2'].submit(consistencyChecking=OFF)        # 提交任务 Job-2
```

其中，submit()中的参数 consistencyChecking 表示是否对任务进行一致性检查，默认值为 ON。如果确定模型无误，可以设为 OFF，以节省计算时间。

models 仓库中 Model 对象的内容较多，几乎所有在前处理中对模型进行的操作都可归类到 Model 对象中。从图 3-9 可知，Model 对象涵盖了诸如草图、部件、装配、材料、截面、分析步、约束、载荷、边界条件等所有前处理操作；图 3-10 与 Part 对象有关，包含了特征、基准、体、面、线、顶点、单元、节点、参考点和集合等；图 3-11 则是装配体的特征、基准、集合、表面、部件实例等。要注意的是，Assembly 对象并没有构造函数，当创建 Model 对象后，即使没有模型，也会自动具备 Assembly 对象属性，并不需要显式地创建一个 Assembly对象。

```
>>> a =mdb.models['Model-1'].rootAssembly
>>> type(a)
<type 'Assembly'>
```

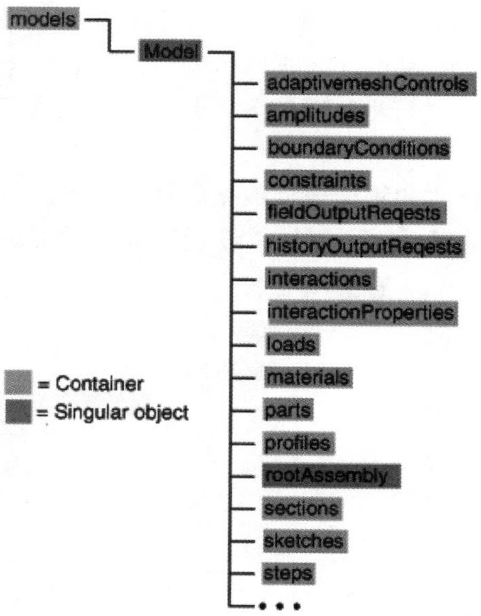

图 3-9　Model 对象

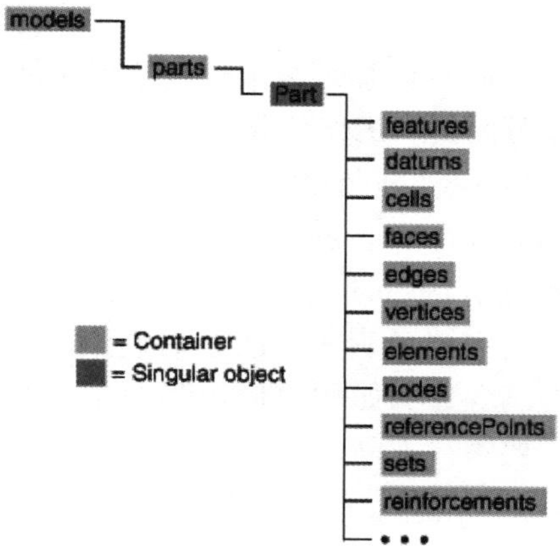

图 3-10　Part 对象

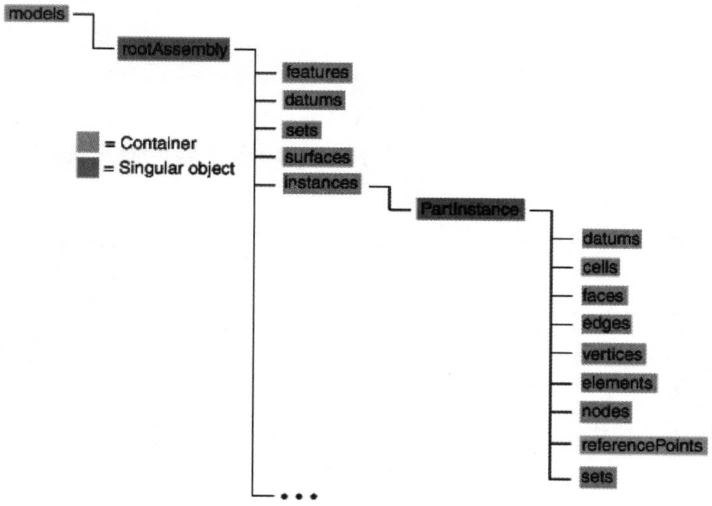

图 3-11　Assembly 对象

Abaqus 中的大多数对象都具备各自的属性和方法，包括但不限于 Model 对象、Assembly 对象、Part 对象、Section 对象、Material 对象、Load 对象、BC 对象、Step 对象、Job 对象等。对于每个对象，都可以通过访问其属性和调用其方法来实现各种操作。

由于它们的数量非常庞大，在学习和开发中，记住所有对象的属性和方法是不太现实的。达索公司提供了 Abaqus Scripting Reference Guide 文档，其中包含了所有对象属性和方法的详细描述。这份文档是二次开发的必备参考资料，多加利用可以更快地解决开发过程中的各种问题。

在实际开发中，借助 abaqus.rpy 文件可以大大提高二次开发的效率。用户可以在 Abaqus/CAE 中手动完成某项操作，然后查看 abaqus.rpy 文件中记录的对应代码，并对其进行适当的修改和扩展，从而快速完成二次开发，正如本章开头的实例一样。此外，abaqus.rpy 中的代码基本是正确无误的，善加使用不但能大大降低开发难度，节省开发时间，还可以减少代码的错误率。

3.3.3 Odb 对象

1. Odb 对象介绍

Odb 是 Output Database 的缩写，表示输出数据库。odb 文件包含仿真的结果数据，比如应力、应变、位移、速度、加速度等，通过对 Odb 对象的访问和操作，用户可以实现各种功能，如查看分析结果、提取数据、绘制曲线图等。此外，除了结果数据，odb 文件还包括模型的数据，它们都保存在 Odb 对象中。

与 Session 对象和 Mdb 对象不同，Odb 对象并不随着 Abaqus 的启动而自动创建，它需要手动生成，如果结果模型要出现在视图中，则需要通过 Session 对象将其打开，例如：

```
>>> import visualization                                                    # 导入 visualization 模块
>>> odb = session.openodb(name = r'F:\abaqus temp\Job-1.odb')               # 打开 odb 文件
>>> session.viewports['Viewport: 1'].setValues(displayedObject=odb) # 视图切换到后处理模型
```

而如果并不想在视图中显示结果模型，可以用 openOdb() 直接打开 odb 文件，例如：

```
>>> from odbAccess import *                                     # 导入 odbAccess 模块
>>> odb = openOdb(path = r'F:\abaqus temp\Job-1.odb')           # 打开 odb 文件,但并不显示
```

从图 3-12 可以看出，Odb 对象包含了模型数据和结果数据。模型数据含有装配体、部件、截面、材料等，其装配体中又包含单元集合、节点集合、表面集合和部件实例等，而部件实例中则包含单元集合、节点集合、表面集合、单元和节点等信息。

例如，模型的装配体中有一个节点集合 SET-NODE，可以有以下语句：

```
>>> odb.rootAssembly.nodeSets['SET-NODE'].name
'SET-NODE'
```

装配体中有一个表面集合，可通过下列语句得到部件实例的名称：

```
>>> odb.rootAssembly.surfaces['SURF-1'].instanceNames
('PART-1-1',)
```

图 3-12 中没有列出 Part 对象包含的对象，通过.__members__可以查询到其中的单元、单元集合、节点、节点集合等属性，但实际上 .odb 文件中的 Part 对象并不真正含有以上信息，例如：

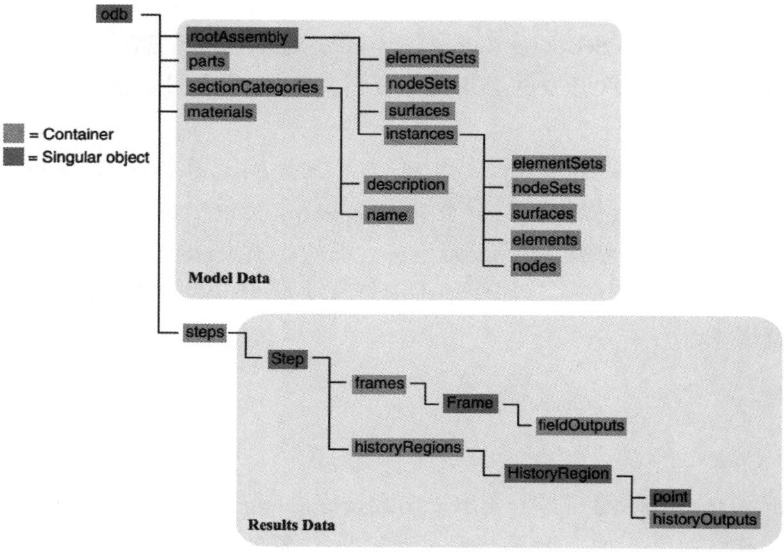

图 3-12　Odb 对象

```
>>> odb.parts['PART-1'].__members__
['analyticSurface','beamOrientations','elementSets','elements','embeddedSpace','materia-
lOrientations','name','nodeSets','nodes','rebarOrientations','rigidBodies','sectionAs-
signments','surfaces','type']
>>> len(odb.parts['PART-1'].elements)
0                                              # odb 文件中的 Part 对象不包含单元信息
>>> len(odb.parts['PART-1'].nodes)
0                                              # odb 文件中的 Part 对象不包含节点信息
>>> odb.parts['PART-1'].type
DEFORMABLE_BODY                                # 查看 Part 对象的类型为变形体
```

从这些信息还可以看出，Odb 对象中的模型并不包含几何信息，几何实体中点、线、面和体的概念只出现在 Mdb 对象中。

Odb 对象中保存材料和截面的信息，比如：

```
>>> odb.materials['MATERIAL-1'].elastic.table
((210000.0, 0.3),)
>>> odb.sections['Section-ASSEMBLY_PART-1-1__PICKEDSET1'].thickness
1.5
```

实际开发中，用户最关心的还是场输出数据（FieldOutputs）和历史输出数据（HistoryOutputs）。场输出数据和历史数据是 Abaqus 中的两种主要数据类型，它们用于描述不同物理量随空间和时间的变化。

场输出数据描述某个物理量随空间位置的变化，常用的场输出数据包括位移、应力、应变、速度和加速度等。场输出数据中包含大量单元或节点上的计算结果，可以用于生成各种云图。场输出数据可以设置写入的频率，写入频率越高，odb 文件容量越大。

历史输出数据则是描述某个物理量随时间的变化，用于少量要考察的单元或节点上的计算结果，常用的包括应力、应变、位移、支反力和接触力等。历史数据常用于生成 X-Y 图，可以设置较高的写入频率，以获得较为光滑的曲线。

图 3-12 中，场输出数据和历史输出数据都包含在 OdbStep 对象中。其中，场输出的具体数据通过 steps-frames-fieldOutputs 这条路径获得，而历史输出的具体数据则由 steps-historyRegions-historyOutputs 访问。

OdbStep 对象的表现形式为：

```
session.odbs[name].steps[name]
```

steps 属于仓库类型，仓库中包含的对象关键字和前处理中的 mdb.models[name].steps[name]基本是一样的，但并不包含初始分析步。例如前处理中创建了两个分析步，那么 Odb 中也会含有两个同样的分析步对象，如下：

```
>>> mdb.models['Model-1'].steps.keys()           # 前处理中的 steps 仓库关键字
['Initial', 'Step-Pull', 'Step-Shear']
>>> odb.steps.keys()                             # 后处理中的 steps 仓库关键字
['Step-Pull', 'Step-Shear']
```

通过 OdbStep 对象可以获得一些关于分析步的信息，例如：

```
>>> odb.steps['Step-Pull'].procedure             # 分析步类型
'* STATIC'
>>> odb.steps['Step-Pull'].previous              # 前一个分析步名称
'Initial'
```

2. 场输出数据

场输出数据首先要获取 steps 仓库中的 OdbFrame 对象，它的表现形式为：

```
session.odbs[name].steps[name].frames[i]
```

不同于 steps 的仓库类型，frames 是 OdbFrameArray 序列类型，不能使用仓库类型的诸如.keys()等方法。单个分析步中可能会包含多个增量步，每个增量步都对应一个 OdbFrame 对象，可以通过索引值获取其中某个增量步的 OdbFrame 对象，但不能使用切片，例如：

```
>>> odb.steps['Step-Pull'].frames[3]             # 使用索引值访问增量步
session.openOdb(r'F:\abaqus temp\Job-1.odb').steps['Step-Pull'].frames[3]
>>> odb.steps['Step-Pull'].frames[1:3]           # 不能用切片访问
Slice for an ODB Sequence is not supported.
```

如果对最后一个增量步感兴趣，可以通过索引值-1 来访问：

```
>>> odb.steps['Step-Pull'].frames[-1]            # 使用索引值-1 访问增量步
session.openOdb(r'F:\abaqus temp\Job-1.odb').steps['Step-Pull'].frames[10]
```

场输出中通常含有应力、位移和应变等输出变量，利用 OdbFrame 可以访问这些输出变量对象，即 FieldOutput 对象，其表现形式为：

```
session.odbs[name].steps[name].frames[i].fieldOutputs[name]
```

fieldOutputs 是仓库类型，它的关键字与后处理时 Field Output Dialog 工具条中的内容一致，如图 3-13 所示。

```
>>> odb.steps['Step-Pull'].frames[-1].fieldOutputs.keys()
['RF', 'RM', 'S', 'U', 'UR']
```

例如，用户如果想获取最后一个增量步中的位移结果，可以使用以下语句：

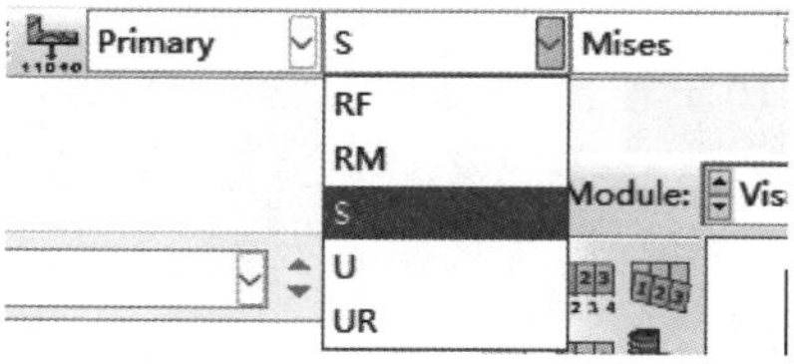

图 3-13　Visualization 模块中的 Field Output Dialog 工具条

```
>>> odb.steps['Step-Pull'].frames[-1].fieldOutputs['U']# 访问位移输出变量
session.openOdb(r'F:\abaqus temp\Job-1.odb').steps['Step-Pull'].frames[-1].fieldOutputs['U']
```

想要获得模型中具体的位移结果数据，还需要进一步挖掘，通过 FieldOutput 对象访问 FieldValue 对象，其表型形式为：

```
session.odbs[name].steps[name].frames[i].fieldOutputs[name].values[i]
```

接着上面的语句：

```
>>> odb.steps['Step-Pull'].frames[-1].fieldOutputs['U'].values          # 访问位移结果的值
session.openOdb(r'F:\abaqus temp\Job-1.odb').steps['Step-Pull'].frames[10].fieldOutputs['U'].values
```

此处的 values 属于 FieldValueArray 序列类型，其中对象的数量与 FieldOutput 对象有关。比如查看的是应力 S，values 中的对象总数为模型中单元的总数，而如果查看位移 U，对象总数则是模型中节点的总量。仍以位移 U 为例，如果想获取编号为 6 的节点位移信息，可以使用以下语句：

```
>>> odb.steps['Step-Pull'].frames[-1].fieldOutputs['U'].values[5] # 序列索引值从 0 开始,0 对应的
节点编号为 1
session.openOdb(r'F:\abaqus temp\Job-1.odb').steps['Step-Pull'].frames[10].fieldOutputs['U'].
values[5]
```

此时得到的对象类型为 FieldValue，通过它才最终获取位移值，例如：

```
>>> odb.steps['Step-Pull'].frames[-1].fieldOutputs['U'].values[5].magnitude
8.77715210663155e-05
```

如同套娃一样，经过多层的剥离，最终才能获得 Odb 对象中某节点的具体位移值，尽管有些繁复，但还是有迹可循的。场输出数据中包含了大量数据，这些数据都与分析步、增量步、场变量、节点或单元编号以及具体的值有关，按照这个顺序，可以很清晰地梳理出其中的逻辑关系。

需要注意的是，在上述语句中，有的是仓库类型，比如 steps 和 fieldOutputs，而有的则是序列类型，比如 frames 和 values。区分它们的简易方法在于，大多数情况下，Abaqus 中需要以名称访问的为仓库，比如 steps['Step-Pull'] 和 fieldOutputs['U']，而没有名称的，需使用索引值访问的则是序列，比如 frames[-1] 和 values[5]。仓库和序列的使用方式有不同之处，开发时需加以留意。

这些对象各自的属性和方法较多，除了查看帮助文档，还可以在内核命令行接口中使用 __members__ 和 __methods__ 获取具体的属性和方法，例如：

```
>>> odb.steps['Step-Pull'].frames[0].fieldOutputs['U'].__members__
['baseElementTypes','bulkDataBlocks','componentLabels','description','isComplex','locations',
```

```
'name', 'type', 'validInvariants', 'values']
>>> odb.steps['Step-Pull'].frames[0].__methods__
['FieldOutput']
```

初学者要要注意，只有对象才能调用这两个内置属性查询，而仓库或序列调用的话会报错，例如：

```
>>> odb.steps['Step-Pull'].frames[0].fieldOutputs.__members__
AttributeError: 'Repository' object has no attribute '__members__'
>>> odb.steps['Step-Pull'].frames.__methods__
AttributeError: 'OdbFrameArray' object has no attribute '__methods__'
```

3. 历史输出数据

历史输出数据也在 OdbStep 对象中，但与场输出数据有所不同，它与 OdbFrame 对象无关，而与 HistoryRegion 对象有关，其表现形式为：

```
session.odbs[name].steps[name].historyRegions[name]
```

从 historyRegions 后面的［name］可以得知，historyRegions 是仓库类型。仓库中的关键字是用户自定义的历史输出区域。

以常用的 Set 为例，前处理过程中为装配体的一个节点创建集合，该节点的编号为 25，集合的名称为 Set-U，用户想通过代码访问该集合的位移历史输出数据。首先前处理时，应在 Step 模块中创建历史输出，如图 3-14 所示，Edit History Output Request 对话框中的 Domain 选择 Set，右侧选中 Set-U。

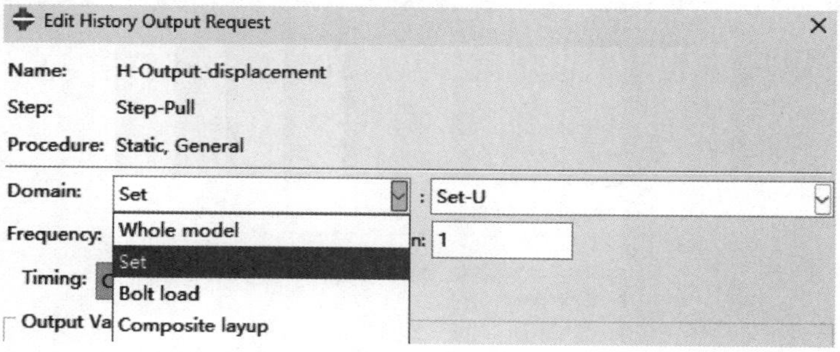

图 3-14　历史输出设置中选用集合

经过计算后得到结果文件 Job-1.odb，Odb 对象中可以找到该节点集合，语句为：

```
>>> odb = session.openOdb(r'F:\abaqus temp\Job-1.odb')
>>> session.viewports['Viewport: 1'].setValues(displayedObject=odb)
>>> odb.rootAssembly.nodeSets['SET-U']                    # 获取装配体中的节点集合
session.openOdb(r'F:\abaqus temp\Job-1.odb').rootAssembly.nodeSets['SET-U']
```

此时返回的是 OdbSet 对象，想要获取更具体的信息，可以访问它的属性 nodes：

```
>>> odb.rootAssembly.nodeSets['SET-U'].nodes              # 返回是的节点序列构成的元组
(session.openOdb(r'F:\abaqus temp\Job-1.odb').rootAssembly.nodeSets['SET-U'].nodes[0],)
>>> odb.rootAssembly.nodeSets['SET-U'].nodes[0]           # 返回的是节点序列 OdbMeshNodeArray
session.openOdb(r'F:\abaqus temp\Job-1.odb').rootAssembly.nodeSets['SET-U'].nodes[0]
>>> odb.rootAssembly.nodeSets['SET-U'].nodes[0][0]        # 返回的是节点对象 OdbMeshNode
```

```
session.openOdb(r'F:\abaqus temp\Job-1.odb').rootAssembly.instances['PART-1-1'].nodes[24]
>>> odb.rootAssembly.nodeSets['SET-U'].nodes[0][0].__members__          # 该节点有三个属性
['coordinates', 'instanceName', 'label']
>>> odb.rootAssembly.nodeSets['SET-U'].nodes[0][0].label                # 返回该节点的编号
25
```

以上语句的不同主要体现在 nodes 后面索引值的个数，不同数量的索引值返回的类型并不一样，用户在开发时应多加留意。

然而，历史输出数据的 HistoryRegion 对象中并没有名为 Set-U 的集合，只能获取该集合的节点编号，语句如下：

```
>>> odb.steps['Step-Pull'].historyRegions['Node PART-1-1.25']          # 使用〈Tab〉键可自动补全'
Node PART-1-1.25'
session.openOdb(r'F:\abaqus temp\Job-1.odb').steps['Step-Pull'].historyRegions['Node PART-1-1.25']
```

获取 HistoryRegion 对象后，还需要继续访问它的属性 historyOutputs，以获得 HistoryOutput 对象。HistoryOutput 对象包含了指定变量在某一点上的历史输出，其表现形式为：

```
session.odbs[name].steps[name].historyRegions[name].historyOutputs[name]
```

同样，historyOutputs 也属于仓库类型，其中的关键字取决于在 Edit History Output Request 中选择的输出变量。如图 3-15 所示，历史输出变量中设置了获取该节点集合的位移数据 U2，那么 historyOutputs 仓库中有且只有这一个关键字 U2，如下：

```
>>> odb.steps['Step-Pull'].historyRegions['Node PART-1-1.25'].historyOutputs['U2'] # 使用〈Tab〉
键可自动补全'U2'
session.openOdb(r'F:\abaqus temp\Job-1.odb').steps['Step-Pull'].historyRegions['Node PART-1-
1.25'].historyOutputs['U2']
```

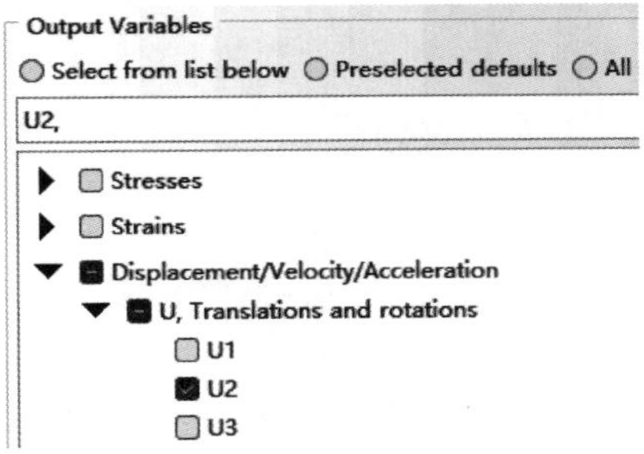

图 3-15　历史输出中使用集合

此时获得的 HistoryOutput 对象具有属性 data，调用后即可获得该节点集合的位移数据，如下：

```
>>> odb.steps['Step-Pull'].historyRegions['Node PART-1-1.25'].historyOutputs['U2'].data
((0.0, 0.0), (0.100000001490116, -3.32116933467422e-16), (0.200000002980232, -6.64281883115041e-16),
(0.300000011920929, -9.96427853930686e-16), (0.400000005960464, -1.32857001309807e-15), (0.5,
-1.66070179611185e-15), (0.600000023841858, -1.99284596698248e-15), (0.699999988079071,
-2.32499511417167e-15), (0.800000011920929, -2.65713430872374e-15), (0.899999976158142,
-2.98928282063823e-15), (1.0, -3.3214243445309e-15))
```

可以看出，返回的是一系列由元组组成的元组，一共有 11 个子元组。子元组的数量与设置的输出频率有关，默认为每个增量步输出一次，如图 3-16 所示。该分析步中共有 10 个增量步，加上初始数据（0.0, 0.0），共输出 11 个子元组数据。

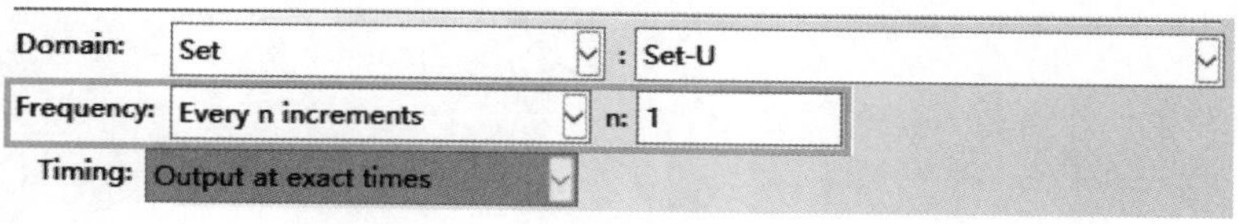

图 3-16　默认历史数据输出频率

如果想要获得更多数据，可以更改频率类型，例如图 3-17 所示，可采用 Every x units of time 方式，x 设为 0.01，由于静力学 Step 的时间为 1，所以可以输出 100 个数据。

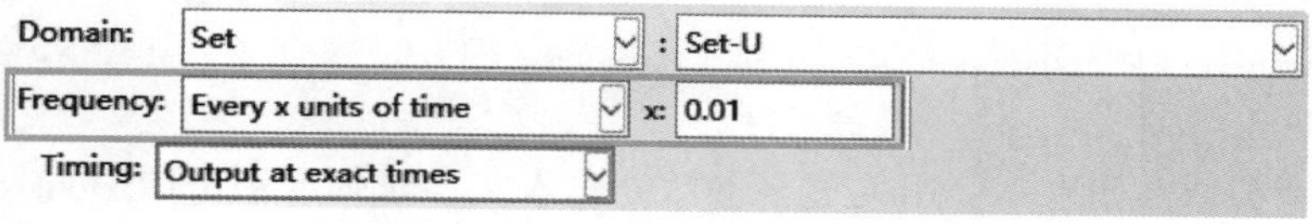

图 3-17　更改历史数据输出频率

以下为输出 100 个数据后的结果：

```
>>> odb1 = session.openOdb(r'F:\abaqus temp\Job-2.odb')
>>> odb1.steps['Step-Pull'].historyRegions['Node PART-1-1.25'].historyOutputs['U2'].data
((0.0, 0.0), (0.00999999977648258, -3.32117648151471e-17), (0.0199999995529652, -6.64282213987286e-17),
(0.0299999993294477, -9.9643155969983e-17), (0.0399999991059303, -1.32856125160102e-16), … ,
(0.970000028610229, -3.22178150619827e-15), (0.980000019073486, -3.25496508069814e-15),
(0.990000009536743, -3.28818761871359e-15), (1.0, -3.32141735650908e-15))
```

从中可以发现，每个子元组中都有一对数据，以（frameValue，value）的形式呈现，前一个数据为增量步的值，后一个则是相应的历史变量结果数值。

可以看出，历史输出数据的获取方式也和场输出数据一样，需要经由多层才能提取出来，看似复杂，实际上依照它们各自缜密的逻辑关系，还是容易理解和记忆的。

3.4　常见知识点和小实例

Abaqus 内核二次开发内容繁杂，在实际开发过程中，用户可能会遇到一些问题和困惑，比如有的代码会较为冗长，有些功能的实现可能会绕弯子，有些语句不容易调试等。本节将介绍 19 个知识点和小实例，希望能帮助大家减少一些困惑，更快地入门内核二次开发。

3.4.1　内核脚本导入的模块

前处理的二次开发脚本中，通常导入以下三个模块即可：

```
from abaqus import *                    # 导入 Abaqus 内核模块
from abaqusConstants import *           # 导入符号常量模块
from caeModules import *                # 包含 regionToolset 模块
```

如果没有特殊要求，后处理脚本中通常导入如下两个模块：

```
from odbAccess import *                    # 导入 odb 处理模块
from visualization import *                # 可进行可视化操作
```

如果要在 Odb 对象中创建材料和截面的数据，还需要导入以下两个模块：

```
from odbMaterial import *                  # 导入 odb 材料模块
from odbSection import *                   # 导入 odb 材料截面模块
```

3.4.2 关键字参数

使用构造函数和方法时，通常建议用户以关键字参数的方式对参数赋值。关键字参数是指使用形参的名字来确定输入的参数值。通过此方式指定实参时，不再需要与形参的位置完全一致，只要将参数名称输入正确即可。特别是在函数或方法的参数较多时，可以避免位置参数导致的混淆或错误。例如，定义实体材料截面的语句为：

```
mdb.models['Model-1'].HomogeneousSolidSection(name='Section-1', material='Material-1',
thickness=None)
```

其中有三个参数，如果不使用关键字参数，输入实参时须严格按照 HomogeneousSolidSection()形参自身的顺序，如果位置颠倒就会报错。其中，参数 thickness 为可选参数，也需要使用关键字参数，比如：

```
mdb.models['Model-1'].HomogeneousSolidSection('Section-1','Material-1')        # 正确
mdb.models['Model-1'].HomogeneousSolidSection('Material-1','Section-1')        # 错误
mdb.models['Model-1'].HomogeneousSolidSection('Section-1', 'Material-1', None) # 错误,
thickness 为可选参数
```

3.4.3 内核脚本通用代码

有时，当前的视口名称并不是默认的 'Viewport：1'，模型名称也不是 'Model-1'，为了让代码更加通用，可以获取当前视口和模型的名称。同时为了让代码更简洁，需要灵活使用变量，可以将已获取的对象、序列和仓库赋值给各个变量。以下代码可作为通用语句用于内核脚本的开头。

```
vpName = session.currentViewportName                          # 获取当前视口名称
vp = session.viewports[vpName]                                # 返回当前视口对象
modelName = session.sessionState[vpName]['modelName']         # 获取当前视口中模型的名称
m =mdb.models[modelName]                                      # 返回当前模型对象
p = m.parts                                                   # 返回当前部件仓库
a = m.rootAssembly                                            # 返回当前装配体
ins = a.instances                                             # 返回部件实例仓库
```

3.4.4 高亮显示

开发过程中，有时想明确代码中选择的几何实体是否正确，可以将该实体显示为高亮。以几何实体部件为例，获取 Face 序列中索引值为 1 的 Face 对象，使用 highlight()将该面高亮显示，如图 3-18 所示。

```
p =mdb.models['Model-1'].parts['Part-1']        # 获取 Part 对象
f1 = p.faces[1]                                 # 在 Part 对象中访问索引值为 1 的 Face 对象
```

```
highlight(f1)                                    # 高亮显示该面
unhighlight(f1)                                  # 取消高亮显示
```

该方法同样可用于单元和节点，以部件实例 Element 序列中索引值为 0 的单元为例，高亮显示后如图 3-19 所示。

图 3-18　高亮显示的面

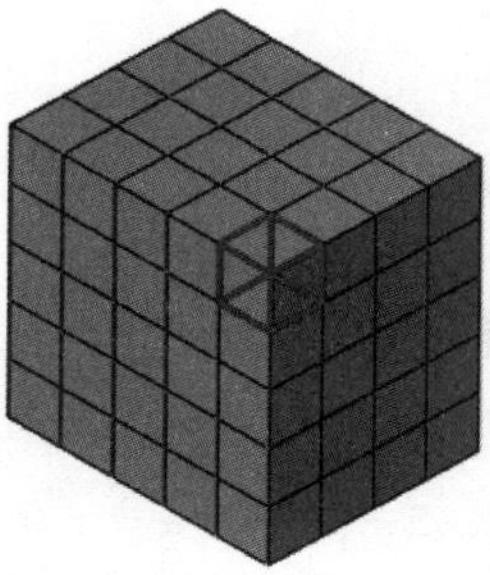

图 3-19　高亮显示的单元

```
ins =mdb.models['Model-1'].rootAssembly.instances['Part-1-1']        # 获取部件实例对象
ele1 = ins.elements[0]                           # 在部件实例对象中访问索引值为 0 的单元对象
highlight(ele1)                                  # 高亮显示该单元
unhighlight(ele1)                                # 取消高亮显示
```

3.4.5　视口显示模型的切换

利用代码可以很方便地快速切换视口中显示的模型类型，其中包括 Part、Assembly、ConstrainedSketch、Odb、PlyStackPlot 和 XYPlot。如果设为 None，则表示视口为空。以显示不同的部件和装配体为例：

```
m =mdb.models['Model-1']
vp = session.viewports['Viewport: 1']
p1 = m.parts['Part-1']                           # 获取部件 Part-1 对象
vp.setValues(displayedObject = p1)               # 显示部件 Part-1
p2 = m.parts['Part-2']                           # 获取部件 Part-2 对象
vp.setValues(displayedObject = p2)               # 显示部件 Part-2
a = m.rootAssembly                               # 获取装配体对象
vp.setValues(displayedObject = a)                # 显示装配体
```

3.4.6　单元/节点集合在 Mdb 和 Odb 中的访问方式

在 Abaqus/CAE 中，单元/节点集合可以在不同模块下创建，它们在前、后处理开发中需要通过不同的路径访问。前处理脚本创建集合的情况有两种，分别是在部件中创建和在装配体中创建。

（1）部件模式下的集合

先介绍第一种情况：在 Part、Property 和 Mesh 等部件模式中创建单元集合或者节点集合。这些集合都保存在部件里，部件在装配时会将集合自动转成部件实例中的集合。例如，部件 Part-1 中创建了一个名为 Set-element 的单元集合，在前处理中可以通过部件和部件实例分别访问：

```
p1 =mdb.models['Model-1'].parts['Part-1']                       # p1 为部件
eleSet1 = p1.sets['Set-element']                                # 通过部件访问
```

或：

```
ins1 = mdb.models['Model-1'].rootAssembly.instances['Part-1-1'] # ins1 为部件实例
eleSet1 = ins1.sets['Set-element']                              # 通过部件实例访问,eleSet1 是 Set 类型
```

通过 eleSet1 可以继续获取其中的单元序列，进而可访问特定的单元对象，比如：

```
eles1 = eleSet1.elements                        # eles1 是 MeshElementArray 序列
ele1 = eles1[5]                                 # ele1 是 MeshElement 对象
```

然而，同样的单元集合和节点集合在 Odb 中的访问路径却不太一样。如果 Odb 的文件名为 Job-1.odb，该单元集合存放在部件实例中，语句如下：

```
o = session.openOdb(name = r'F:\abaqus temp\Job-1.odb')
session.viewports['Viewport: 1'].setValues(displayedObject=o)
ins2 = o.rootAssembly.instances['PART-1-1']                 # 获取部件实例 ins2
eleSet2 = ins2.elementSets['SET-ELEMENT']                   # eleSet2 是 OdbSet 类型
```

可以看出有几处不同：一是 odb 文件中会将集合名称全都改成大写，前处理中名为 Set-element的单元集合，在后处理中自动改成了 SET-ELEMENT，由于 Python 区分大小写，开发时须加以留意；二是 Odb 中由部件实例调用 elementSets 访问单元集合，而 Mdb 中无论是单元还是节点，都通过调用 sets 获取；三是 Odb 中的集合并没有保存在部件中，而是需要通过部件实例访问。

和前处理一样，后处理可以通过单元集合 eleSet2 获取单元序列，进而能够访问指定的单元，比如：

```
eles2 = eleSet2.elements                        # eles2 是 OdbMeshElementArray 序列
ele2 = eles2[5]                                 # ele2 是 OdbMeshElement 对象
```

（2）装配体模式下的集合

第二种情况，如果单元集合 Set-element 是在 Assembly、Step、Interaction 和 Load 等装配体模式下创建的，则在前处理中访问的语句如下：

```
a =mdb.models['Model-1'].rootAssembly                           # a 为装配体
eleSet3 = a.sets['Set-element']                                 # eleSet3 是 Set 类型
eles3 = eleSet3.elements                                        # eles3 是 MeshElementArray 序列
ele3 = eles3[5]                                                 # ele3 是 MeshElement 对象
```

同理，Odb 中的单元集合存放在装配体中，访问路径也需要改变，语句如下：

```
o = session.openOdb(name = r'F:\abaqus temp\Job-1.odb')
session.viewports['Viewport: 1'].setValues(displayedObject=o)
eleSet4 = o.rootAssembly.elementSets['SET-ELEMENT']                   # eleSet4 是 OdbSet 类型
```

利用 eleSet4 继续访问集合中的某个单元对象，但语句和前面有所不同，如下：

```
elesTup4 = eleSet4.elements                             # elesTup4 是元组类型
eles4 = elesTup4[0]                                     # eles4 是 OdbMeshElementArray 序列
ele4 = eles4[5]                                         # ele4 是 OdbMeshElement 对象
```

elesTup4 是元组，需要先用索引值获取其中的元素后，才能进一步得到单元对象，比之

前多了一个步骤，实际开发时要注意这一点。

以上均以单元集合为例，节点集合的访问路径与单元集合类似，此处不再重复。

3.4.7 自定义场/历史输出变量

为了在后处理中获得更有用的输出结果，通常需要在 Step 模块中自定义场输出变量和历史输出变量。使用代码可以快速实现这个功能，步骤为先删除默认的输出变量，然后创建自定义的变量。

以下是自定义一些场输出变量和历史输出变量的语句，需要注意，在使用前应先创建分析步。

```
m =mdb.models['Model-1']                                    # 根据模型实际名称修改'Model-1'
try:
    del m.fieldOutputRequests['F-Output-1']                 # 删除默认的场输出
    del m.historyOutputRequests['H-Output-1']               # 删除默认的历史输出
except:
    pass
for stpName in [stp for stp in m.steps.keys() if stp != 'Initial']:
    # 自定义场输出变量
    m.FieldOutputRequest('FieldOutput:'+ stpName, stpName, variables=('S', 'U', 'E'))
    # 自定义历史输出变量
    m.HistoryOutputRequest('HistoryOutput:'+ stpName, stpName, variables=('ALLAE', 'ALLIE',
'ALLKE'))
```

3.4.8 识别独立/非独立实体

在创建部件实例时，有两种选择：创建独立实体（Independent Instance）或非独立实体（Dependent Instance）。独立实体可以独立进行分割和网格划分等操作，而非独立实体相当于原部件的一个投影，可以直接使用原部件中分割和划分好的网格。这两种实体各有优缺点，可以用以下代码识别：

```
ins =mdb.models['Model-1'].rootAssembly.instances        # 根据模型实际名称修改'Model-1'
ins1 = ins['Part-1-1']                                    # 根据实际名称修改'Part-1-1'
ins1.dependent                                            # 调用 dependent 即可识别
```

若返回 1 则为非独立实体，返回 0 则为非独立实体。此外，还可判断当前实体是哪种类型：

```
ins1.analysisType
```

可能的返回值有 DEFORMABLE_BODY、EULERIAN、DISCRETE_RIGID_SURFACE 和 ANALYTIC_RIGID_SURFACE。

3.4.9 命名空间（Namespace）

Abaqus 二次开发中，不同的命名空间表示不同的程序执行环境。这些命名空间是相互独立的，这意味着同一变量名在不同的命名空间中可能代表不同的对象，它们并不互通。通常 Abaqus 有两个命名空间：Script namespace 和 Journal namespace。

顾名思义，Script namespace 是脚本命名空间，通过脚本和内核命令行接口（Kernel

CLI）执行的所有命令都在该命名空间中，变量由用户定义，脚本和命令行接口的变量是互通的。Journal namespace 则是日志命名空间，变量由 Abaqus 自动生成，用户在 Abaqus/CAE 中手动执行的操作自动生成的代码会保存在 abaqus.rpy 中。因此，在开发过程中需要注意，不同的命名空间有不同的变量作用域。

比如 abaqus.rpy 中自动生成的语句 m = mdb.models['Model-1']，由于所处的命名空间不同，此处的变量 m 并不能在内核命令行接口中直接使用，而需要重新定义。但是，如果一个脚本中有语句 m = mdb.models['Model-1']，通过 File-Run Scrip 运行后，内核命令行接口可以直接使用变量 m。

尽管两个命名空间中的变量并不互通，但它们都拥有对象仓库，而仓库是通用的。比如手动创建了一个部件 Part-1，abaqus.rpy 中自动生成如下语句：

```
p =mdb.models['Model-1'].parts['Part-1']
```

尽管变量 p 并不能直接用在命令行接口中，但仓库 parts 却可以使用，在命令行接口中可以输入：

```
myPart = mdb.models['Model-1'].parts['Part-1']
```

此时的变量 myPart 和变量 p 的含义是一样的。

3.4.10 精确查找 findAt()

在较为复杂的几何模型中，指望用编号获取某几何实体是不现实的，比如一个模型有几十个 face，想利用编号选取其中一个特定的 face 就显得很困难。如果模型再次修改，编号也会随之变动，即便不修改模型，不同版本 Abaqus 中的编号也可能不一样。

更好的办法是使用 findAt()，该方法能获取几何实体的顶点、边、面和体对象。使用 findAt()的方法比较简单，它可以被序列调用，只需要输入坐标即可获得位于该坐标的实体。以一个尺寸为 10×10×10 的正方体为例，其中一个顶点位于原点，三条相交于原点的边均为 x、y 和 z 轴的正方向，如图 3-20 所示。比如想要获取该部件特定的 face，该 face 包含了坐标（5，5，0），则实现的语句为：

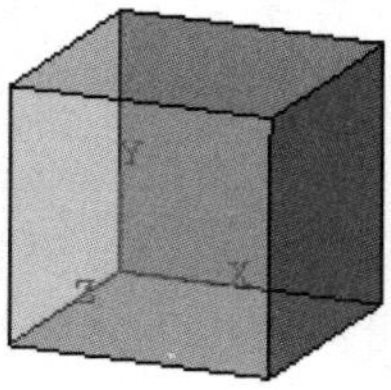

图 3-20　10×10×10 正方体部件

```
p =mdb.models['Model-1'].parts['Part-1']
fs = p.faces                    # fs 为 face 序列
f1 = fs.findAt((5, 5, 0),)      # f1 为 Face 对象
highlight(f1)                   # 高亮显示 f1,如图 3-21 所示
```

要注意的是，如果把坐标（5，5，0）看成一个元素，上例中 findAt()的参数就是只有一个元素的元组。

如果部件已经装配，想获取装配体中的 face，语句为：

```
ins1 = mdb.models['Model-1'].rootAssembly.instances['Part-1-1']    # ins1 为部件实例
fs = ins1.faces                                                    # fs 为 face 序列
f2 = fs.findAt((5, 5, 0),)                                         # f2 为 Face 对象
```

如果要同时查找多个 face，可以添加坐标，多个坐标将构成元组的序列。例如要获取两个 face，语句格式如下：

```
f3 = fs.findAt(((5, 5, 0),), ((5, 0, 5),))          # f3 的类型为 Sequence
```

f3 属于序列类型，可以使用索引值访问其中的 Face 对象，比如 f3[0]或 f3[1]，将它们分别高亮显示后如图 3-22 所示。

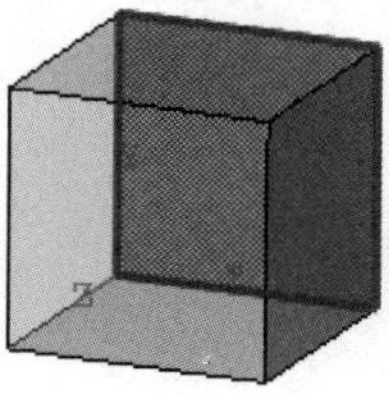

图 3-21　高亮显示选中的 face

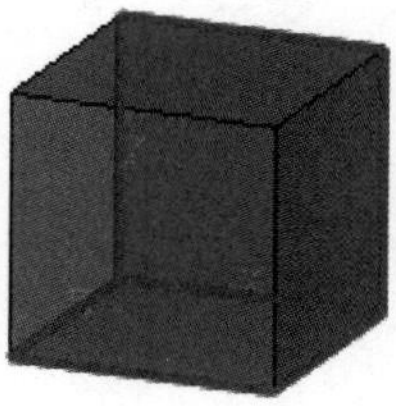

图 3-22　高亮显示选中的两个 face

如果把坐标值传给变量，将变量作为 findAt()的参数，则变量须用 * 解包，否则获得的结果为序列，例如：

```
coor = ((5, 5, 0),)
f4 = fs.findAt(coor)                    # f4 的类型为序列,元素为一个 Face 对象
f5 = fs.findAt(*coor)                   # f5 的类型为 Face 对象
```

虽然 findAt()在查找几何实体方面是一种常用的方法，但它也有缺点。如果指定的坐标不在实体上，而是稍微偏离了一点，Abaqus 很可能会提示找不到实体，除非指定的坐标与实体的距离非常小。因此，使用 findAt()方法时，需要非常小心地选择坐标点，以确保它们确实在实体上。例如：

```
>>> f6 = fs.findAt((5, 5, 1e-6),)                  # 坐标与 face 的距离为 1e-6,不能顺利查找
Warning:findAt could not find a geometric entity at (5.0, 5.0, 1e-06)
>>> f7 = fs.findAt((5, 5, 1e-7),)                  # 坐标与 face 的距离为 1e-7,才可以查找
>>> type(f7)
<type 'Face'>
```

可以看出，即使指定的坐标距离 face 只有 1e-6 的间隙，Abaqus 也无法顺利找到该 face，并会弹出警告。只有当间隙缩小到 1e-7 时，才能成功找到该 face。因此，为了确保能够顺利找到特定的几何实体，必须指定非常精确的坐标。此外，如果指定的坐标同时位于多个要查找的实体中（例如两个 face 相交于一条边，坐标参数位于这条边上），尽管符合条件的 face 有多个，但 findAt()只会返回遇到的第一个 face，忽略其他的 face。所以，指定坐标时也应避免这种情况的发生。例如，(10，10，5) 是两个 face 相交边上的一个坐标，使用 findAt()查找 face 的语句如下：

```
>>> f8 = fs.findAt((10, 10, 5),)
>>> f8                                  # 只能返回两个 face 中的一个
mdb.models['Model-1'].parts['Part-1'].faces[2]
```

还要注意，findAt()只对几何实体有效，不能用于单元和节点的查找。

3.4.11　模糊查找 getClosest()

getClosest()是一个模糊查找方法，它可以在几何实体中寻找距指定坐标最近的实体。相对于 findAt()需要提供非常精准的坐标，getClosest()显得更加友好和灵活。getClosest()的参数也为坐标，但和 findAt()有些不同。仍以 10×10×10 的立方体为例：

```
>>> p =mdb.models['Model-1'].parts['Part-1']
>>> fs = p.faces
>>> f9 = fs.getClosest(((5, 5, 1),))                    # 注意坐标的格式是元组的元组,与 findAt()不一样
>>> type(f9)
<type 'dict'>
>>> f9
{0: (mdb.models['Model-1'].parts['Part-1'].faces[5], (5.0, 5.0, 0.0))}
>>> f9.values()
[(mdb.models['Model-1'].parts['Part-1'].faces[5], (5.0, 5.0, 0.0))]
```

通过上述语句，可以发现即使坐标（5，5，1）在立方体内部，也可以顺利找到最近的面，但返回值与 findAt()有所不同。getClosest()返回一个字典，其键从 0 开始，相当于以索引值为键。该键的值是一个列表，其中包含两个元素，第一个元素是找到的 Face 对象，第二个元素是一个坐标，表示返回的面上距离指定坐标最近的坐标。如果想立刻返回 Face 对象，可以使用以下语句：

```
>>> f10 = fs.getClosest(((5, 5, 1),)).values()[0][0]
>>> type(f10)
<type 'Face'>
```

和 findAt()一样，getClosest()也可以用来查找多个实体，返回的是包含多个键值对的字典，比如：

```
>>> f11 = fs.getClosest(((5, 5, 1), (5, 5, 9)))
>>> f11.keys()                             # f11 是包含两个键值对的字典
[0, 1]
>>> f11.values()
[(mdb.models['Model-1'].parts['Part-1'].faces[5], (5.0, 5.0, 0.0)), (mdb.models['Model-1'].
parts['Part-1'].faces[4], (5.0, 5.0, 10.0))]
```

同样，如果指定的坐标也同时位于多个要查找的实体上，getClosest()也只能返回一个。此外，getClosest()并不总是能获得一个实体，如果给定的坐标离得太远，也不能顺利查到实体，例如：

```
>>> f12 = fs.getClosest(((20, 20, 0),))              # 坐标距离实体过远
>>> f12                                              # f12 为空
{}
```

实际上，getClosest()可以设置允许偏差，默认的搜索范围为部件或部件实例尺寸的一半，比如将上面的坐标值减小些，便能查找到 Face 对象，比如：

```
>>> f13 = fs.getClosest(((15, 15, 0),))
>>> f13
{0: (mdb.models['Model-1'].parts['Part-1'].faces[1], (10.0, 10.0, 0.0))}
```

以上实例中使用了 findAt()和 getClosest()方法来查找几何实体。但是，如果从 INP 文件中导入了一个有限元模型，模型并不包含几何实体，那么该如何批量选择单元和节点呢？自 Abaqus 2016 版本开始，节点序列可以使用 getClosest()方法来查找。仍以 10×10×10 的立方体为例，以尺寸为 1 划分单元网格后，查找节点的语句如下：

```
>>> p =mdb.models['Model-1'].parts['Part-1']
>>> ns = p.nodes                                     # ns 为部件节点序列
```

```
# 用于节点时,坐标参数为元组,与查找几何实体的不一样
>>> n1 = ns.getClosest((5, 5, 0),)
# n1 为 MeshNode 对象,并不如同查找几何实体那样返回的是字典
>>> n1
mdb.models['Model-1'].parts['Part-1'].nodes[720]
>>> n2 = ns.getClosest(((5, 5, 0), (5, 5, 5)))                 # 查找多个坐标
>>> n2                                                          # n2 为 MeshNode 对象构成的元组
(mdb.models['Model-1'].parts['Part-1'].nodes[720], mdb.models['Model-1'].parts['Part-1'].
nodes[665])
```

如果想在某一坐标附近同时查找几个节点，可以配合使用 getClosest()的可选参数 numToFind 和 searchTolerance。numToFind 表示想选中几个节点，默认为1；searchTolerance 则是搜索范围半径，如果不设定，查找范围为整个模型。例如，想要在坐标（5，5，5）处半径为2的范围内查找3个节点，可以有以下语句：

```
>>> n3 = ns.getClosest(coordinates = (5, 5, 5), numToFind = 3, searchTolerance = 2)
>>> n3
(mdb.models['Model-1'].parts['Part-1'].nodes[665], mdb.models['Model-1'].parts['Part-1'].
nodes[544], mdb.models['Model-1'].parts['Part-1'].nodes[654])
```

要强调的是，虽然几何实体序列和节点序列可以用 getClosest()进行查找，但单元序列并不能使用。

3.4.12 查找单元

既然 findAt()和 getClosest()都无法在单元序列中查找单元，该如何获取单元对象呢？通常有三个方法可供选择：getFromLabel()、sequenceFromLabels()和 getByBoundingBox()，前两个方法通过单个和多个编号查找单元，最后一种方法是在空间中查找，其参数由两个坐标值构成。这两个坐标定义了一个立方体空间，在该空间内的单元会被选中。

```
>>> eles = p.elements                                            # eles 为部件单元序列
>>> ele1 = eles.getFromLabel(350)                                # 只能输入一个单元编号
>>> ele1
mdb.models['Model-1'].parts['Part-1'].elements[349]
>>> ele2 = eles.sequenceFromLabels((350, 351, 352, 353),)  # 以元组或列表的方式输入单元编号
>>> type(ele2)
<type 'Sequence'>
>>> len(ele2)
4
>>> ele3 = eles.getByBoundingBox(0, 0, 0, 3, 3, 3)          # 这六个数字构成坐标(0, 0, 0)和(3, 3, 3)
>>> type(ele3)
<type 'Sequence'>
>>> len(ele3)
27
```

getByBoundingBox()适用于最常用的笛卡儿坐标系，此外还有适用于柱坐标系的 getByBoundingCylinder()和适用于球坐标系的 getByBoundingSphere()，查找单元时，用户可以根据实际需求选择合适的方法。除了单元序列，这三种适用于不同坐标系的方法也都能用在节点序列和几何实体序列中。

3.4.13 getByBoundingBox()参数的使用方法

前面用到了 getByBoundingBox()，它是一个很实用的查找方法，可以用于几何实体序列、单元序列和节点序列。该方法包含六个参数，分别为 xMin，yMin，zMin，xMax，yMax，zMax，前三个和后三个分别构成两个坐标，这两个坐标定义了一个立方体空间，在该空间中的实体会被选中，并以序列的形式返回。仍以 10×10×10 的立方体为例，想要获取 x=10 的四条边，对于部件和装配体的实现方式如下：

```
>>> # 获取部件的四条边
>>> p =mdb.models['Model-1'].parts['Part-1']
>>> esPart = p.edges
>>> # 查找位于(9, 0, 0)到(11, 11, 11)空间内的边
>>> ePart = esPart.getByBoundingBox(xMin = 9, yMin = 0, zMin = 0, xMax = 11, yMax = 11, zMax = 11)
>>> len(ePart)
4
>>> for i in range(len(ePart)):
...     highlight(ePart[i])                    # 四条边高亮显示,如图 3-23 所示
>>> # 获取装配体的四条边
>>> ins =mdb.models['Model-1'].rootAssembly.instances['Part-1-1']
>>> esIns = ins.edges
>>> eIns = esIns.getByBoundingBox(xMin = 9, yMin = 0, zMin = 0, xMax = 11, yMax = 11, zMax = 11)
>>> len(eIns)
4
>>> for i in range(len(eIns)):
...     highlight(eIns[i])                     # 高亮显示四条边,如图 3-24 所示
```

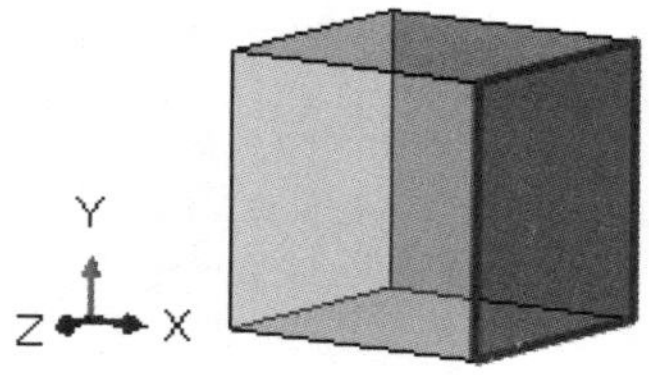

图 3-23　高亮显示部件选中的四条边

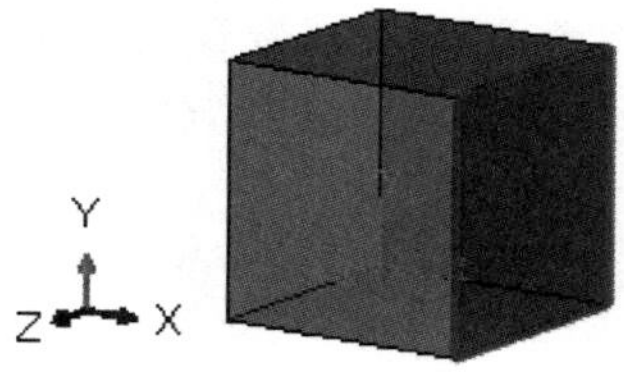

图 3-24　高亮显示装配体选中的四条边

实际使用时，并不一定每次都要把这六个参数全部赋值，想要获取 x=10 的四条边，只需给 xMin 赋值即可，getByBoundingBox()会获取所有大于 xMin 的边，并会忽略其他参数。通过以下语句获得的四条边和图 3-23 中高亮显示的边是一样的。

```
>>> ePart = esPart.getByBoundingBox(xMin = 9)            # 获取 x ≥ 9 的所有边
```

此外，一些方法中的参数较多，如果不填写参数名，则需要将传入的参数值与形参的位置一一对应。例如，在 getByBoundingBox()方法中，需要传入六个参数，分别为 xMin、yMin、zMin、xMax、yMax、zMax，如果每次都输入这些参数名会比较烦琐，但如果不输入又可能会传入错误位置。对于这种情况，可以使用字典来组织这些参数的赋值，然后通过解包的方式进行传参。仍以边长为 10 的立方体为例，在一个装配体中，如果想获取所有满足条件 x=10，y≥5，z≥5 的节点，可以按照以上方式进行传参，代码如下：

```
>>> coor = {}.fromkeys(['xMin', 'yMin', 'zMin'])          # 创建字典 coor,包含三个键,各键的值为 None
>>> coor['xMin'], coor['yMin'], coor['zMin'] = 10, 5, 5 # 对三个键赋值
>>> ins =mdb.models['Model-1'].rootAssembly.instances['Part-1-1']
>>> ns = ins.nodes
>>> n4 = ns.getByBoundingBox( ** coor)                    # 用 ** coor 解包
>>> for i in range(len(n4)):
...     highlight(n4[i])                                  # 高亮显示选中的节点,如图 3-25 所示
```

这样的传参方式也可以运用到其他方法中，例如前面使用 getClosest()在半径为 2 的空间内查找三个节点，语句为：

```
>>> n3 = ns.getClosest(coordinates = (5, 5, 5), numToFind = 3, searchTolerance = 2)
```

更改传参方式后的语句如下，图 3-26 所示为高亮显示选中的三个节点：

```
>>> findNodes = dict(coordinates = (10, 5, 5), numToFind = 3, searchTolerance = 2)
                                                           # 创建字典 findNodes
>>> n5 = ns.getClosest( ** findNodes)                      # 用 ** findNodes 解包
```

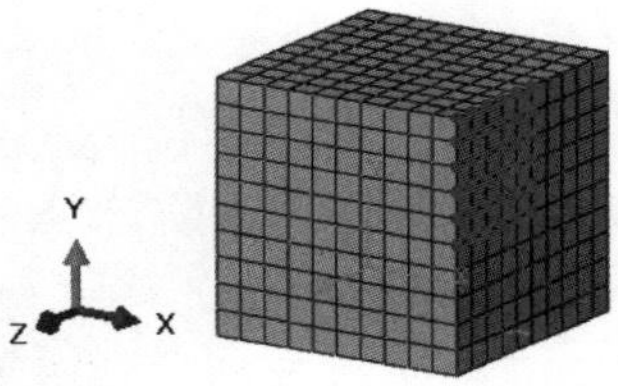

图 3-25　getByBoundingBox()选中的节点

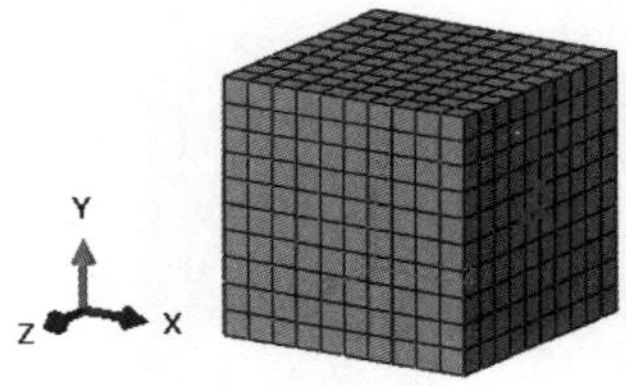

图 3-26　getClosest()选中的节点

3.4.14　掩码编码、坐标值和索引值的切换

实际开发过程中少不了查看和引用 abaqus.rpy 文件，如果手动选择几何实体或单元节点，abaqus.rpy 文件中会以掩码编码的方式记录选中的内容。对于计算机而言，当选择的对象较多时，掩码编码比较高效，但对开发者来说，这种编码不太容易理解，并不具备通用性。例如，在立方体中分别选择三条边和一列节点，abaqus.rpy 中会生成以下语句：

```
a =mdb.models['Model-1'].rootAssembly
e1 = a.instances['Part-1-1'].edges                          # e1 为边序列
edges1 = e1.getSequenceFromMask(mask=('[#148 ]', ), )       # 选择三条边
...
a =mdb.models['Model-1'].rootAssembly
n1 = a.instances['Part-1-1'].nodes
nodes1 = n1.getSequenceFromMask(mask=('[#0:3 #1ffc000 ]', ), )  # 选择一列节点
```

两者使用的方法都是 getSequenceFromMask()，参数都是掩码编码。为了使生成的代码易懂，可以将掩码编码更改为索引值或坐标。以索引值为例，在命令行接口中输入以下语句：

```
>>> session.journalOptions.setValues(replayGeometry=INDEX,recoverGeometry=INDEX)
```

再次选择实体，abaqus.rpy 中会以实体的索引值形式记录，可用于几何结构、单元和节点。仍选择上述的三条边和节点，abaqus.rpy 中生成的是以下语句：

```
a =mdb.models['Model-1'].rootAssembly
e1 = a.instances['Part-1-1'].edges
edges1 = e1[3:4]+e1[6:7]+e1[8:9]                              # 以边的索引值记录
...
a =mdb.models['Model-1'].rootAssembly
n1 = a.instances['Part-1-1'].nodes
nodes1 = n1[110:121]                                          # 以节点的索引值记录
```

还可以将选中的实体以坐标值的形式体现，在命令行接口输入以下语句：

```
>>> session.journalOptions.setValues(replayGeometry=COORDINATE,recoverGeometry=COORDINATE)
```

接着仍选择同样的边和节点，abaqus.rpy 中生成以下代码：

```
a =mdb.models['Model-1'].rootAssembly
e1 = a.instances['Part-1-1'].edges
edges1 = e1.findAt(((0.0, 0.0, 2.5), ), ((2.5, 10.0, 0.0), ), ((10.0, 0.0, 2.5), ))  # 改为了 findAt()
...
a =mdb.models['Model-1'].rootAssembly
n1 = a.instances['Part-1-1'].nodes
nodes1 = n1[110:121]                                                                 # 节点仍为索引值
```

可以发现，几何边的选择方式改成了 findAt()方法，其参数记录了位于这三条边上的三组坐标。而节点的选择方式并未发生变化，仍记录为索引值，这也说明了节点和单元本身并不具有 findAt()方法。

对开发者来说，abaqus.rpy 中以索引值和坐标值作为记录方式比掩码编码更友好，用户可根据自身需求做选择。

3.4.15 特征对象的调用

在特征（Feature）中，常用的对象包括基准点（Datum）、参考点（Reference Point）和局部坐标系（Datum CSYS）等，它们都以仓库的形式保存。这些仓库的关键字是其特征对象的 id，与单元和节点编号一样，它们很难识别和区分。因此，在调用特征对象时，为了避免在仓库中找不到正确的关键字，通常需要在创建特征时将特征对象传递给变量。在后续使用时，可以使用该变量调用属性 id 作为仓库的关键字。

仍以一个边长为 10 的立方体装配体为例，假设想在一个面的中心点处创建一个基准点，然后在此基准点上创建一个参考点，接着以该参考点为原点创建一个局部坐标系，并运用该局部坐标系施加载荷。代码如下：

```
from abaqus import *
from abaqusConstants import *
m =mdb.models['Model-1']
a = m.rootAssembly
# 创建并获取基准点对象 d1
d1 = a.DatumPointByCoordinate(coords = (5.0, 5.0, 0.0))
# 获取基准仓库 ds
ds = a.datums
# 在基准点处创建参考点 rp1,基准点关键字以 d1.id 的方式获取
rp1 = a.ReferencePoint(point = ds[d1.id])
# 获取参考点仓库 rps
```

```
rps = a.referencePoints
# 将参考点设为集合,参考点关键字以 rp1.id 的方式获取
set1 = a.Set(referencePoints = (rps[rp1.id],), name = 'Set-1')
# 创建局部坐标系,原点位于参考点,同样以 rp1.id 获取参考点仓库的关键字
csyc1 = a.DatumCsysByThreePoints(origin = rps[rp1.id], name = 'Datum mycsys-1',
    coordSysType = CARTESIAN, point1 = (10.0, 10.0, 10.0), point2 = (0.0, 0.0, 10.0))
# 创建集中力载荷。局部坐标系也属于基准,以 ds[csyc1.id]的方式从仓库中调用
m.ConcentratedForce(name = 'Load-1', createStepName = 'Step-1', region = set1, cf3 = 1.0,
    distributionType = UNIFORM, field = '', localCsys = ds[csyc1.id])
```

以上代码中，基准点、参考点和局部坐标系都是通过调用它们的 id 作为仓库的关键字来引用。在这些语句中，参考点目前只是一个点，尚未与装配体相关联，还需要为它和装配体创建耦合关系，以便施加载荷。这些代码只是演示了如何以通用的方式调用基准点、参考点和局部坐标系，省略了其他语句。代码执行后，模型的状态如图 3-27 所示。

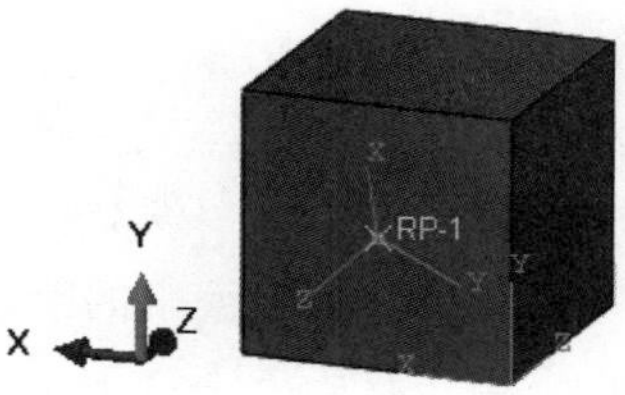

图 3-27　基准点、参考点和局部坐标系

3.4.16　使用文件选择/保存对话框

为了在 Abaqus 内核脚本中选择或保存文件，有时需要打开文件选择/保存对话框。这个对话框通常可以由 RSG 对话框生成器来创建，但这需要使用 Abaqus GUI Toolkit，并会将内核程序保存为主菜单 Plug-ins 中的插件。如果不想仅仅为了一个文件选择/保存对话框而使用 RSG 对话框生成器，则可以利用 Python 自带的 Tkinter 模块。以下代码提供了四种常见的对话框代码，用户可以根据实际需要选择其中一个。在弹出的对话框中完成操作后，选中文件或文件夹的路径会返回给变量 myPath。

3-dialog.py

```
# -*- coding: utf-8 -*-
import Tkinter as tk                              # 导入 Tkinter
import tkFileDialog                               # 导入 tkFileDialog
import os
root = tk.Tk()                                    # 创建 Tkinter 应用程序对象
root.withdraw()                                   # 隐藏空白窗口
# 设置文件对话框显示的文件类型
myFileTypes = [('Model Database', '.cae'),
               ('Output Database', '.odb'),
               ('all files', '.*')]
# 选择一个文件夹目录
myPath = tkFileDialog.askdirectory(
               initialdir=os.getcwd(),            # 默认打开工作目录文件夹
               title="Please select a folder:")
# 选择一个文件
myPath = tkFileDialog.askopenfilename(
               initialdir=os.getcwd(),
               title="Please select one file:",
               filetypes=myFileTypes)
# 选择一个或多个文件
```

```
myPath = tkFileDialog.askopenfilenames(
            initialdir=os.getcwd(),
            title="Please select one or more files:",
            filetypes=myFileTypes)
# 保存一个文件
myPath = tkFileDialog.asksaveasfilename(
            initialdir=os.getcwd(),
            title="Please input or select a file name for saving:",
            filetypes=myFileTypes)
myPath = myPath.encode('utf-8')
```

为了使代码在 Abaqus 内核脚本中正确运行，需要注意以下几点。首先，Abaqus 使用的 Python 版本为 2.x，导入 Tkinter 模块时，需要使用 Tkinter 而不是 Python 3.x 中的 tkinter，首字母 T 要大写。其次，传递给 myPath 的值为默认的 unicode 类型，需要用最后一行的 encode()方法将其转换为 UTF-8 编码的字符串。最后，需要避免在路径中使用中文，因为 Abaqus 可能无法正确解析中文路径。

3.4.17 导出 odb 文件中集合的场输出数据

当处理较大的模型时，用户通常只对某个特定区域感兴趣，而不需要获取模型中全部节点或单元的信息。在后处理中，用户可以将该区域中的结果单独提取出来。举一个简单的例子，假设有一个边长为 10 的立方体进行拉伸仿真，材料为钢，在底端固定的情况下，顶部施加 5000N 的拉力。想要通过模拟获取沿施力方向一条棱边上所有节点的位移值和分量值，并将其保存到一个文本文档中。为了实现这个功能，用户可以在前处理中为该区域的节点创建一个节点集合，取名为“Set-Some-Nodes”，如图 3-28 所示。以下脚本可以实现这个功能，脚本保存为 chapter 3\Outputs\FieldOutput\3-fieldOutput.py。

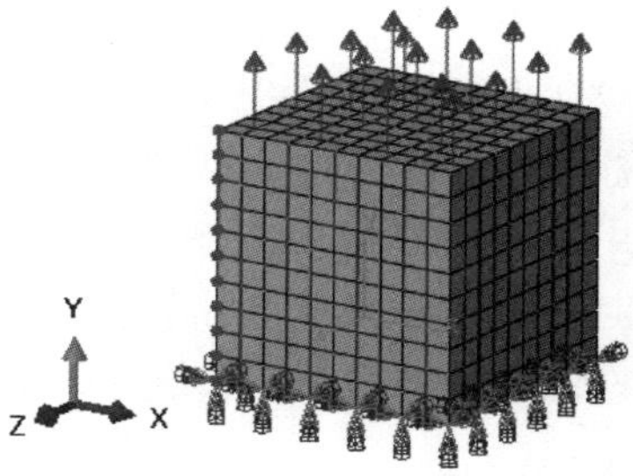

图 3-28 拉伸仿真模型（场输出）

3-fieldOutput.py

```
# --coding: UTF-8 -*-
from odbAccess import *
# 修改为 odb 文件的实际路径
odbPath = r'F:\abaqus temp\Job-FieldOutputs.odb'
# 使用 openOdb()打开 odb 文件,视口中不显示模型
odb = openOdb(path = odbPath)
# 获取分析步 step-1 最后一帧的场输出数据 U
u = odb.steps['Step-1'].frames[-1].fieldOutputs['U']
# 将装配体中的节点集合赋值给变量 nds,注意后处理中的集合名称为大写字母
nds = odb.rootAssembly.nodeSets['SET-SOME-NODES']
# 使用 getSubset()获取节点集合的位移场输出数据
someNds = u.getSubset(region = nds)
# 获取节点集合中位移的值
uValues = someNds.values
# 在工作目录中创建一个文本文档
disTxt = file(name = 'Some nodes displacement.txt', mode = 'w')
```

```
# 写入集合中各节点的位移值, \t 表示制表符
disTxt.write('Node \tMag \tU1 \tU2 \tU3 \n')
for u in uValues:
    disTxt.write('%d \t%5.5F \t%5.5F \t%5.5F \t%5.5F \n' % (u.nodeLabel, \
                                 u.magnitude, u.data[0], u.data[1], u.data[2]))
# 关闭文本文档(若在 Kernel CLI 中运行,此处需要换行)
disTxt.close()
```

运行脚本后，Abaqus 工作目录中会生成一个名为 Some nodes displacement.txt 的文本文档，其中的数据如图 3-29 所示。

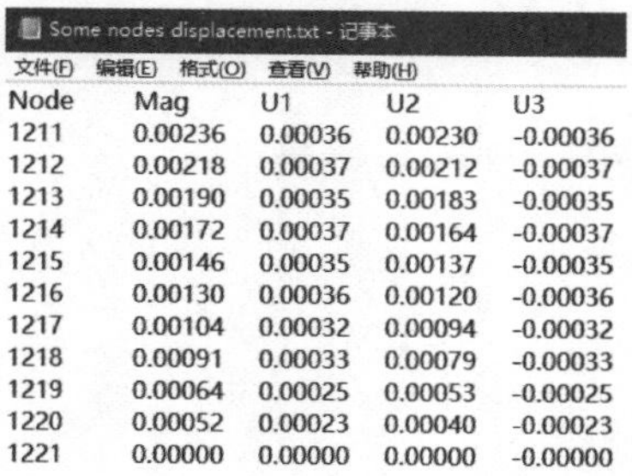
Some nodes displacement.txt - 记事本
文件(F) 编辑(E) 格式(O) 查看(V) 帮助(H)

Node	Mag	U1	U2	U3
1211	0.00236	0.00036	0.00230	-0.00036
1212	0.00218	0.00037	0.00212	-0.00037
1213	0.00190	0.00035	0.00183	-0.00035
1214	0.00172	0.00037	0.00164	-0.00037
1215	0.00146	0.00035	0.00137	-0.00035
1216	0.00130	0.00036	0.00120	-0.00036
1217	0.00104	0.00032	0.00094	-0.00032
1218	0.00091	0.00033	0.00079	-0.00033
1219	0.00064	0.00025	0.00053	-0.00025
1220	0.00052	0.00023	0.00040	-0.00023
1221	0.00000	0.00000	0.00000	-0.00000

图 3-29　场输出数据

演示模型保存为 chapter 3\Outputs\3-Outputs.cae，版本为 2017，inp 计算文件、odb 文件与文本文档一并保存在文件夹 chapter 3\Outputs\FieldOutput\中。

3.4.18　导出 odb 文件中集合的历史输出数据

上一个实例介绍了如何使用脚本从 odb 文件中提取节点集合的位移场输出数据，并将其写入文本文档，但是这个实例只获取了最后一个增量步的结果。有时候，用户想要了解某个区域在整个仿真过程中的变化数值，需要用到历史输出数据。同样，脚本也能实现把集合的历史数据提取到文本文档的功能。

以同一模型为例，在前处理中将用户感兴趣的节点改为 1 个，并为它创建节点集合，命名为“Set-One-Node”，其他工况保持不变，如图 3-30 所示。为了观察整个过程，可以在分析步 Step-1 中设置共 5 个增量步，接着在历史输出设置中选中该集合，选择输出 U2 位移数据，其他参数不变，如图 3-31 所示。通过计算，得到名为 Job-HistoryOutputs.odb 的结果文件。下面的代码可以将该节点的历史数据写入名为 One node displacement.txt 的文本文档，并将其保存在 Abaqus 的工作目录中。脚本名称为 3-historyOutputs.py，与 inp 计算文件和 odb 文件一起保存于文件夹 chapter 3\Outputs\HistoryOutput 中。

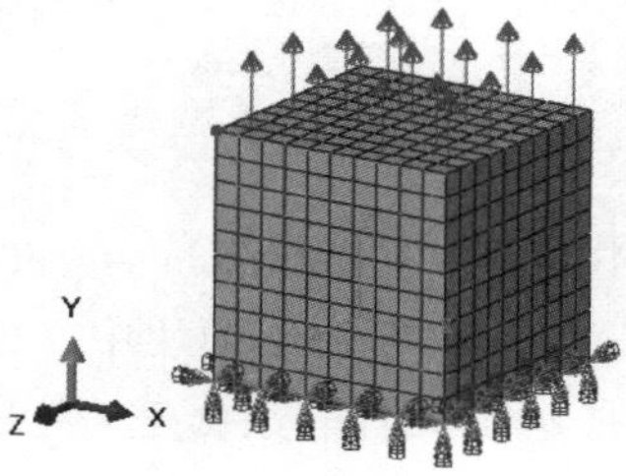

图 3-30　拉伸仿真模型（历史输出）

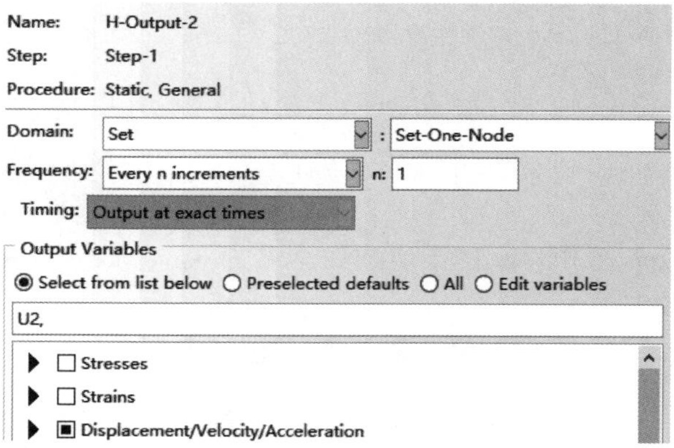

图 3-31 历史输出设置

3-historyOutput.py

```
# --coding: UTF-8 -*-
from odbAccess import *
# 修改为 odb 文件的实际路径
odbPath = r'F:\abaqus temp\Job-HistoryOutputs.odb'
# 使用 openOdb()打开 odb 文件,视口中不显示模型
odb = openOdb(path = odbPath)
# 将装配体中的节点集合赋值给变量 nd,注意后处理中的集合名称为大写字母
nd = odb.rootAssembly.nodeSets['SET-ONE-NODE']
# 创建收集历史数据的 HistoryPoint 对象,只能用于一个节点
# nd.nodes 是元组,nd.nodes[0]是 OdbMeshNodeArray,nd.nodes[0][0]才是 OdbMeshNode
histPoint = HistoryPoint(node = nd.nodes[0][0])
# 在分析步 Step-1 中,通过 HistoryPoint 对象获得 HistoryRegion 对象
ndHis = odb.steps['Step-1'].getHistoryRegion(point = histPoint)
# 获取历史变量名称
uTitle = ndHis.historyOutputs.keys()[0]
# 获取节点的历史数据
uData = ndHis.historyOutputs[uTitle].data
# 在工作目录中创建一个文本文档
disTxt = file(name = 'One node displacement.txt', mode = 'w')
# 写入节点的历史数据
disTxt.write(ndHis.name + '\n\n')
disTxt.write('Time\t' + uTitle + '\t\n')
for u in uData:
    disTxt.write('%2.3F\t%2.8F\n' % (u[0], u[1]))
# 关闭文本文档(若在 Kernel CLI 中运行,此处需要换行)
disTxt.close()
```

执行完毕后，打开工作目录中的 One node displacement.txt，文档中记录了节点的历史输出数据，如图 3-32 所示。在 Abaqus Visualization 模块中，也可以利用 XY 数据绘图的方式获取此节点的历史数据，如图 3-33 所示，两者的数据是一样的。

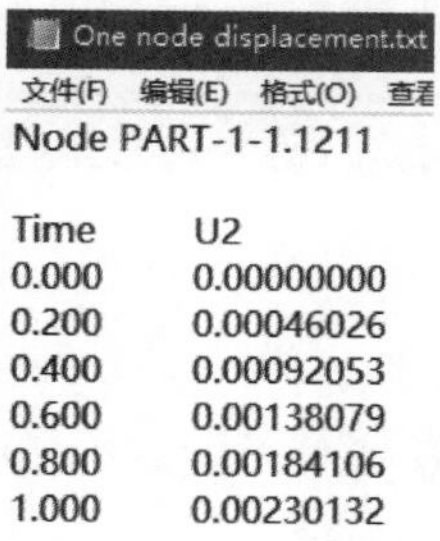

图 3-32　历史输出数据

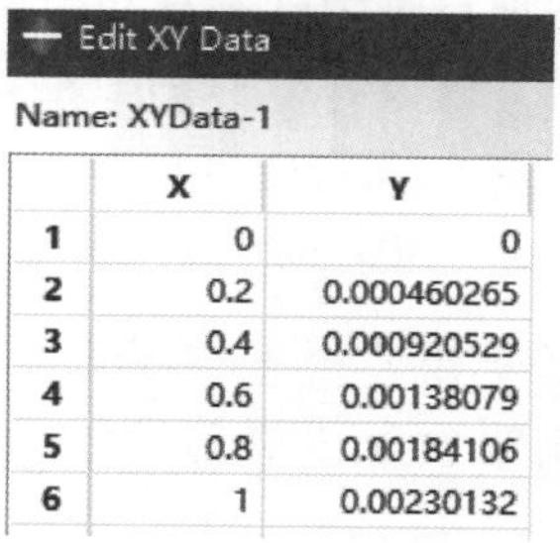

图 3-33　XY 数据绘图

3.4.19　提交多个计算作业的批处理代码

二次开发的作用之一是可以进行批量操作，其中也包括一次性提交多个 inp 计算作业，这个功能的实现不仅可以使用 Python，还可以使用命令行。命令行的优势在于可以在不打开 Abaqus/CAE 的情况下执行一些操作，例如运行脚本、打开 Abaqus/CAE 和提交任务作业等。以 Windows 系统为例，可以通过打开“开始”菜单选择 Abaqus Command 来打开 Abaqus 命令行窗口，如图 3-34 所示。

在命令行窗口中，提交任务的基本语句为：

```
abaqus job=job-name cpus=n
```

其中，参数 job 为 inp 作业文件名，文件扩展名可以是.inp 或不带扩展名，参数 cpus 的值不能超过实际的 CPU 数量。

举个例子，假设工作目录中有一个名为 job-1.inp 的计算文件，CPU 为 12 个，打开命令行窗口后输入以下语句即可提交计算，命令行窗口如图 3-35 所示。

```
abaqus job=job-1 cpus=12
```

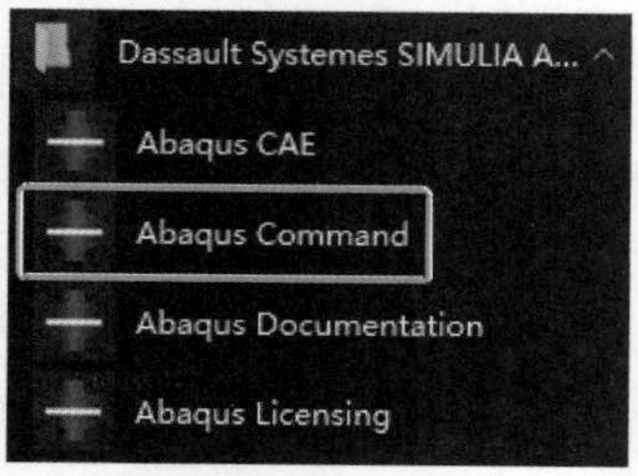

图 3-34　打开 Abaqus 命令行窗口

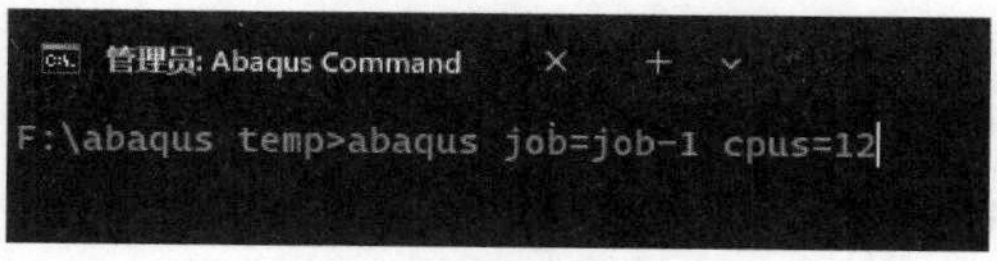

图 3-35　命令行窗口

需要注意的是，如果打开命令行窗口后默认路径是工作目录，并且计算文件 job-1.inp 也在该目录下，用户可以直接提交计算而无须更改路径。但如果计算文件位于其他目录，则命令行窗口中显示的路径也必须相应更改。

如果计算机安装了多个版本的 Abaqus，可以将开头的 abaqus 改为 abq2017 或 abq2021 等，从而选择用哪个版本计算，例如：

```
abq2017 job=job-1 cpus=12
abq2021 job=job-1 cpus=12
```

此外，如果当前目录中已经存在同名的 odb 文件，则表示该 inp 作业已经提交求解过，如果再次提交求解，命令行窗口会弹出是否覆盖的提示，如图 3-36 所示，需要手动回复。如果想自动选择覆盖，可以在命令中添加参数 ask=no，例如：

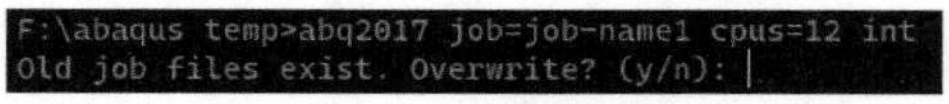
F:\abaqus temp>abq2017 job=job-name1 cpus=12 int
Old job files exist. Overwrite? (y/n):

图 3-36　回复是否覆盖已有 odb 文件

```
abaqus job=job-name1 cpus=12 ask=no
```

提交任务作业的命令行语句参数较多，详细说明请查看 Abaqus Analysis User's Guide（不同版本的目录可能有所不同）。

以上是在命令行中提交单个任务的方法。实际上，用于计算的 inp 文件并不总是放在工作目录中，而且有时需要一次性提交多个作业任务。例如，现在有三个 inp 作业需要提交计算，分别为 job-name1.inp、job-name2.inp 和 job-name3.inp，它们都存放在 E:\job 文件夹中，要求按顺序计算。这个功能可以使用批处理文件实现。在 E:\job 中创建一个 txt 文本文档，将扩展名改为 bat（即批处理脚本），用记事本打开，在其中输入以下语句（不需要输入数字序号）。该脚本保存为 chapter 3\3-job-1.bat。

3-job-1.bat

```
1    @echo off
2    echo Jobs begin!
3    echo.
4    echo .....................Job 1.......................
5    echo.
6    call abaqus job=job-name1 cpus=12 interactive ask=no
7    echo.
8    echo .....................Job 2.......................
9    echo.
10   call abaqus job=job-name2 cpus=12 interactive ask=no
11   echo.
12   echo .....................Job 3.......................
13   echo.
14   call abaqus job=job-name3 cpus=12 interactive ask=no
15   pause
```

以上语句中，第 1 行的@echo off 表示关闭回显；第 2、4、8 和 12 行表示在窗口中显示 echo 后的内容；第 3 行的 echo.表示为空白行；第 6、10 和 14 行则是执行任务作业，其中的参数 interactive（可缩写为 int）表示多个作业不是同时计算，而是一个接一个计算；最后一行的 pause 表示所有作业完成后，不会立即关闭命令行窗口，以便用户查看计算过程或确认计算是否成功，按任意键可以关闭窗口。

如果要批量提交计算的 inp 文件不在同一个文件夹中，就需要在批处理脚本中加入更换路径的语句。例如 job-name1.inp 放在 E:\job1 中，job-name2.inp 放在 E:\job2 中，job-name3.inp 放在 E:\job3 中，批处理脚本需做如下改写，保存为 chapter 3\ 3-job-2.bat。

3-job-2.bat

```
@echo off
echo Jobs begin!
echo.
echo .....................Job 1.......................
echo.
```

```
6    cd /d E:\job1
7    call abaqus job=job-name1 cpus=12 interactive ask=no
8    echo.
9    echo .....................Job 2......................
10   echo.
11   cd /d E:\job2
12   call abaqus job=job-name2 cpus=12 interactive ask=no
13   echo.
14   echo .....................Job 3......................
15   echo.
16   cd /d E:\job3
17   call abaqus job=job-name3 cpus=12 interactive ask=no
18   pause
```

以上脚本是在前一个脚本的基础上添加了第 6、11 和 16 行，这三行代码实现了在执行每个作业任务之前，先切换到对应的 inp 文件所在的文件夹。这是通过使用 cd 命令切换文件夹来实现的，为了便于切换盘符，cd 命令需要在后面加上/d，并且用空格隔开。

如果想让计算机在计算完成后自动关机，可将脚本最后一行的 pause 删除，并添加以下一行代码：

```
shutdown -s -f -t 20
```

其中，-s 表示关闭计算机，-f 表示强制关闭计算机，-t 表示 20 秒后关机。

3.5　本章小结

初学 Abaqus 内核二次开发通常从 abaqus.ryp 文件开始，该文件以代码形式自动记录了用户在 Abaqus/CAE 中的所有操作过程。3.1 节以创建 H 型钢为例，在草图中手动绘制 H 型钢后，调用了 abaqus.ryp 中的代码，并对其进行分析和修改。第一次修改大幅简化了语句，仍能创建相同的 H 型钢；第二次修改将脚本改编成创建 H 型钢的通用函数，可以生成更多尺寸的 H 型钢，具有更强的实用价值。

3.2 节介绍了 Abaqus 内核常见的数据类型，包括符号常量、布尔值、序列和仓库，其中序列和仓库尤为重要。序列常用于几何实体、单元和节点；仓库相当于 Python 中的字典，以键值对的方式存储大量内核数据，通常以小写字母开头、“s”结尾的复数形式出现。

3.3 节阐述了 Abaqus 内核的三大对象：会话（Session）对象、前处理（Mdb）对象和后处理（Odb）对象。内核二次开发中的所有对象都是从这三大对象衍生出来的。Session 对象作为交互接口，连接用户和 Abaqus/CAE；Mdb 对象包含前处理中的多种对象，但本章未对其中每个对象进行详细介绍，灵活运用 abaqus.ryp 可以帮助用户快速获取开发代码；Odb 对象主要用于场输出和历史输出，都需要通过一系列步骤才能获取所需的数值。

3.4 节从实用的角度出发，介绍了 19 个常见的知识点和小实例，希望能够帮助读者在内核二次开发学习过程中少走弯路。

Abaqus 内核二次开发具有大幅提高工作效率、减少重复工作和满足定制化需求等优点，是 Abaqus 开发内容的核心，也是 Abaqus 仿真工程师进阶的必经之路。

第4章 实例：批量施加螺栓力

4.1 实例介绍

本章介绍一个批量施加螺栓力的前处理内核脚本，它能够对装配体中所有的螺栓一键施加螺栓力载荷。演示模型如图 4-1 所示，装配体中有四个螺栓，它们的位置和方向都不同。两个较细的螺栓来自一个螺栓部件实例，另外两个较粗的来自另一个部件。模型文件保存为 chapter 4\4 bolts.cae，版本是 Abaqus 2017，脚本 AutoBoltLoad.py 也一并保存在该目录中。

打开模型，运行脚本 AutoBoltLoad.py。切换到 Load 模块，可以看到这四个螺栓都加载了螺栓力载荷，如图 4-2 所示。

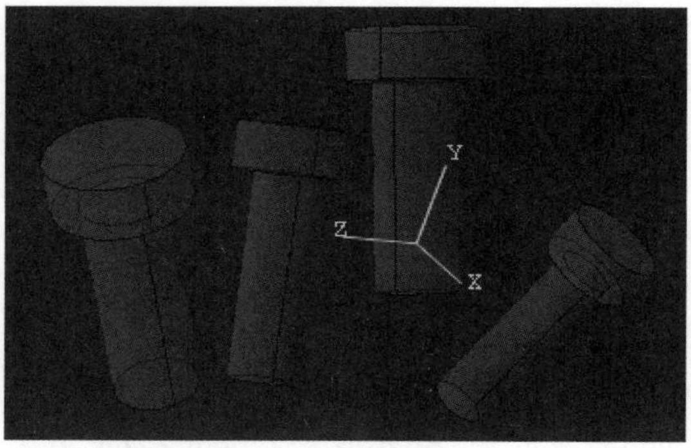

图 4-1　未施加螺栓力的装配体

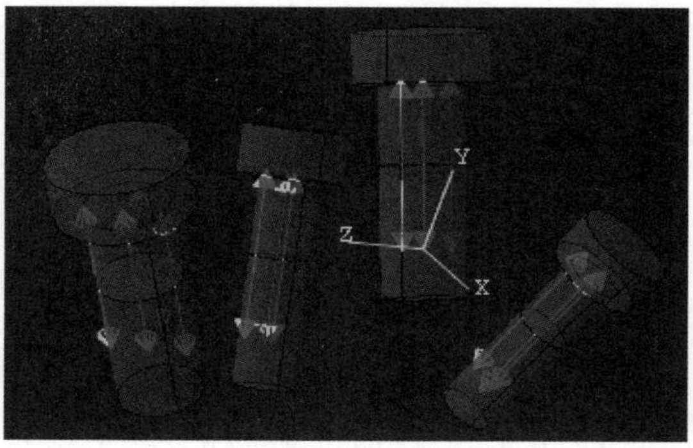

图 4-2　施加螺栓力的装配体

该脚本是个相对通用的程序，从整体来看，实现过程分为两个部分：对部件操作和对装配体操作。之所以要在部件中切割，是因为装配体中的螺栓方向和位置都不相同，不容易精确把控，而在部件中则相对容易很多。螺栓力的施加只能在装配状态进行，包括获取切割面和基准轴，所以这部分要在遍历所有部件实例时进行。

4.2 脚本代码

AutoBoltLoad.py

```
# -*-coding:utf-8 -*-
'''此脚本用于批量施加螺栓力荷载'''
from abaqus import *
```

```
from abaqusConstants import *
from caeModules import *

def displayDatum(flag):
    '''设置是否显示基准'''
    vp = session.viewports[session.currentViewportName]
    if flag == 'on':
        vp.assemblyDisplay.geometryOptions.setValues(datumPointLabels=ON, \
                                                     datumAxes=ON, datumPoints=ON)
    if flag == 'off':
        vp.assemblyDisplay.geometryOptions.setValues(datumPointLabels=OFF, \
                                                     datumAxes=OFF, datumPoints=OFF)

def bolt(boltIns):
    '''遍历螺栓部件实例,获得螺栓部件列表'''
    boltPart = []
    for bolt in boltIns:
        # 通过部件实例得到部件,并形成列表
        if bolt.part not in boltPart:
            boltPart.append(bolt.part)
            # 若部件为 Lock 状态,则解锁
            if bolt.part.isLocked() == 1:
                bolt.part.Unlock(reportWarnings=False)
    # 返回部件列表
    return boltPart

def cutBolt(bolts):
    '''在螺栓部件的中心位置切割螺栓'''
    # 遍历全部螺栓部件
    for bolt in bolts:
        # 删除已有基准
        fts = bolt.features
        for ft in fts.keys():
            # 判断特征关键字的前 5 个字符是否为'Datum',符合则删除该特征
            if ft[:5] == 'Datum':
                bolt.deleteFeatures((ft, ))
        bolt.regenerate()
        # 获取螺栓实体 BoundingBox 的中心点坐标
        c = bolt.cells
        coor = c.getBoundingBox()
        coorX = (coor['high'][0] + coor['low'][0]) / 2
        coorY = (coor['high'][1] + coor['low'][1]) / 2
        coorZ = (coor['high'][2] + coor['low'][2]) / 2
        # 在中心点处创建基准点
        datumPoint = bolt.DatumPointByCoordinate(coords = (coorX,coorY,coorZ))
        # 在中心点处以 Y 轴创建基准轴
        datumAxisPart = bolt.DatumAxisByPrincipalAxis(principalAxis = YAXIS)
        # 在中心点处垂直于基准轴切割螺栓
        d = bolt.datums
        bolt.PartitionCellByPlanePointNormal(cells = c, point = d[datumPoint.id], \
                                             normal = d[datumAxisPart.id])
```

```

def getLoadFace(oneIns):
    '''利用基准点获取螺栓力加载截面'''
    ds = oneIns.datums
    for d in ds.values():
        # 属性数量为 1 的是基准点,属性数量为 2 的是基准轴
        if len(d.__members__) == 1:
            # 获取基准点的坐标,以元组的形式赋值给 coor
            coor = d.pointOn
    # 使用 findAt()查找切面
    fs = oneIns.faces
    f1 = fs.findAt((coor,),)
    # 为切面创建 Region 对象,并返回
    region = regionToolset.Region(side1Faces=f1)
    return region

def getAxis(oneIns):
    '''在基准中获取螺栓基准轴'''
    ds = oneIns.datums
    # 基准轴是否有属性 direction
    for d in ds.values():
        if hasattr(d,'direction'):
            datumAxisIns = d
    # 返回基准轴
    return datumAxisIns

if __name__ == '__main__':
    '''主程序'''
    # 通用代码,获取一系列视口和模型对象
    vpName = session.currentViewportName
    vp = session.viewports[vpName]
    modelName = session.sessionState[vpName]['modelName']
    m = mdb.models[modelName]
    a = m.rootAssembly
    ins = a.instances
    stps = m.steps

    insList = []
    # 将所有部件实例并入列表 insList 中
    for i in ins.values():
        insList.append(i)
    # 如果部件实例列表为空,弹出警告对话框
    if insList == []:
        getWarningReply(message='当前模型中没有部件实例', buttons = (YES, NO))
    # 如果没有分析步,弹出警告对话框。有分析步则获取名称
    if len(stps) == 1:
        getWarningReply(message='当前模型中没有分析步', buttons = (YES, NO))
    else:
        stepName = stps.keys()[1]
    # 如果装配体处于 Lock 状态,解锁
    if a.isLocked == 1:
```

```
106             a.unlock()
107 
108         # 获取螺栓部件
109         boltPart = bolt(insList)
110         # 切割螺栓部件
111         cutBolt(boltPart)
112         # 重新生成模型
113         try:
114             a.regenerate()
115         except BaseException:
116             a.restore()
117 
118         i = 1
119         # 遍历所有螺栓部件实例
120         for eachIns in insList:
121             # 获取切割面和基准轴
122             region = getLoadFace(eachIns)
123             datumAxisIns = getAxis(eachIns)
124             # 施加螺栓力
125             m.BoltLoad(name='boltLoad-' + str(i), createStepName=stepName, region=region,
126                 magnitude=1450, boltMethod=APPLY_FORCE, datumAxis=datumAxisIns)
127             i += 1
128         # 关闭基准显示
129         displayDatum('off')
```

4.3 脚本要点

如果想实现的目标需要由几个步骤配合才能完成，可以在编写脚本之前先将过程梳理清楚。具体来说，本脚本的流程主要有以下四个步骤。

第一步：从螺栓部件实例中获取所有的螺栓部件，将其装入列表中。

第二步：遍历螺栓部件，在每个螺栓的中心点处垂直于旋转轴进行切割。

第三步：遍历螺栓部件实例，提取切割形成的载荷面和基准轴。

第四步：施加螺栓力载荷。

前三个步骤以自定义函数实现。第一步，获取所有螺栓部件，此功能由函数 bolt()实现。函数体中遍历所有部件实例，第 23 行由部件实例反向获取部件，将它们添加到一个列表中，列表在第 28 行由 return 语句返回。由于要对模型进行操作，所以如果部件处于 Lock 状态，就需要通过第 26 行解锁。

第二步，切割螺栓，该功能由 cutBolt()完成。函数以上一步返回的部件列表为参数，对它进行遍历。为防止误操作，首先在第 39 行删除已有的基准，接着用 getBoundingBox()获取边界坐标，尽管装配体中螺栓摆放的位置和方向都不一样，但它们都由 Abaqus 创建，作为部件，它们的方向是一致的，因此边界坐标具有规律性。第 44 行~第 46 行，获取部件中心点处的坐标，第 48 行在中心点处创建一个基准点，通过该基准点和 Y 方向基准轴，第 53 行和第 54 行对螺栓实体进行切割，以便施加螺栓力。

前两步是对部件进行操作，后两步则是对部件实例进行处理。

第三步，由getLoadFace()提取切割产生的载荷面。函数体中，利用部件实例中基准属性的数量来获取切割面，如果基准属性的数量为1，则表示只有一个pointOn属性，且该pointOn即为上一步在中心位置创建的基准点，第63行获取该点的坐标。目前切割面已经存在，第66行利用findAt()即可获取此切割面，将它创建为Region对象后，以return语句返回。

到目前为止，施加螺栓力还缺基准轴对象，该基准轴不是部件中的基准轴，而是部件实例中的基准轴。函数getAxis()可以获取螺栓基准轴，函数体中第76行通过hasattr()判断基准对象中是否包含属性direction，direction即为基准轴。如包含，则获取它，并以return语句返回。

第四步，施加螺栓力载荷。这个功能由Abaqus自带的BoltLoad()完成。主程序中第120行对所有的部件实例做遍历，第122行和第123行获取切割面和基准轴后，第125行和第126行用BoltLoad()即可对螺栓实例施加螺栓力载荷，此处的载荷值统一设为1450N，也可以使用if语句，判断螺栓的规格，施加不同的载荷值。

作为一个较为完善的脚本，除了实现主体功能，还需要考虑到其他情况，比如模型中不存在部件实例、没有创建分析步和模型处于Lock状态等，出现这些问题都会直接终止脚本的运行。因此，需要提前做出防范语句，脚本中第97行~第106行使用if语句做判断，如果出现问题，可以用getWarningReply()弹出警告对话框，提示相应的错误信息。此外，还要考虑重复执行脚本可能会出现的问题，这些代码可以在完成主体结构后再编写。

脚本的操作对象为所有装配件。如果装配体中包含其他非螺栓部件，则需要修改第92行~第95行，将螺栓部件实例的名称添加到列表insList中。这是纯内核脚本的局限之处，如果内核脚本与GUI搭配使用，就可以通过光标选择螺栓，这样能避免手动修改内核脚本，使用起来更加友好。

编写较长或较为复杂的脚本时，可以适当使用多个def函数。函数可以将具有独立功能的代码段封装起来，方便调用和管理，本脚本定义了五个函数。通过自定义函数，可以将大段代码分解成若干个小的可重用模块，既可以避免重复编写相似的代码，还能提高代码的可读性和可维护性，使程序更加简洁。在编写自定义函数时，需要注意以下几点。

1）函数之间的职责应明确，不应该出现重复或冲突的情况。

2）函数的参数不应过多，并尽可能遵循一个函数只实现一个功能的原则。

3）函数的命名应该准确、易于理解。

4）函数应有清晰简明的注释，以方便后期维护或其他开发人员的理解。

各个函数编写完成后，将它们以一定的顺序组合起来，放在主程序中，从而完成整个流程。

4.4 本章小结

本章介绍了一个批量施加螺栓力的前处理内核脚本。演示的装配体中，螺栓的规格并不一致，各个螺栓的摆放位置和方向也不一样。脚本先通过部件实例获取螺栓部件，对各部件进行遍历，自动获取螺栓实体的中心点，切割螺栓实体，再在部件实例中获取切割面和基准轴，从而施加螺栓力。此外，脚本中还加入了一些防错语句，对可能出现的问题做出提示。

第 5 章

实例：后处理中自动对单元集合截图

5.1 实例介绍

Abaqus 对计算结果做后处理时，截图是记录和展示分析结果的常见方式，恰当的截图能很好地对结果进行解析，可用于报告、论文和演示文稿等文档中。对于一些模型来说，用户可能更关注模型中特定部位的受力情况，往往在前处理中先将该部分的单元设为集合，在后处理中仅针对该单元集合进行截图。

本章介绍一个自动对单元集合应力云图进行截图的后处理内核脚本。它能够弹出文件选择对话框，选择并打开一个 odb 文件后，脚本会单独显示指定的单元集合，以白色为背景，从四个不同角度对模型进行截图，图片保存在 odb 文件所在目录的同名文件夹中，截图完成后恢复默认背景色。

本章的演示模型来自 Abaqus 官方帮助文档，文档中提供了一个名为 boltpipeflange_3d_solidnum.inp 的计算文件，将它求解后，得到的 odb 文件作为本章的演示对象，演示模型如图 5-1 所示。脚本以模型中的螺栓作为考察对象，要单独对它截图。打开 Abaqus，直接运行脚本 AutoScreenshot.py，从弹出的对话框中选择 boltpipeflange_3d_solidnum.odb，视图快速闪过几个画面后，恢复为完整模型。当前 odb 文件所在的目录中，会自动创建一个同名文件夹，其中保存了刚截取的四张图片，图片命名为单元集合的名称，如图 5-2 所示。

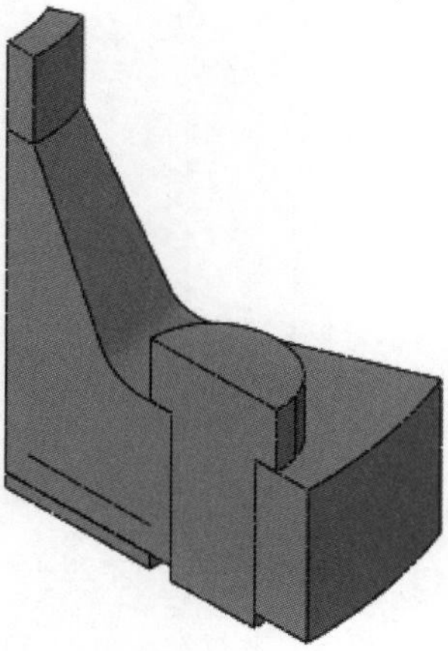

图 5-1　演示模型

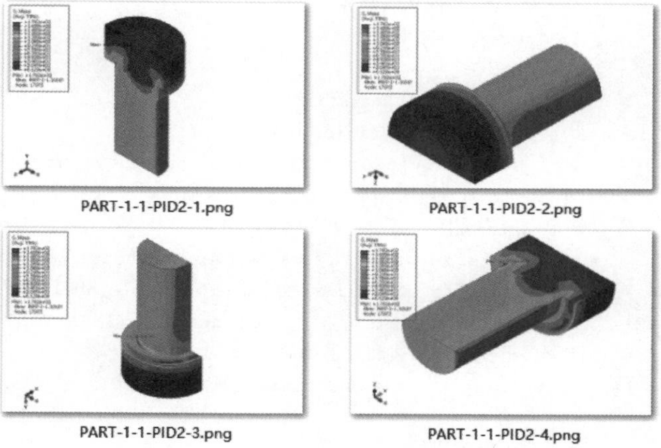

图 5-2　单元集合的四张截图

脚本名称为 AutoScreenshot.py，它与 inp 文件及 odb 文件一并保存在 chapter 5\Screenshot\中，odb 文件由 Abaqus 2017 求解，也可提交 inp 文件求解后得到。

5.2 脚本代码

AutoScreenshot.py

```
1   # -*- coding: utf-8 -*-
2   '''脚本可自动从四个方位单独对单元集合进行截图。
3   注意:本脚本用于其他 odb 文件时,须将第 98 行的变量 eleSetName 赋值为单元集合的实际名称。'''
4   from abaqus import *
5   from abaqusConstants import *
6   from caeModules import *
7   from odbAccess import *
8   import visualization
9   import displayGroupOdbToolset as dgo
10  import os, os.path
11  import Tkinter as tk
12  import tkFileDialog
13
14  def openOdbFile():
15      '''使用文件选择对话框打开一个 odb 文件'''
16      root = tk.Tk()                    # 创建 Tkinter 应用程序对象
17      root.withdraw()                   # 隐藏空白窗口
18      # 选择一个文件,路径和文件名须为英文
19      myPath = tkFileDialog.askopenfilename(
20                      initialdir=os.getcwd(),
21                      title="Select one odb file",
22                      filetypes=[('Output Database', '.odb')])
23      myPath = myPath.encode('utf-8')
24      return myPath
25
26  def screenShot(odbPath, eleSetName):
27      '''设置界面、截图和恢复界面等'''
28      if odbPath == '':
29          return
30      # 打开 odb 文件,获取视图对象
31      o = session.openOdb(odbPath)
32      vp = session.viewports[session.currentViewportName]
33      vp.setValues(displayedObject = o)
34      # 显示应力云图
35      vp.odbDisplay.display.setValues(plotState=(CONTOURS_ON_DEF, ))
36      vp.odbDisplay.setPrimaryVariable(variableLabel='S', outputPosition=INTEGRATION_POINT, \
37                              refinement=(INVARIANT,'Mises'), )
38      # 调整模型的显示边和变形缩放
39      vp.odbDisplay.commonOptions.setValues(visibleEdges=FREE, deformationScaling=UNIFORM, \
40                              uniformScaleFactor=1)
41      # 背景色设为白色
42      session.graphicsOptions.setValues(backgroundStyle=SOLID, backgroundColor='#FFFFFF')
43
```

```
    # 单独显示单元集合
    leaf = dgo.LeafFromElementSets(elementSets=(eleSetName, ))
    vp.odbDisplay.displayGroup.replace(leaf=leaf)
    # 显示最大应力值
    vp.odbDisplay.contourOptions.setValues(showMaxLocation=ON)
    # 去除视口下方的说明文字
    vp.viewportAnnotationOptions.setValues(title=OFF, state=OFF)
    # 设为平行透视图
    vp.view.setProjection(projection=PARALLEL)
    # 设置截图参数
    session.printOptions.setValues(reduceColors=False, vpBackground=ON)
    # 视角设为 Iso,并全屏显示
    vp.view.setValues(session.views['Iso'])
    vp.view.fitView()

    # 获取 odb 文件的名称和路径
    odbFullName = os.path.basename(odbPath)
    odbName, extension = os.path.spliText(odbFullName)
    odbDirName = os.path.dirname(odbPath)
    # 生成图片保存的文件夹路径
    pngPathDir = os.path.join(odbDirName, odbName)
    # 尝试删除原有文件夹和其中文件
    try:
        shutil.rmtree(pngPathDir)
    except:
        pass
    # 尝试生成文件夹
    try:
        os.mkdir(pngPathDir)
    except:
        pass

    # 截取第一张图
    eleSetName = eleSetName.replace('.', '-')
    pngName = eleSetName + '-1'
    session.printToFile(fileName = os.path.join(pngPathDir, pngName), format=PNG, canvasObjects=(vp, ))
    # 换三个角度分别截图
    for i in range(2,5):
        vp.view.rotate(xAngle=90, yAngle=0, zAngle=0, mode=MODEL)
        vp.view.fitView()
        pngName = eleSetName + '-' + str(i)
        session.printToFile(fileName = os.path.join(pngPathDir, pngName), format=PNG, canvasObjects=(vp, ))

    # 显示完整模型
    leaf = dgo.Leaf(leafType=DEFAULT_MODEL)
    vp.odbDisplay.displayGroup.replace(leaf=leaf)
    vp.view.setValues(session.views['Iso'])
    vp.view.fitView()
    # 恢复默认背景
```

```
93        session.graphicsOptions.setValues(backgroundStyle=GRADIENT, backgroundColor='#1B2D46')
94        print '----------------', odbName, 'sreenshot completed.', '----------------'
95
96    if __name__ == '__main__':
97        odbPath = openOdbFile()
98        eleSetName = 'PART-1-1.PID2'
99        screenShot(odbPath, eleSetName)
```

5.3 脚本要点

本脚本由两个 def 函数和主程序构成，第一个函数 openOdbFile()的作用是弹出文件选择对话框，选择一个 odb 文件，获取并返回其绝对路径。函数体中使用了 Tkinter 模块和 tkFileDialog模块，它们内置在 Python 2.7 中。这两个模块对于需要选择文件的纯内核脚本来说非常实用，想要在 Abaqus 中使用它们，通常需要由 RSG 对话框生成器制作插件才可以。除了选择一个文件，该模块还可以在对话框中选择多个文件、选择文件夹和保存文件等，这些功能在 3.4.16 小节介绍过，代码保存为 chapter 3\3-dialog.py。

第二个函数 screenShot()中包含了设置界面、创建文件夹、截图和恢复界面等语句。首先，第 28 行判断是否选中并打开了 odb 文件，如果路径为空，则用 return 语句返回，并不执行后面的代码。第 30 行~第 57 行为截图做各种设置，这些代码并不需要手动编写，可实际操作一遍后从 abaqus.rpy 中获取。需要注意的是，脚本的作用是对单元集合进行截图，第 45 行中变量 eleSetName 表示单元集合的名称。接着第 59 行~第 74 行，是在当前 odb 文件的目录中创建与 odb 文件同名的文件夹，用于存放截图。第 76 行~第 79 行截取第一张图，然后第 80 行~第 85 行将视图绕 X 轴转动三次，每次旋转 90°，从三个角度分别截图。完成截图后，第 87 行~第 94 行显示完整模型，恢复默认的背景色，并打印截图完成的提示信息。

第 96 行主程序中只有三行，将以上自定义的两个函数纳入其中。第 98 行是以字符串的形式将用于截图的单元集合名称传给变量 eleSetName。如果不太确定，可先打开 odb 文件，在 Visualization 模块查看左侧的结果树状图，在 Output Databases 中即可找到单元集合的准确名称。

本章脚本比较简单，其中部分代码从 abaqus.rpy 中直接获得。脚本还有一些可以变更的可能性，比如可以一次多选几个 odb 文件，对它们进行批量截图，可以一次对多个单元集合进行截图，可以显示位移云图或其他云图，可以对当前已打开的 odb 文件进行操作，可以调整截图的角度和次数等。这些拓展并不复杂，留给读者尝试。

5.4 本章小结

本章介绍了一个自动截图的后处理内核脚本，脚本可以打开文件选择对话框，选中并打开一个 odb 文件后，对指定的单元集合以四个不同角度进行截图。脚本并不复杂，语句中配备了较为详尽的注释，希望能引领读者快速入门 Abaqus 内核二次开发。

第 6 章 实例：自动生成PPT版仿真报告

在企业中，仿真计算完成后，常常需要将仿真结果做后处理，截取关键位置的图片，并以报告的形式体现出来。例如以应力作为考察点制作报告时，通常先获取最大应力，再对应力云图进行截图，如果模型有多个部件实例，有时还需要逐个提取。如果最大应力并不位于最后一个增量步中，则需手动调整增量步，以定位最大应力的位置，这样整个过程就会比较耗时。

6.1 实例介绍

上一章介绍了一个较为简单的自动截图脚本。作为升级版，本章介绍一个可以自动生成PPT版仿真报告的内核脚本实例。它能自动获取装配体和每个部件实例在仿真进程中的最大应力，并在最大应力界面分别截图，每个图片的右下角会显示当前模型的信息。同时，脚本还会将装配体和部件实例的最大应力、部件名称、增量步等信息写入 csv 文件。当所有截图和信息收集完成后，脚本会自动创建一个 PPT，PPT 的页数根据图片的数量自动生成，截存的图片和最大应力值会一一对应地添加到 PPT 中，从而完成自动生成仿真报告的目的。

作为演示，本章提供了一个名为 bolted-flange 的 odb 文件，版本为 2017，保存为 chapter 6\Auto Report\bolted-flange.odb。模型由 1/4 个法兰盘、1/4 个橡胶垫圈以及若干螺栓构成，共有 9 个部件，如图 6-1 所示。模拟工况为对螺栓施加螺栓力载荷，通过幅值曲线将该载荷定义为先紧后松的过程，最终螺栓力为峰值的一半。模拟采用静力学求解，共有 14 个增量步。从施加载荷的过程看，最大应力并不在最后一个增量步，而应为螺栓力最紧的时候。

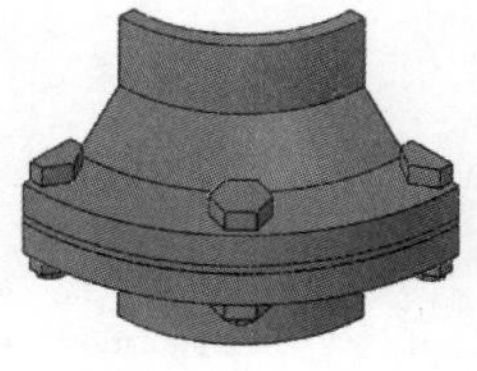

图 6-1 bolted-flange 模型

打开 odb 文件，运行脚本，Visualization 模块中会逐个显示所有部件实例，搜索各自在分析步中的最大应力。自动截图后，Abaqus 工作目录中会自动生成与 odb 文件同名的 bolted-flange Report 的文件夹，其中包含所有截图（图 6-2）、csv 文件（图 6-3）和 PPT 报告（图 6-4）。

与前两个脚本相比，该实例相对复杂一些。为了确保思路清晰有条理，在编写脚本之前，有必要对整个开发过程做规划。本章脚本的流程如图 6-5 所示。

从流程图中可以看出，想要实现预定功能，脚本可以分为两大步骤，第一步为 Abaqus 中的后处理操作，第二步是制作 PPT，每个步骤中包含了一些小步骤。有了流程图，开发目标会更加明确，开发者能够更好地组织代码，确保脚本编写有条不紊。

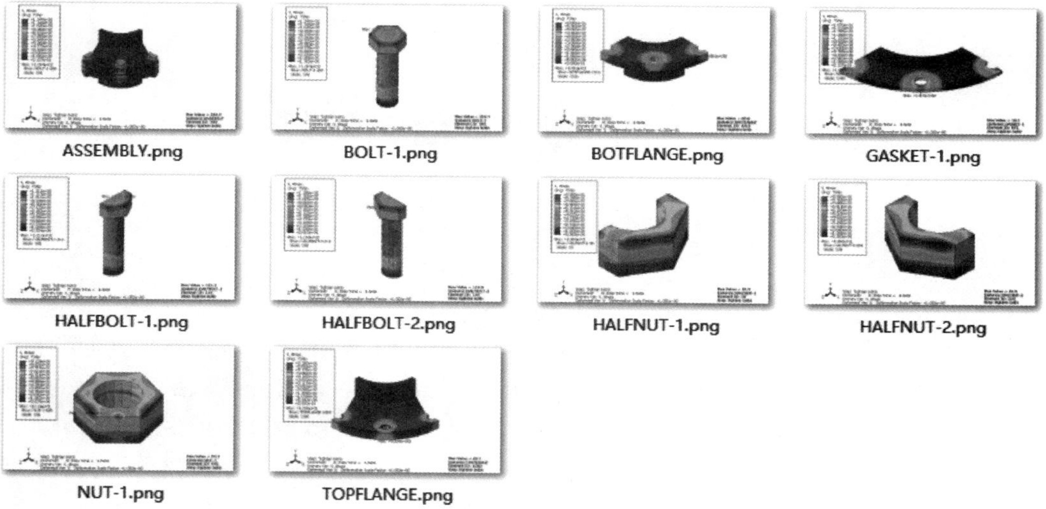

图 6-2　装配体和部件实例的截图

	A	B	C	D	E	F
1	Maximum stress					
2	Date:	2023/4/27				
3						
4	Step Name	Element ID	Max Stress	Frame	Instance Name	Picture Name
5	Tighten bolts	400	124.7	8	ASSEMBLY	ASSEMBLY.png
6	Tighten bolts	400	124.7	8	BOLT-1	BOLT-1.png
7	Tighten bolts	1218	60.6	8	BOTFLANGE	BOTFLANGE.png
8	Tighten bolts	872	16.7	8	GASKET-1	GASKET-1.png
9	Tighten bolts	214	121.1	7	HALFBOLT-1	HALFBOLT-1.png
10	Tighten bolts	218	119.9	8	HALFBOLT-2	HALFBOLT-2.png
11	Tighten bolts	38	89.9	8	HALFNUT-1	HALFNUT-1.png
12	Tighten bolts	229	90	8	HALFNUT-2	HALFNUT-2.png
13	Tighten bolts	545	91.2	8	NUT-1	NUT-1.png
14	Tighten bolts	1002	62.1	8	TOPFLANGE	TOPFLANGE.png

图 6-3　装配体和部件实例的 csv 信息

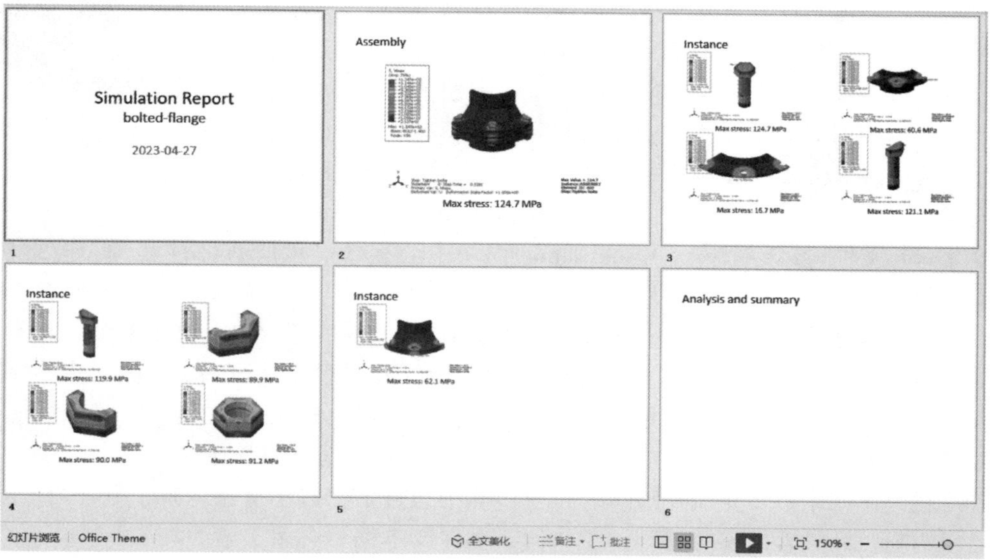

图 6-4　PPT 报告页面

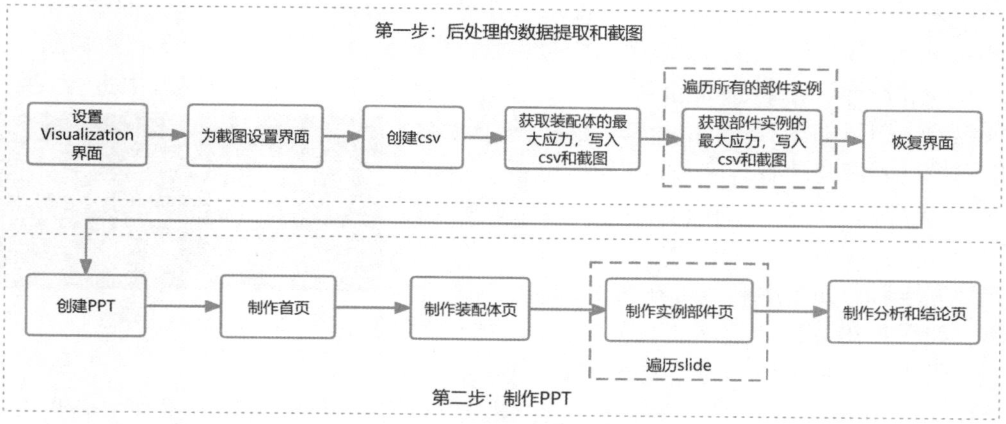

图 6-5　脚本流程图

6.2　安装 python-pptx 模块

除了常规的 Abaqus 后处理，脚本还需要制作 csv 文件和 PPT。Python 内置了 csv 模块，可以直接导入使用。该脚本中，用于制作 PPT 的模块是 python-pptx，可以完成自动创建新演示文稿、添加幻灯片、添加图片和编辑文本等任务。python-pptx 的功能比较强大，且简单易学，只要了解 PPT 的内部结构，该模块就比较容易上手。

Python 并没有内置 python-pptx 模块，需要手动安装。安装该模块时同时需要安装 lxml 和 XlsxWriter，建议使用 pip 工具在线安装。在安装前，如果系统同时装有 Python 2 和 Python 3 等多个版本，则需要确保当前使用的是 Python 2。以 Windows 操作系统为例，按下〈Win+R〉键或者在“运行”中输入 cmd 后按〈Enter〉键，打开命令行窗口，输入 python --version 检查当前运行的 Python 版本。

如果没有返回版本号，或返回的是 3.x 版本，则需要修改环境变量，增加或切换到 Python 2。打开环境变量窗口，在系统变量中双击 Path，在其中添加本机安装的 Python 路径（如图 6-6 所示，Path 中添加了两个版本的 Python 安装目录），并需确保 Python 2 位于 Python 3 的上方。如果双击 Path 后出现的是一个文本框，也可以添加多个 Python 安装目录，并以分号“;”隔开。设置完毕后，在命令行窗口中再次输入 phthon --version，返回的即为 Python 2.7，如图 6-7 所示。

图 6-6　环境变量-系统变量中的设置

图 6-7　在命令行窗口中查看 Python 版本

由于采用 pip 工具安装模块，故需要查看是否已经装有 pip。在命令行窗口中输入 pip --version，如果返回的是图 6-8 所示内容，则表示尚未安装 pip。

C:\Users\Administrator>pip --version
'pip' 不是内部或外部命令，也不是可运行的程序
或批处理文件。

图 6-8　在命令行窗口中查看 pip 版本

安装 pip 工具有多种方式，其中一种是从官网下载 pip 安装包。pip 工具的版本较多，但由于 Python 2.7 的版本较低，并不能顺利安装最新版的 pip。推荐安装 20.3.4 版本 pip，下载地址为 https://pypi.org/project/pip/20.3.4/。下载后解压缩，在命令行窗口中进行安装。比如安装包解压缩后的路径为F:\pip-20.3.4，在命令行窗口中切换进入该目录后，输入 python setup.py install 后按〈Enter〉键，即可顺利安装 pip 工具，如图 6-9 所示。

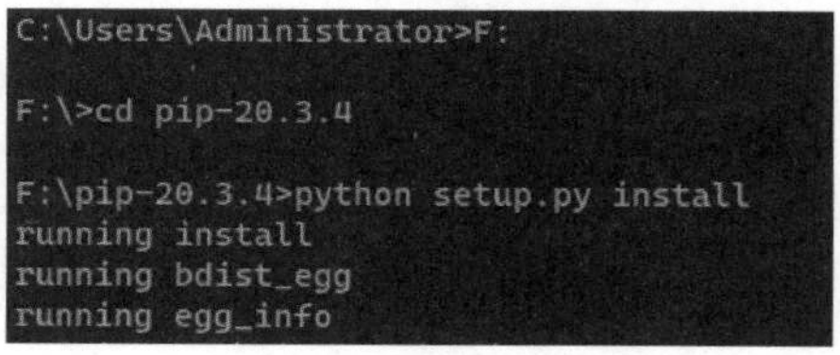

图 6-9　在命令行窗口中安装 pip

安装完毕后，如果顺利，可在命令行窗口查看它的版本，如图 6-10 所示，表示可以使用 pip 工具。如果返回的仍为图 6-8 所示，则需要将 pip 的路径添加到系统环境变量中。再次打开环境变量窗口，在系统变量的 Path 中添加 C:\Python27\Scripts，重新打开命令行窗口，即可查看 pip 的版本了。

F:\pip-20.3.4>pip --version
pip 20.3.4 from C:\Python27\lib\site-packages\pip-20.3.4-py2.7.egg\pip (python 2.7)

图 6-10　在命令行窗口中查看 pip 版本

在命令行窗口中输入 pip install python-pptx，等待自动下载并安装，完成后提示如图 6-11 所示。

Successfully installed Pillow-6.2.2 XlsxWriter-2.0.0 lxml-4.9.2 python-pptx-0.6.21

图 6-11　python-pptx 模块安装成功

python-pptx 模块安装完毕后，还需将它用于 Abaqus 中。由于 Abaqus 自带 Python 2.7 解释器，最直接的方法就是把 C:\Python27 中的第三方库复制到 Abaqus 中。以默认路径的 Python 2.7 和 Abaqus 2017 为例，将 C:\Python27\Lib\site-packages\中的所有文件都复制到 Abaqus 安装目录\win_b64\tools\SMApy\python2.7\Lib\site-packages\中，这样 Abaqus 也可以使用 python-pptx 模块。

需要注意的是，尽管该模块名为 python-pptx，导入的名称却为 pptx，即 import pptx。

6.3　脚本代码

以下脚本保存为 chapter 6\Auto Report \Auto Report. py，生成的所有文件也保存在该目录中。

Auto Report.py

```
# -*- coding: UTF-8 -*-
'''
本脚本可以自动生成 PPT 版的仿真报告,具体功能如下:
1、使用前需要打开 odb 文件。脚本会跳转到最后的 step,对装配体和每个部件实例进行遍历,获取最大应力
2、每次遍历过程中,对最大应力值的界面自动截图,截图的右下角标注相关信息
3、自动生成 csv 文件,记录各部件实例在最大值时的信息
4、自动创建 PPT,把截图和最大应力值按一定的顺序放入 PPT 中,实现自动生成报告的功能
```

```
5、生成的 PPT、图片和 csv 文件都保存在 Abaqus 工作目录中
'''
from abaqus import *
from abaqusConstants import *
from caeModules import *
from odbAccess import *
from visualization import *
import displayGroupOdbToolset as dgo
import os, os.path
import csv
import time

def odbDisply(flag):
    # 设置 Visualization 界面,显示应力云图
    vp.odbDisplay.commonOptions.setValues(uniformScaleFactor=1, deformationScaling=UNIFORM, \
                                        visibleEdges=FEATURE)
    vp.odbDisplay.display.setValues(plotState = (CONTOURS_ON_DEF,))
    vp.odbDisplay.setPrimaryVariable(variableLabel='S', outputPosition=INTEGRATION_POINT, \
                                        refinement=(INVARIANT, 'Mises'), )
    vp.viewportAnnotationOptions.setValues(compass=OFF, title = OFF, state=ON)
    if flag == 'on':
        vp.view.setProjection(projection=PERSPECTIVE)
    elif flag == 'off':
        vp.view.setProjection(projection=PARALLEL)

def displayAllInst():
    # 显示装配体
    leaf = dgo.Leaf(leafType=DEFAULT_MODEL)
    vp.odbDisplay.displayGroup.replace(leaf=leaf)
    vp.view.zoom(zoomFactor=0.8)

def displaySingleInst(insName):
    # 显示部件实例
    leaf = dgo.LeafFromPartInstance(partInstanceName=(insName))
    vp.odbDisplay.displayGroup.replace(leaf=leaf)
    vp.view.zoom(zoomFactor=0.8)

def addNote(maxMises, maxInstanceName, maxElem, step):
    # 添加 note,note 显示在窗口右下角
    TextName = maxInstanceName + '-' + str(maxMises)
    MisesText='Max Value = ' + str(round(maxMises, 1)) + '\n' + 'Instance:' + maxInstanceName + \
            '\n' + 'Element ID: ' + str(maxElem) + '\n' + 'Step:' + step
    note = odb.userData.Text(name=TextName, Text=MisesText, anchor=BOTTOM_RIGHT, \
            referencePoint=BOTTOM_RIGHT, font = "-*-verdana-medium-r-normal--20-*")
    vp.plotAnnotation(annotation=note)
    return TextName

def delNote(TextName):
    # 删除 note
    del odb.userData.annotations[TextName]

```

```
def backGround(flag):
    # 更换背景
    if flag == 'white':
        session.graphicsOptions.setValues(backgroundStyle=SOLID, backgroundColor='#FFFFFF')
    elif flag == 'default':
        session.graphicsOptions.setValues(backgroundStyle=GRADIENT, backgroundColor='#1B2D46')

def displayMaxMise(flag):
    # Legend 中显示最大应力值
    if flag == 'on':
        vp.odbDisplay.contourOptions.setValues(showMaxLocation=ON)
    elif flag == 'off':
        vp.odbDisplay.contourOptions.setValues(showMaxLocation=OFF)

def setLegendFont(fontSize):
    # 设置云图中字体的大小
    font = '-*-verdana-medium-r-normal-*-*-' + str(fontSize) + '-*-*-p-*-*-*'
    vp.viewportAnnotationOptions.setValues(triadFont = font, legendFont = font, stateFont = font)

def createDir():
    # 创建保存图片的文件夹,如已存在,则删除其中所有内容
    import shutil
    cwd = os.getcwd()
    odbName = os.path.basename(odb.name)
    odbName = odbName.split('.')[0]                     # 获取不含扩展名的 odb 文件名称
    steps = odb.steps
    stepName = steps.values()[-1].name                  # 获取最后一个 step 的名称
    # 获取用于保存图片的路径
    picDir = os.path.join(cwd, odbName +'Report', 'piccsv', stepName)
    filelist = []
    try:
        filelist = os.listdir(picDir)                   # 获取文件夹 picDir 中所有文件夹或文件的名称
    except BaseException:
        pass
    if filelist != []:
        for f in filelist:
            filepath = os.path.join(picDir, f)          # 获取文件的绝对路径
            if os.path.isfile(filepath):                # 判断该文件是否为文件或者文件夹
                os.remove(filepath)                     # 若为文件,则直接删除
            elif os.path.isdir(filepath):
                shutil.rmtree(filepath, True)           # 若为文件夹,则删除该文件夹
    if os.path.exists(picDir):
        os.rmdir(picDir)                                # 若文件夹已存在,且为空,则直接删除
    try:
        os.makedirs(picDir)                             # 递归创建文件夹
    except WindowsError:
        createDir()
    return picDir                                       # 返回文件夹

def printPNG(path):
    # 保存为 PNG 图片
```

```
    session.pngOptions.setValues(imageSize=(1070, 600))
    session.printOptions.setValues(vpBackground=ON)
    session.printToFile(fileName=path, format=PNG, canvasObjects=((vp,)))

def createCsv(csvPath, date):
    # 创建 csv 文件,并写入 Header
    line1 = ['Maximum stress']
    line2 = ['Date:',date]
    line3 = []
    header = ['Step Name','Element ID','Max Stress','Frame','Instance Name','Picture Name']
    try:
        with open(csvPath,'wb') as f:        # 此处须为'wb',否则每行之后会有空行
            f_csv = csv.writer(f)
            f_csv.writerow(line1)            # 写入各行
            f_csv.writerow(line2)
            f_csv.writerow(line3)
            f_csv.writerow(header)
    except IOError:
        pass

def writeCsv(csvPath, row):
    # 在已有的 csv 文件中续写
    with open(csvPath,'ab') as f:            #'ab'表示续写
        f_csv = csv.writer(f)
        f_csv.writerow(row)

def searchCsv(csvPath, picName):
    # 在 csv 中,以图片名称搜索应力值
    value = 0
    with open(csvPath, 'r') as f:            #'r'表示只读
        reader = csv.reader(f)               # 创建一个 reader 对象
        # 遍历 csv 文件的所有行
        for row_number, row_value in enumerate(reader):
            if picName in row_value:         # 检查要查找的值是否在当前行
                value = row_value[2]         # 应力值位于第三个
                break
        f.close()                            # 关闭 csv 文件
    return value                             # 返回应力值

def getTime():
    # 获取当前日期
    return time.strftime('%Y-%m-%d', time.localtime(time.time()))

def getMaxStress():
    # 获取最大应力,返回信息列表
    step = odb.steps.values()[-1]            # 获取最后一个 step
    stepname = step.name
    maxValue = 0
    for fm in step.frames:
        # 遍历所有的 frame,找出最大应力时的 frame
        vp.odbDisplay.setFrame(step = stepname, frame = fm.frameId)
```

```
        framedata = vp.getPrimVarMinMaxLoc()  # 获取当前 frame 的极值信息,framedata 为字典
        # 比较各个 frame 中的应力,获取最大应力时的信息
        if framedata['maxValue'] >= maxValue:
            maxValue = framedata['maxValue']                # 获取当前 frame 时的应力
            maxID = framedata['maxElementLabel']            # 获取单元 ID
            maxIns = framedata['maxPartInstanceName']# 获取部件实例名称
            maxFrame = fm.frameId                           # 获取 frame 的 ID
    vp.odbDisplay.setFrame(step = stepname, frame = maxFrame) # 以最大应力时的 frame 显示模型
    row = []                                                # 创建列表,用于收集最大应力时的信息
    row.append(stepname)
    row.append(maxID)
    row.append(round(maxValue, 1))
    row.append(maxFrame)
    row.append(maxIns)
    row.append(maxIns + '.png')
    return row                                              # 返回列表

# 主程序,分为两个步骤
if __name__ == '__main__':
# 第一步:提取最大应力和截图
    # 获取常用对象
    vp = session.viewports[session.currentViewportName]
    odb = vp.displayedObject
    a = odb.rootAssembly
    ins = a.instances

    # 为截图设置界面
    odbDisply('off')                                        # 设置 Visualization 界面
    picDir = createDir()                                    # 新建文件夹
    setLegendFont(140)                                      # 设置文字大小,需要根据分辨率进行调整
    backGround('white')                                     # 开启白色背景
    displayMaxMise('on')                                    # 在 Legend 中显示最大应力信息

    # 创建 csv 文件,并写入 Header
    csvPath = picDir + '.csv'
    date = getTime()
    createCsv(csvPath = csvPath, date = date)

    # 提取装配体的最大应力,写入 csv 文件,截图
    displayAllInst()                                        # 显示装配体
    row = getMaxStress()                                    # 获取最大应力,返回信息列表
    row[4], row[5] = 'ASSEMBLY', 'ASSEMBLY.png'             # 修改列表
    writeCsv(csvPath = csvPath, row = row)                  # 把装配体信息写入 csv 文件
    # 在界面中添加 note
    note = addNote(maxMises = row[2], maxInstanceName = row[4], maxElem = row[1], step = row[0])
    picPath = os.path.join(picDir, 'ASSEMBLY.png')
    printPNG(picPath)                                       # 保存截图
    delNote(note)                                           # 删除 note

    # 遍历所有部件实例,提取各自的最大应力,写入 csv 文件,截图
    for i in ins.values():
```

```
        if i.name == 'ASSEMBLY':                # 部件实例为 ASSEMBLY 时跳过本次循环,只针对演示的 odb
            continue
        displaySingleInst(i.name)               # 单独显示部件实例
        if vp.getPrimVarMinMaxLoc() == None:# 若部件实例是刚体,则跳过本次循环
            continue
        row = getMaxStress()                    # 获取最大应力,返回信息列表
        writeCsv(csvPath = csvPath, row = row) # 把部件实例信息写入 csv 文件
        # 在界面中添加 note
        note = addNote(maxMises=row[2],maxInstanceName= row[4], maxElem = row[1], step = row[0])
        picPath = os.path.join(picDir, i.name)
        printPNG(picPath)                       # 保存截图
        delNote(note)                           # 删除 note

    # 恢复界面
    backGround('default')                       # 恢复默认背景
    displayAllInst()                            # 显示所有模型
    setLegendFont(120)                          # 恢复文字大小,需要根据分辨率进行调整
    vp.viewportAnnotationOptions.setValues(compass=ON, title = ON, state=ON)

##############################   创建 PPT   ##############################
# 第二步:制作 PPT
    from pptx import Presentation               # 用于创建 PPT
    from pptx.util import Cm, Pt                # PPT 中的单位
    from pptx.enum.text import PP_ALIGN         # 文本框中文字的对齐方式

    prs = Presentation()                        # 新建一个 PPT
    picNames = os.listdir(picDir)               # 获取所有图片名称
    picNum = len(picNames)                      # 获取图片数量

    odbName = os.path.basename(odb.name)
    odbName = odbName.split('.')[0]             # 获取 odb 文件名称
    # 图片信息。子列表的 3 个元素分别表示图片的左、上位置,以及图片的高度,单位为 cm
    picInfo = [[1.27, 2.9, 5.85], [13.7, 2.9, 5.85], [1.27, 9.69, 5.85], [13.7, 9.69, 5.85]]
    # 文本框信息。子列表的 4 个元素分别表示文本框的左、上位置,以及高度和宽度,单位为 cm
    textInfo = [[1.53, 8.9, 1, 11], [13.94, 8.9, 1, 11], [1.53, 15.7, 1, 11], [13.94, 15.7, 1, 11]]

    # 生成 slide,即 PPT 的页
    slide1 = prs.slides.add_slide(prs.slide_layouts[0])    # 用第 1 个母版生成第一页 PPT
    # 制作第 1 页 slide,该页为首页
    shapes = slide1.shapes                            # 获取第 1 页的 shape 对象
    tf1 = shapes.placeholders[0].text_frame           # 获取主标题(即第 1 个占位符)的文本框
    tf1.text = 'Simulation Report'                    # 在文本框中写入第 1 行标题
    pgh1 = tf1.add_paragraph()                        # 添加段落
    pgh1.text = odbName                               # 在段落中写入第 2 行标题
    pgh1.font.size = Pt(35)                           # 设置第 2 行标题的字体大小
    slide1.placeholders[1].text = date                # 在副标题(即第 2 个占位符)中写入日期

    # 根据图片的数量生成存放图片的 slide
    pageNum = (picNum - 1) // 4 + 2                   # 对 4 取整,每页 PPT 存放 4 张部件实例图片
    for i in range(pageNum):
```

```
        prs.slides.add_slide(prs.slide_layouts[5])     # 用第 6 个母版生成所有放图片的 PPT
    # 制作第 2 页 slide,该页存放装配体图片和信息
    slide2 = prs.slides[1]                             # 获取第 2 页的 slide 对象
    # 制作标题
    phs2 = slide2.placeholders[0]                      # 获取占位符
    phs2.text = 'Assembly'                             # 添加文字
    phs2.text_frame.paragraphs[0].font.size = Pt(30)   # 设置字体大小
    phs2.text_frame.paragraphs[0].alignment = PP_ALIGN.LEFT  # 靠左对齐
    # 添加装配体图片
    assmPic = os.path.join(picDir, 'ASSEMBLY.png')
    picLeft, picTop, picHeight = Cm(2.89), Cm(4.07), Cm(11) # 图片信息可根据实际情况调整
    slide2.shapes.add_picture(assmPic, picLeft, picTop, height = picHeight)  # 添加图片
    # 添加文本框
    stress = searchCsv(csvPath, 'ASSEMBLY.png')      # 根据图片名称在 csv 文件中搜索应力值
    txtLeft, txtTop, txtHeight, txtWidth = Cm(7.2), Cm(15.2), Cm(1), Cm(11)
# 文本框信息根据实际调整
    textbox = slide2.shapes.add_textbox(txtLeft, txtTop, txtWidth, txtHeight)  # 添加文本框
    textbox.text = 'Max stress:' + str(stress) + 'MPa'          # 在文本框中添加文字
    textbox.text_frame.paragraphs[0].font.size = Pt(25)         # 设置字体大小
    textbox.text_frame.paragraphs[0].alignment = PP_ALIGN.CENTER  # 居中对齐

    # 制作接下来几页的 slide,用于存放部件实例图片和信息
    picNames.remove('ASSEMBLY.png')                           # 从图片列表中删除装配体图片
    slides = prs.slides                                           # 获取所有的 slide 对象
    loop = 0                                                      # 用于计数
    for slide in slides:                                          # 遍历 slides
        if slide == slides[0] or slide == slides[1]:
            continue                                              # 跳过前两个 slide
        # 制作标题
        phs = slide.placeholders[0]                               # 获取占位符
        phs.text = 'Instance'                                     # 添加文字
        phs.text_frame.paragraphs[0].font.size = Pt(30)           # 设置字体大小
        phs.text_frame.paragraphs[0].alignment = PP_ALIGN.LEFT      # 靠左对齐
        # 添加部件实例图片和文本框
        for j in range(4):
            # 每个 slide 循环 4 次,用来添加 4 套图片和文本框
            if loop == picNum - 1:
                break                  # loop 与图片数量比较,如果相等就停止遍历
            # 添加部件实例图片
            inspic = os.path.join(picDir, picNames[loop])          # 生成每个图片的绝对路径
            left,top,height = Cm(picInfo[j][0]), Cm(picInfo[j][1]), Cm(picInfo[j][2])
# 使用图片信息列表
            slide.shapes.add_picture(inspic, left, top, height=height)     # 添加图片
            # 添加文本框
            stress = searchCsv(csvPath, picNames[loop])
# 根据图片名称在 csv 文件中搜索应力值
            # 使用文本框信息列表
            left, top, height, width = Cm(textInfo[j][0]), Cm(textInfo[j][1]), \
                                 Cm(textInfo[j][2]), Cm(textInfo[j][3])
            textbox = slide.shapes.add_textbox(left, top, width, height)  # 添加文本框
```

```
309            textbox.text = 'Max stress: ' + str(stress) + ' MPa'          # 添加文字
310            textbox.text_frame.paragraphs[0].alignment = PP_ALIGN.CENTER# 居中对齐
311            loop += 1                                                     # 计数 loop 自增 1
312
313    # 制作最后一页 slide
314    slideLast = prs.slides.add_slide(prs.slide_layouts[5])                # 用第 6 个母版生成最后一页 PPT
315    # 制作标题
316    phsLast = slideLast.placeholders[0]                                   # 获取占位符
317    phsLast.text = 'Analysis and summary'                                 # 添加文字
318    phsLast.text_frame.paragraphs[0].font.size = Pt(30)                   # 设置字体大小
319    phsLast.text_frame.paragraphs[0].alignment = PP_ALIGN.LEFT            # 靠左对齐
320
321    # 保存 PPT
322    pptDir = os.path.dirname(os.path.dirname(picDir))     # 以图片的前两级目录作为保存 PPT 的路径
323    pptName = odbName + 'Report' + date + '.pptx'         # 生成 PPT 文件名
324    pptPath = os.path.join(pptDir, pptName)               # 生成 PPT 的绝对路径
325    prs.save(pptPath)                                     # 保存 PPT
326
327    # 打印提示
328    print '\n-----------------------------------------------------------'
329    print 'PPT 报告生成完毕,保存在：' + pptPath
330    print '----------------------------------------------------------'
```

6.4 脚本要点

该脚本中添加了较为详细的中文注释，以方便读者快速理解。

如图 6-5 所示的流程图所述，为了实现自动生成 PPT 版仿真报告的功能，脚本共分为两个步骤。运行脚本时，从第 179 行的主程序开始执行。

6.4.1 获取最大应力值并截图

为了实现流程化，脚本采用了面向过程的方式编写。可以将流程图中的各个环节当作相对独立的任务进行拆解。例如，第一个环节是设置 Visualization 界面，需要实现 odb 模型显示为应力云图、显示标题以及打开透视图等功能。可以实际操作一遍，从 abaqus.rpy 中提取这些代码，将其作为一个独立的功能封装成一个函数 odbDisply()，在主程序第 188 行调用。同理，其他环节也可以这样做，把整体分割成多个个体，再一个个实现，这样开发任务会显得清晰明了。

脚本实例中共定义了 15 个 def 函数，每个函数通常只实现一个功能，如显示指定的部件实例、添加 note、更换背景和提取最大应力等。函数中的代码都比较短小精悍，配合使用参数和 return 语句，可以快捷灵活地完成特定任务，在主程序中可以反复使用。

除了设置 Visualization 界面，还需要为截图进行一些其他设置，比如第 189 行～第 192 行的新建文件夹和设置背景色等，这几行都是自定义的函数。其中，第 190 行使用 setLegendFont(140)，参数为 140，表示当前视图中字体的大小，需要根据计算机的分辨率做调整。

本实例中，较为复杂的部分在于如何获取分析步进程中的最大应力，脚本把实现该功能的语句封装在第 153 行的函数 getMaxStress()。函数体中，先将最大应力设为 0，对最后分析

步中所有增量步进行遍历，每次遍历都提取当前装配体或部件实例中的最大应力，与历次遍历中的最大应力值做比较，把较大值传给变量 maxValue，并记录其增量步 ID 和单元 ID 等信息。遍历完成后，通过增量步 ID 将模型显示为出现最大应力时的状态，同时将此时的信息添加在一个列表中返回。

getMaxStress()只针对单个部件，主程序中还需要用 for 语句对所有的部件实例进行遍历。getMaxStress()返回的列表可以用于第 130 行的函数 writeCsv()，但在使用该函数之前，需要先使用第 114 行的函数 createCsv()创建一个 csv 文件，并写入一些信息和抬头。随后，使用 writeCsv()将列表中的数据写入，这样可以获得图 6-3 所示的表格。getMaxStress()将每个部件都显示为最大应力时的状态，可以用第 108 行的函数 printPNG()进行截图。

csv 文件和截图都完成后，需要通过第 226 行~第 229 行语句恢复为默认界面。至此，第一步完成。

6.4.2 制作 PPT

第二步，制作 PPT。如果不太熟悉 python-pptx 模块，制作 PPT 时可能会无从下手。实际上，python-pptx 模块并不复杂，为了便于理解 PPT 的内部结构，可以将 PPT 比作套娃。PPT 文件中包含许多页，这些页都是 slide 对象；每页中可以包含很多组件，最常用的是方框，方框中可容纳图片、文本框和表格等内容，这些方框称为 shape 对象；方框中文字的各个段落为 paragraph 对象，每个段落中还有文字块的概念，称为 run 对象。表格由单元格组成，单元格为 cell 对象，其中的文字同样含有段落 paragraph。这些对象就像套娃一样，一层层嵌套，了解了这些对象的结构，对使用 python-pptx 制作 PPT 有很大的帮助。

WPS Office 和 Microsoft Office 的 PPT 都提供了一些母版。打开 PPT，右击左侧幻灯片缩略图，选择版式，会弹出图 6-12 和图 6-13 所示的母版，这些母版中预设了幻灯片的布局、字体和样式等属性，可以让 PPT 制作更加高效，并确保其一致性。本脚本制作的 PPT 采用了第 1 个和第 6 个母版。在母版中，各页的预设区域表示占位符，称为 placeholder 对象，它

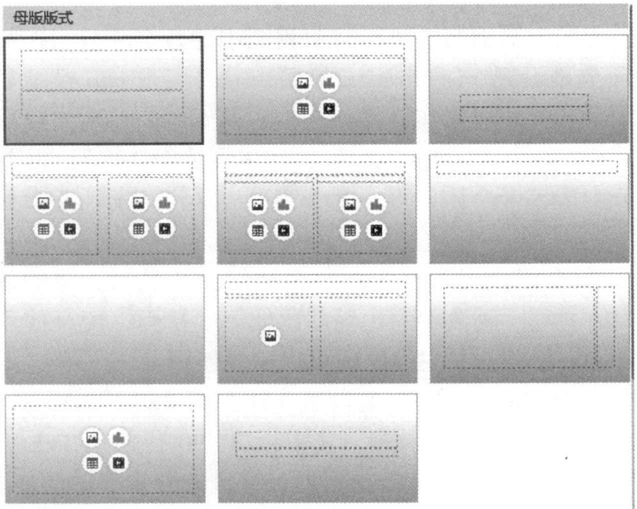

图 6-12 WPS Office PPT 的母版

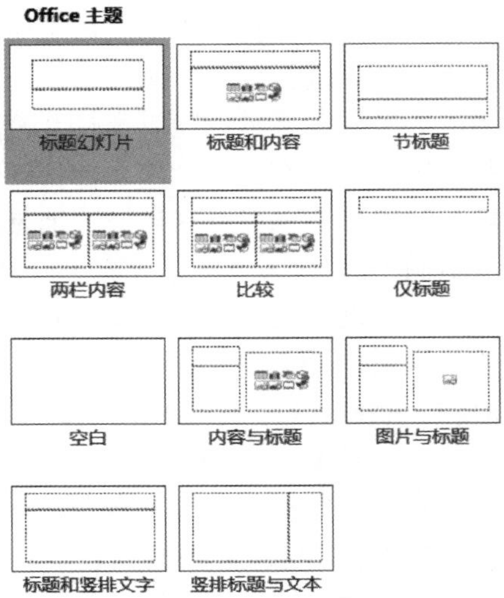

图 6-13 Microsoft Office PPT 的母版

们可由 slide 对象直接调用。例如，本脚本制作的 PPT 首页中，放置标题的区域即为占位符，在第 257 行添加副标题时，通过 slide1 调用占位符对象，可以快速地添加日期。后面的第 266 行、第 290 行和第 316 行也都使用占位符添加文字，并指定文字的样式和位置。

中间几页 PPT 用于展示图片和最大应力值。图片的添加方法是 add_picture(image_file, left, top, width, height)，其中，参数 image_file 是图片的绝对路径，left 和 top 分别为图片左边缘和上边缘在页面中的位置，width 和 height 表示图片的宽度和高度。python-pptx 模块中有各种单位，比如英寸（Inches）、厘米（Cm）、磅（Pt）、毫米（mm）和 Emu（English Metric Unit），使用时需要导入，并将它们作为函数使用，第 234 行导入了 Pt 和 Cm。字体大小由 Pt 表示，比如 Pt(30)为 30 磅；长度由 Cm()表示，比如 Cm(3)代表 3 厘米。在 Office 中，图片和文本框大小及位置的单位都是厘米，所以脚本中的长度单位都设置为 Cm。

文本框的添加方法是 add_textbox(left, top, width, height)，各参数的用法与 add_picture()一致。不过 add_textbox()并不能直接添加文本，而是由文本框对象调用 text 来添加，比如第 267 行。此外，接下来的两行还能由文本框调用 text_frame 设置各段落的字体样式和位置。

制作 PPT 的过程中，较为复杂的是单页 PPT 中如何在恰当的位置分别添加 4 套图片和应力值文本框，两者还应一一对应。

第 243 行~第 246 行以列表的方式定义了 4 套图片和文本框的位置及大小信息，单位都是厘米。根据显示器分辨率的不同，这些数值可能需要更改。实例是在 1920×1080 分辨率下做出的最直接的办法是手动创建一页 PPT，添加 4 张图片和 4 个文本框，调整好位置后，双击图片或文本框，右侧会弹出它们的属性，找到各自的大小和位置，记录在列表中即可。

添加图片需要有图片的路径，第一步中已经完成截图，第 238 行中由 os.listdir()获取图片文件夹中所有图片的名称，合成绝对路径后，再由 add_picture()添加图片。之所以要获取图片名，是为了通过这些名称在 csv 文件中搜索对应的最大应力值，这个功能封装为函数 searchCsv()，在第 136 行~第 147 行。这样，图片添加后，在下方添加文本框，searchCsv()的返回值即为应力值。

添加部件的图片和文本框需要有两个 for 循环，第一个循环是遍历 slide，第二个是在每个 slide 中自循环 4 次，用来添加 4 套图片和文本框。其中还有一个变量 loop，它的初始值为 0，每次遍历时自增 1，它的作用是与图片的数量做比较，如果达到了图片的总数，就终止遍历。

PPT 制作完毕后，还需要用 save()保存，参数为保存 PPT 的绝对地址。

还有一点需要注意，脚本中 PPT 的文字均是英文。如果脚本中使用中文，可能会弹出图 6-14 所示的报错信息。遇到这种情况，可以在中文字符串后添加.decode('gb2312')，表示将字符串解码成 GB2312 编码的字符串，这样 PPT 中就可以顺利使用中文。比如，想将第 2 页设为中文，对第 267 行和第 278 行做如下修改，制作出的 PPT 第 2 页如图 6-15 所示。

```
267    phs2.text = '装配体'.decode('gb2312')                                    # 添加文字
...
278    textbox.text = '最大应力值:'.decode('gb2312') + str(stress) + 'MPa'      # 在文本框中添加文字
```

UnicodeDecodeError: 'utf8' codec can't decode byte 0xc5 in position 2: invalid continuation byte

图 6-14　文本框添加中文的报错信息

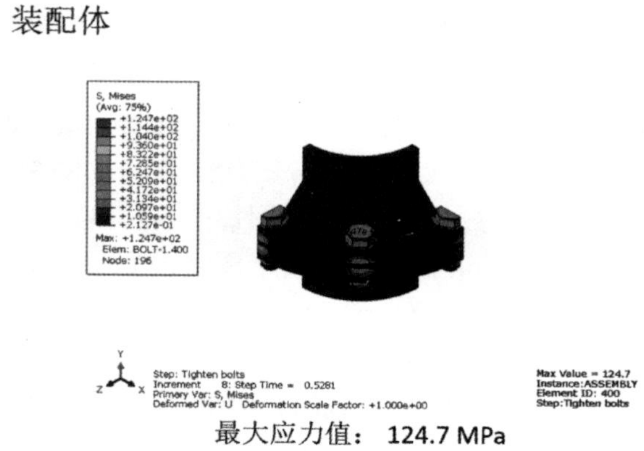

图 6-15 以 GB2313 解码的中文文本框

6.5 可拓展之处

本脚本作为演示实例，能够自动生成 PPT 仿真报告，不过其功能比较单一。读者可以针对不限于以下几点尝试修改和拓展。

1）脚本的操作对象为 odb 文件中的最后一个分析步。当有多个分析步时，脚本会忽略前面的分析步。可以尝试对所有分析步做遍历，自动收集所有分析步中的数据和截图，并添加到 PPT 中。

2）脚本设为自动显示 Mises 应力云图，此外还可以尝试显示其他云图，比如位移和应变等。以位移为例，需要注意的是第 165 行，应使用 maxNodeLabel 返回节点 ID。

3）脚本遍历的对象是部件实例。不过，如果模型由第三方软件导出，则有时模型中只有一个部件实例，不同的部件以单元集合（set）区分。这种情况下，脚本无法识别不同的部件，做不到单独显示各个部件实例，可以尝试以此方向对脚本做修改。

4）本脚本制作出的 PPT 报告较为简单，图片页只包含标题、图片和文本框。还可以根据实际需求定制母版、更改背景、采用不同的文字样式和位置，进而对整个 PPT 进行定制。

到目前为止，所有的功能由内核脚本实现。然而，如果使用者不会编程，可能无法根据实际需求进行修改和使用。不过，如果配合 GUI 脚本，所有功能以插件对话框的形式直观呈现，即便没有编程经验的用户也可以轻松使用。

至此，Abaqus 内核二次开发的内容讲述完毕，从下一章开始，将会介绍 Abaqus GUI 二次开发的相关知识。

6.6 本章小结

本章介绍了一个可以自动生成 PPT 仿真报告的脚本，它的实现过程分为两个步骤：第一步为自动获取并记录 odb 文件中装配体和所有部件实例的最大应力值，并在最大应力状态下自动截图；第二步是制作 PPT，本章介绍了如何安装 pip 工具和 python-pptx 模块，并将模块运用在 Abaqus 中。脚本中创建了一个 PPT，将已经截存的图片和最大应力值一一对应地添加在 PPT 中，从而实现生成 PPT 报告的目的。

脚本还有一些可以改进的地方，本章提供了几个拓展方向，以供参考。

GUI开发篇

第 7 章

Abaqus RSG对话框生成器

Abaqus 内核脚本的开发完成后，使用者需要对脚本有相对清晰的了解，确保各个函数的参数设置正确，脚本才能够顺利运行。但非程序开发者往往对脚本并不熟悉，参数设置有时也不太明确，一旦需要调整参数，就很容易出现报错的情况。那么，如何让那些完全不懂编程的用户也能轻松使用内核脚本呢？达索公司提供了解决方案，即 Really Simple GUI（RSG）Dialog Builder，通常也称为 RSG 对话框生成器。该工具能够将内核脚本以插件对话框的形式呈现，用户可以直观地在对话框中进行操作，无须了解脚本的内核程序。

7.1 Abaqus RSG 简介

RSG 对话框生成器内置了一些常用控件，利用这些控件可以制作出较为简单的对话框。使用者无须具备编程经验，只需选择必要的控件，通过合理布局，即可做出具备一定功能的对话框。另外，RSG 对话框生成器还能快速将对话框与内核脚本关联起来，生成一个可直接使用的插件。

在 Abaqus/CAE 界面中，单击菜单栏中的 Plug-ins，选择 Abaqus，在弹出的子菜单中选择 RSG Dialog Builder，即可打开 RSG 对话框生成器，如图 7-1 所示。

7.1.1 GUI 标签页

RSG 对话框生成器窗口分为 GUI 和 Kernel 两个标签页（也常称作选项卡）。在 GUI 标签页中，界面清晰地分为左、中、右 3 个区域，如图 7-2 所示。用户可以在左侧选择区域选取

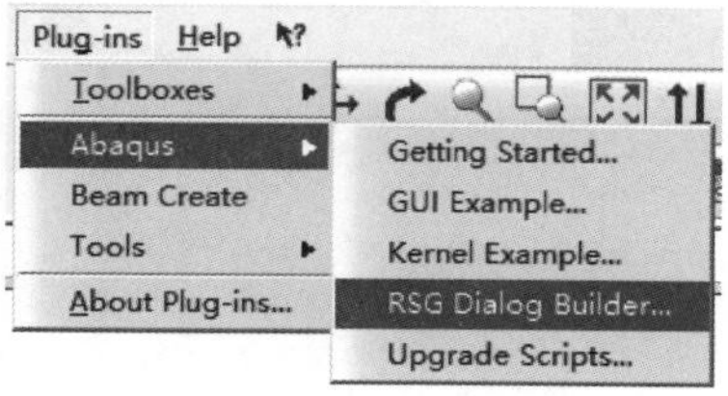

图 7-1 打开 RSG 对话框生成器

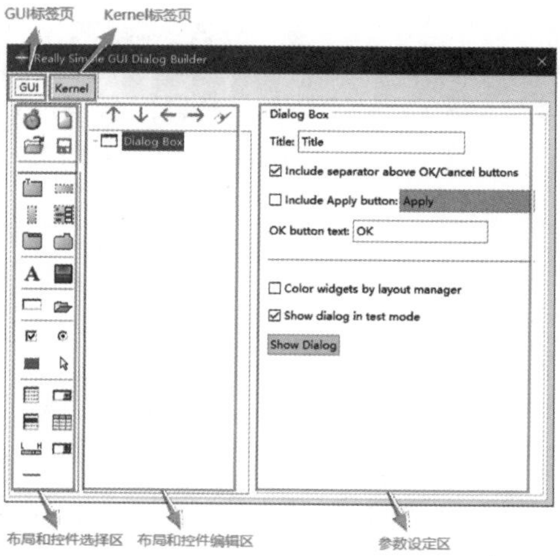

图 7-2 GUI 标签页

相应的布局和控件，在中间编辑区域对选定的控件进行排布，并在右侧区域对对话框本身、各个布局及控件进行参数设定，如设置对话框标题、分组框左右间隔、标签内容、数据类型或默认值等。通过 GUI 标签页，用户可以很方便地制作出具有一定功能的对话框。

7.1.2 Kernel 标签页

Kernel 标签页相对较为简单，只有少数几个控件以及下方的提示文本，如图 7-3 所示。Kernel 标签页的作用是将在 GUI 标签页中制作好的对话框与内核脚本的函数做关联，并把对话框中各个控件的关键字与内核脚本函数中的变量进行映射。

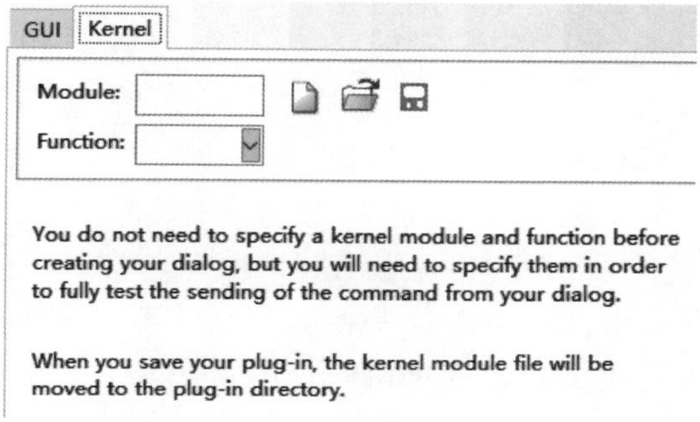

图 7-3 Kernel 标签页

7.2 RSG 对话框生成器的使用方法

在制作对话框之前，需要先思考符合当前内核脚本的图形界面，例如选择哪些控件以及如何布局。如果界面比较复杂，可以先在草图上画出来，待整体方案大致确定后再进行制作，以避免反复修改。

7.2.1 布局和控件的介绍

布局和控件选择区上端有 4 个图标，分别是帮助、新建、打开和保存，如图 7-4 所示。

布局方式是指控件在对话框中的排布方式，RSG 对话框生成器提供了 6 种布局方式，如图 7-5 所示。

图 7-4 常规图标

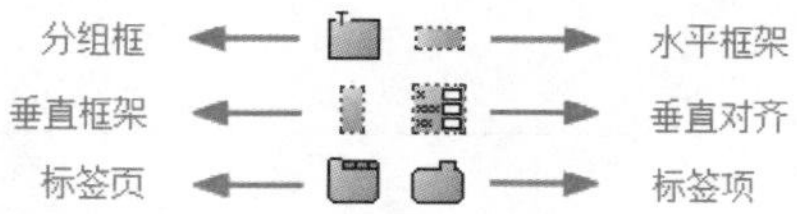

图 7-5 布局方式

（1）分组框（Group Box）

分组框是一个具有灰色边框和可自定义标题的容器，可以对界面功能进行分组。分组框通常作为父控件，将共同实现某个功能的几个子控件放置其中。

（2）水平框架（Horizontal Frame）

水平框架可以作为父控件，使其中的子控件水平对齐。

（3）垂直框架（Vertical Frame）

垂直框架可以作为父控件，使其中的子控件垂直对齐。控件默认的布局方式是垂直排布。

（4）垂直对齐（Vertical Aligner）

垂直对齐与垂直框架类似，都将子控件垂直排布。它的特点是将子控件的文本字段和文本框分别沿左侧做垂直对齐，适用于文本框、文件选择框、颜色按钮、拾取按钮、下拉列表和微调。注意，水平框架、垂直框架和垂直对齐在对话框中都不可见。

（5）标签页（Tab Book）

标签页可以将多个面板放在一起，通过切换标签页能方便地选择所需面板。

（6）标签项（Tab Item）

标签项可以为标签页增加一个单独的标签页。

RSG 对话框生成器提供了 15 种常见的控件，如图 7-6 所示。在本章中，不会对这些控件做过多的介绍，而是会在第 8 章中详细讲解它们的代码。

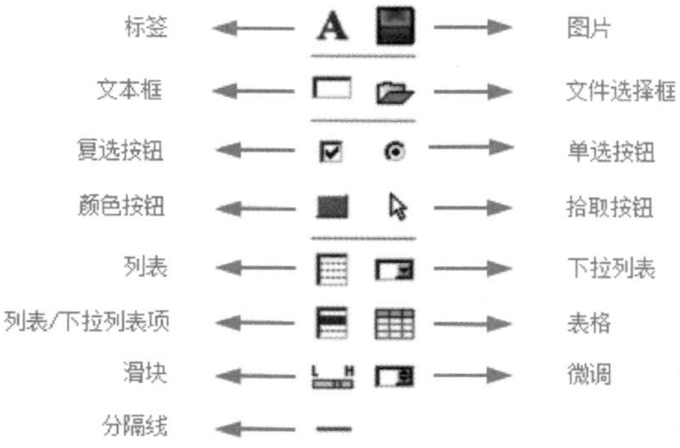

图 7-6　RSG 提供的 15 种控件

7.2.2　布局的使用方法

为了设计出更合理的对话框图形界面，通常需要将复杂的功能分解为几个子功能，考虑每个子功能应该采用水平排列还是垂直排列。以图 7-7 为例，对话框包含 3 个水平排列的分组框，每个分组框中有 3 个相同的控件。在制作时，需要先创建一个水平框架作为父控件，然后在父控件中创建 3 个分组框，它们都是水平框架的子控件。

例如最左侧的一组单选按钮，是先在分组框下创建一个垂直框架，然后在该垂直框架下依次创建 3 个单选按钮。其余两组单选按钮也可以采用类似的方式创建，这样可以使层级更清晰，减少出错的可能性。对话框制作的树状图如图 7-8 所示。

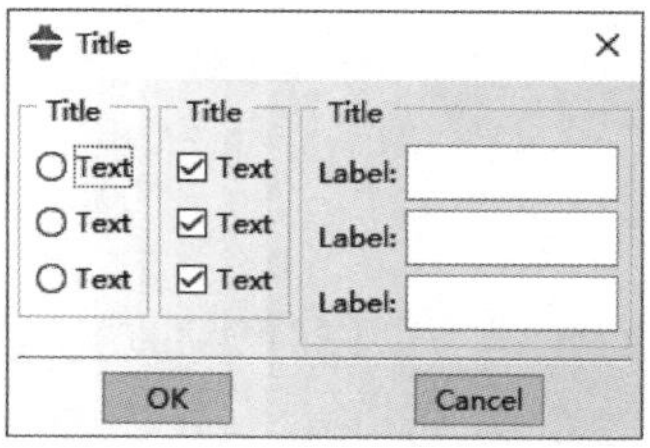

图 7-7　水平排列的分组框

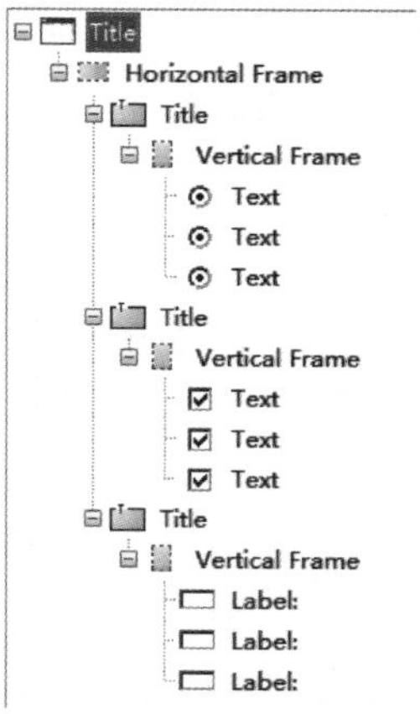

图 7-8　树状图

尽管控件默认的排序方式是垂直排列，但是先创建父控件（如垂直框架），再创建其子控件，仍然是一个良好的习惯。下一章将从脚本的角度介绍各种控件，其中，控件构造函数的参数之一是父控件。将水平框架或垂直框架作为父控件进行参数传递，可以提高脚本的可读性。

为了将某个布局设为另一个布局的父控件（例如在上面的例子中，分组框是垂直框架的父控件），通常的做法是先创建父控件（分组框），然后选中该父控件，再创建其子控件（垂直框架）。

然而，有时用户会先创建作为子控件的布局，再创建作为父控件的布局，导致这两个布局之间的关系颠倒。如果此时已经创建了许多其他控件，删除并重新创建可能会比较麻烦。实际上，可以快速交换这两个布局之间的父子关系。以上述对话框为例，如果分组框和垂直框架之间的父子关系颠倒了，想要将分组框作为父控件，可以选中分组框并单击左箭头，如图 7-9a 所示，这样两个布局就变成了平级关系。接着选中垂直框架，单击右箭头，如图 7-9b 所示，从而将分组框快速转换为垂直框架的父控件，结果如图 7-9c 所示。

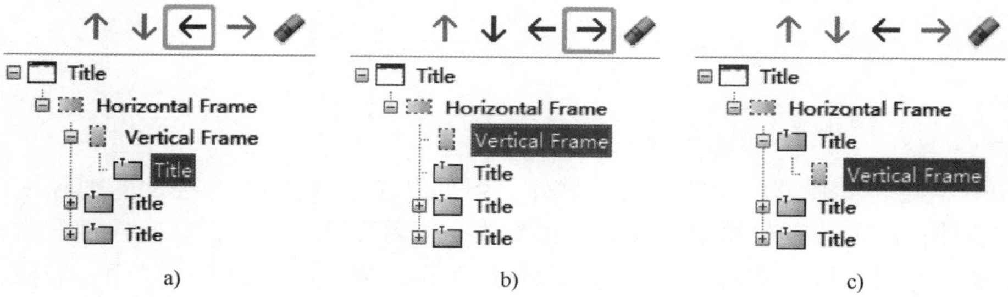

图 7-9　对调布局的父子关系

如果图形界面较为简单，可以直接使用对话框本身作为父控件，而不必使用布局，如图 7-10a中没有使用布局，图 7-10b 会默认以垂直方式布局。该例使用的是中文，默认情况下，Abaqus 的文本框中无法输入中文。可以先在记事本中输入中文，然后将其粘贴到文本框中。

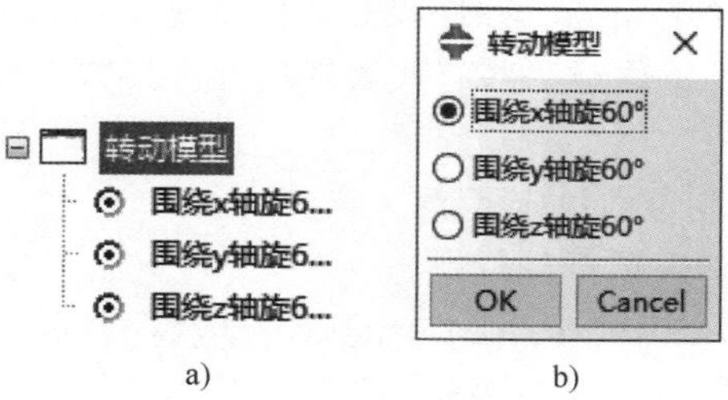

图 7-10　对话框作为父控件

还可以在树状图中对分组框、水平框架、垂直框架和垂直对齐等布局控件进行右击，在弹出的菜单中选择其他布局方式来方便地切换布局。例如，在图 7-11a 中，垂直框架经过切换，转变为图 7-11b 所示的水平布局方式。

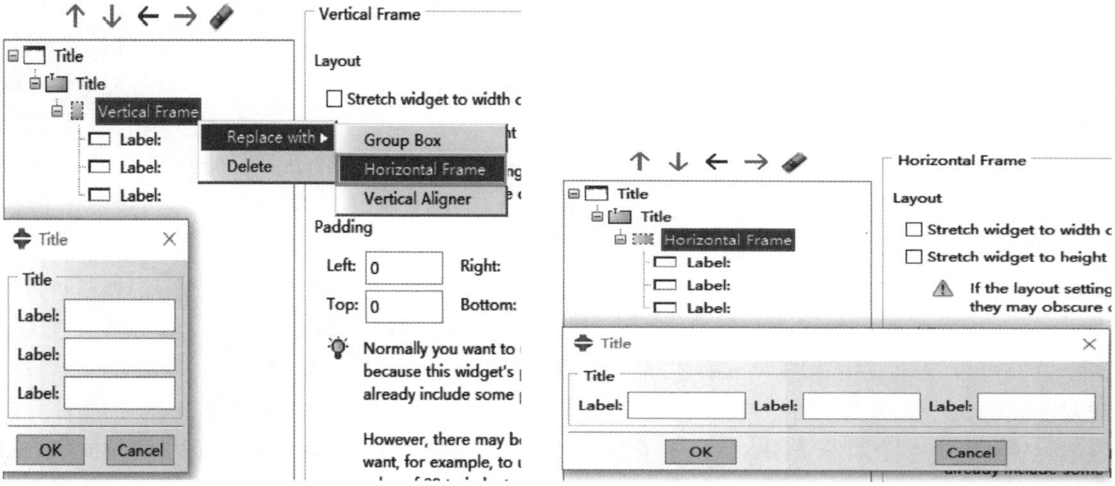

a)　　　　b)

图 7-11　切换布局方式

7.2.3　控件的使用方法

在 RSG 对话框生成器中，除了布局之外，还可以通过单击 15 个控件的图标创建相应的控件。这些控件的创建都很简单，本章不再赘述。但需要注意的是，有些控件与内核脚本关联时并不那么直接。例如常用的单选按钮和复选按钮，为了使它们发挥作用，需要在内核脚本中增加 if 语句；有时需要在对话框中添加一个按钮，RSG 对话框生成器也无法实现。此外，除了分隔线控件外，几乎所有控件的作用都不局限于 RSG 对话框生成器所提供的功能。第 8 章将从代码的角度对这 15 种控件进行全面阐述，同时还会介绍另外三种 RSG 对话框生成器没有提供的控件。

7.2.4　布局和控件的参数设定

RSG 对话框生成器提供的布局、控件和对话框本身都可以设定参数，除了分隔线控件。大多数参数设定比较简单，下面对一些有代表性的控件参数做详细说明。

1. 对话框的参数设定

图 7-12 是对话框自身的参数设定界面。

- Title：可以定义当前对话框的标题。
- Include separator above OK/Cancel buttons：复选框在勾选状态时，对话框下方的 OK 和 Cancel 按钮之上会显示一条水平分隔线。
- Include Apply button：复选框勾选时，文本框中的 Apply 会激活，同时对话框的下方除了 OK 和 Cancel 按钮之外，会多出第三个按钮 Apply。在插件对话框中单击该按钮后，可以执行当前插件，但不会关闭对话框。
- OK button text：文本框中的 OK 为对话框下方的确定按钮，可以修改为自定义的字符串。
- Color widgets by layout manager：复选框勾选时，RSG 对话框生成器会为布局中的控

件设定不同的颜色，以便清晰识别布局方式。例如，在图 7-13 中，三个水平排列的分组框分别用了三种不同的底色来区分。在右侧的分组框中，即使控件不同，只要布局方式相同，底色也是相同的。这种方式可以非常直观地区分各种布局方式，当控件较多时尤其有用。

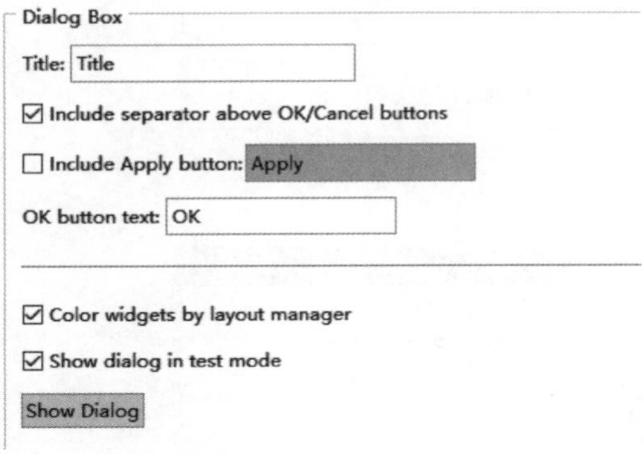

图 7-12　对话框的参数设定

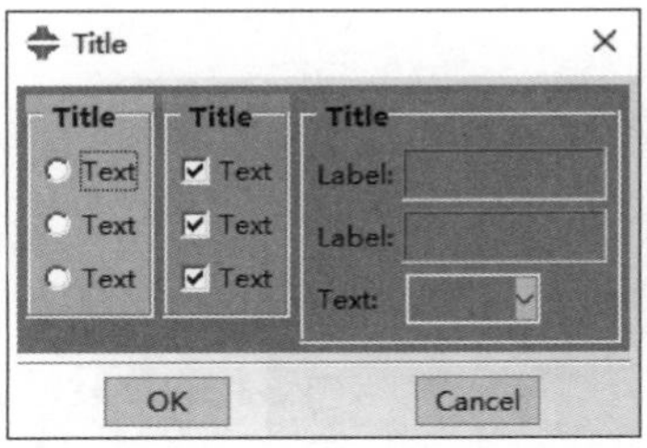

图 7-13　布局着色

• Show dialog in test mode：复选框勾选时，插件处于调试状态。以图 7-14 为例，这是一个简单的移动对话框。当插件处于调试状态时，用户在文本框中输入数值后，单击 OK 按钮会弹出一个提示对话框，如图 7-15 所示，提示用户设定的是 displacement = 5.0。调试完毕后，取消勾选 Show dialog in test mode 复选框，再次单击 OK 按钮，则不会弹出图 7-15 所示的对话框，内核脚本中的变量 displacement 将会真正被赋值为 5.0，并执行脚本。这种方式可以帮助用户验证参数传入值是否正确。

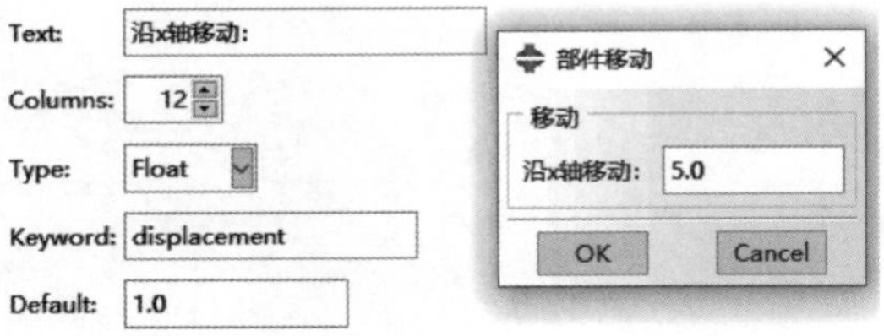

图 7-14　移动对话框

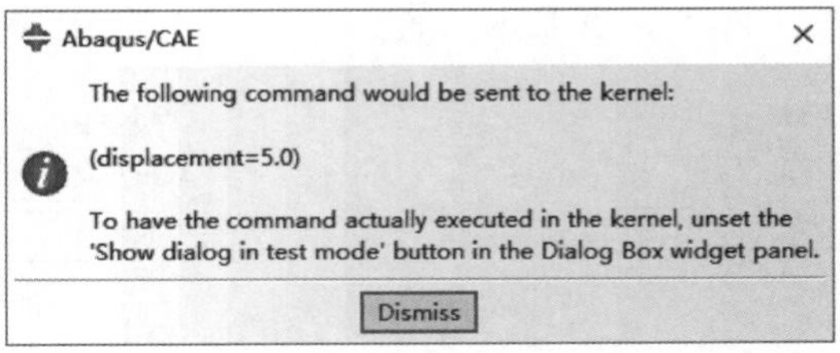

图 7-15　调试的提示对话框

该例中的 displacement 是文本框控件的关键字，同时也是内核脚本中的变量名，两者须相同。通过这样的方式，文本框输入的 5.0 便会传递给内核脚本的同名变量。

2. 布局的参数设定

布局的参数并不多，主要分为两类。第一类是用于将当前布局与父控件进行对齐的设置，如图 7-16 所示。这种设置适用于分组框、水平框架、垂直框架和标签页。对齐方式分为宽度对齐和高度对齐两种。

以图 7-17 为例，如果分组框中没有勾选对齐复选框，那么这三个分组框的高度就会不同，显得不太协调。而如果勾选了分组框的 Stretch widget to height of parent，对话框会自动放置三个分组框至其允许的最大高度，如图 7-18 和图 7-19 所示。这种设定可以使对话框中的控件自适应其所在父控件的高度，从而使得整个对话框的布局更加整齐美观。

第二类是设定布局控件与其子控件的边距，如图 7-20 所示。该设定适用于水平框架、垂直框架和垂直对齐。可以设定上、下、左、右四个边距值，单位是像素。

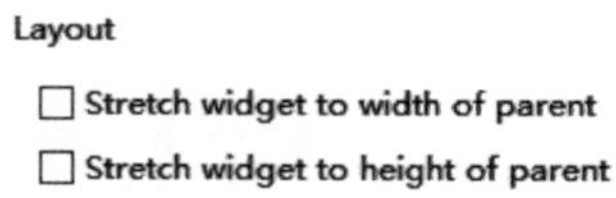

图 7-16　布局对齐

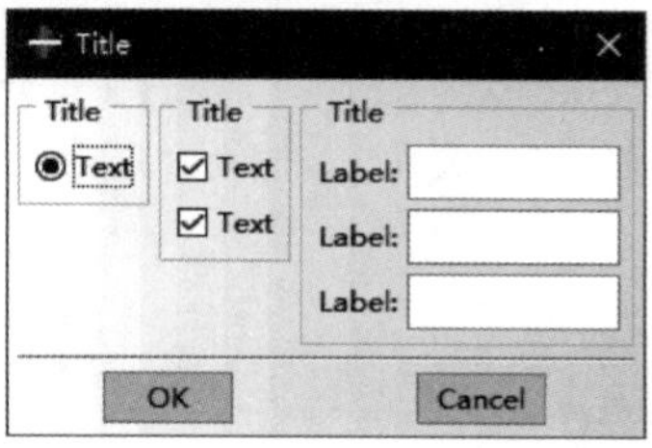

图 7-17　未对齐的布局

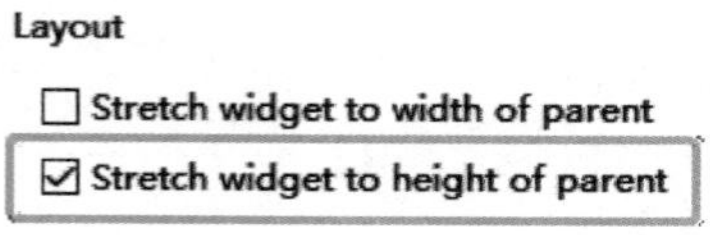

图 7-18　勾选高度布局对齐

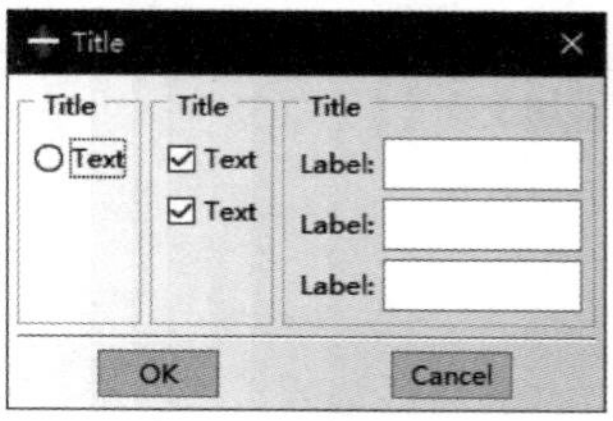

图 7-19　对齐后的布局

对于图 7-20 中的参数，通常采用默认值 0。Abaqus 已经预设了一定的边距，在实际应用中，可以直接使用默认值。但如果想让控件的间距更大一些，可以根据实际需求更改 Padding 值。例如，想以 Padding 为标题做一个分组框，内部文本框的边距与模板中大致相同。默认情况下会做成图 7-21 所示的样式，但细看之下会发现，文本框和分组框的边距以及左右文本框的间隔都比较小。通过调整 Padding，间距会适当拉大，最终效果如图 7-22 所示，与图 7-20 基本一致。

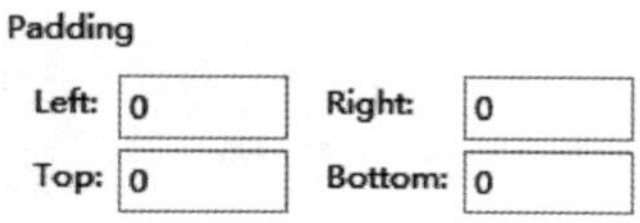

图 7-20　边距设定

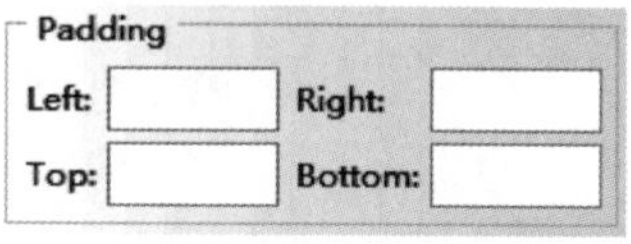

图 7-21　未设定边距的图形界面

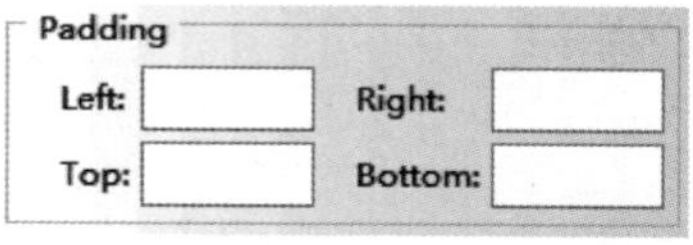

图 7-22　设定边距的图形界面

3. 控件的参数设定

RSG 对话框生成器提供的 15 种控件中，大多数控件需要设定以下四个参数：

1）Text：标签，输入的文字会出现在对话框中。

2）Keyword：关键字，输入的字符须与内核脚本中函数的变量名相同。

3）Default：默认值，打开对话框后控件的默认值。

4）Columns：框宽，能恰好容纳数字的位数。

除了以上四个参数，每个控件还有自己特定的参数。大部分参数较为简单，本节只介绍相对复杂的拾取按钮控件和表格控件的参数。

（1）拾取按钮控件

拾取按钮控件可以在 Abaqus/CAE 视口中拾取实体。该控件的参数设定如图 7-23 所示。

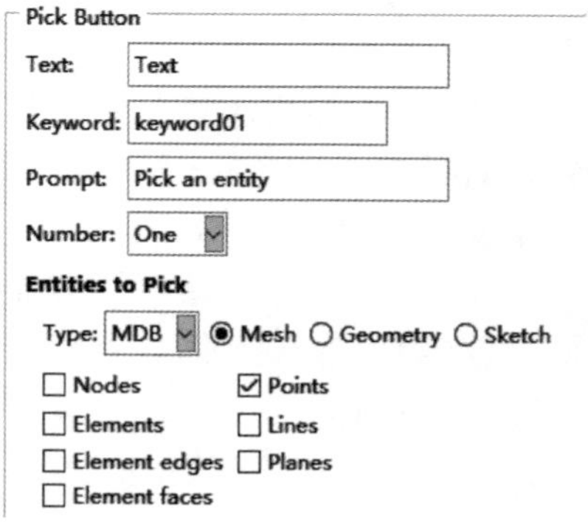

图 7-23　拾取按钮控件的参数设定

前两个参数之前已经介绍过。Prompt 文本框输入的文本会显示在视口下方的提示区，如图 7-24 所示。

Number 下拉列表框可选 One 和 Many，用来设定拾取实体的数量是一个还是多个。

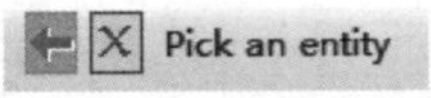

图 7-24　拾取时在提示区的提示语句

Entities to Pick 中有很多选项，可以指定拾取的类型。当 Type 选择 MDB 时，可以对前处理的模型进行拾取。右侧的单选按钮可以选择 Mesh、Geometry 和 Sketch，选择其中一个后，下方的复选按钮会切换成不同的类型。同样，当 Type 选择 ODB 时，是对后处理模型进行拾取，此时可拾取的实体类型较少，即图 7-25 中的五种。

（2）表格控件

表格控件可以在对话框中创建表格，它的参数设定如图 7-26 所示。

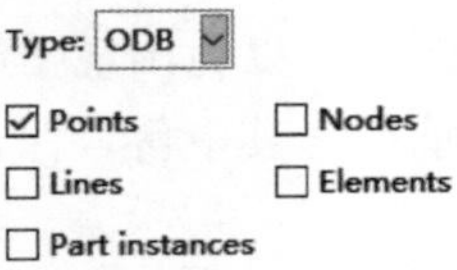

图 7-25　ODB 中可拾取的实体类型

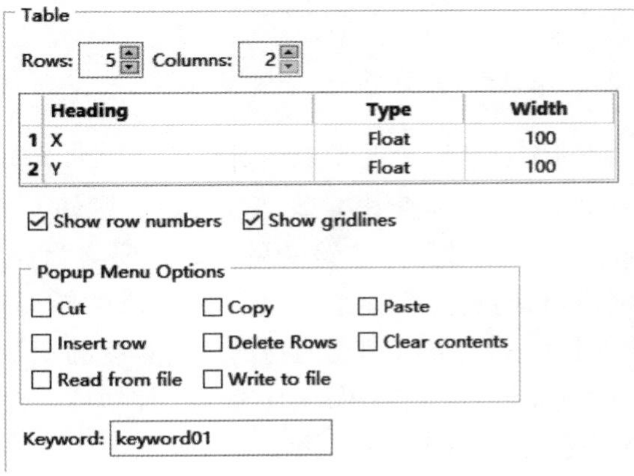

图 7-26　表格控件的参数设定

第一行的微调控件可以设定表格的行数和列数。

在下方的表格中，可以设定表格的列名以及各列单元格的数据类型和宽度。数据类型分为浮点型（Float）、整型（Integer）、字符串（String）和布尔类型（Bool）。如果选择布尔类型，单元格表现为复选按钮，如图 7-27 所示。

图 7-27　单元格的布尔类型

如果单元格中输入的数据类型与设定的不相符，提交时会弹出错误对话框。

表格的下方有两个复选按钮默认为勾选状态，取消勾选 Show row numbers 后，表格每行前的数字序号将不再显示。取消勾选 Show gridlines 后，表格中会隐藏单元格边框。

Popup Menu Options 中有一些复选按钮，对应的是在单元格中右击后弹出的菜单项。

最下方是关键字，输入的字符需要与内核脚本中的变量名一致。

7.2.5　关联内核脚本

用户需要在 Kernel 标签页中打开内核脚本，然后选择对应的函数名。当用户选择了相应的内核脚本后，文件名会自动出现在“Module”文本框中，而“Function”下拉列表中则会出现该内核脚本中的所有函数名。在图 7-28 中，内核脚本中有两个函数，用户需要选择与该对话框相匹配的函数名。

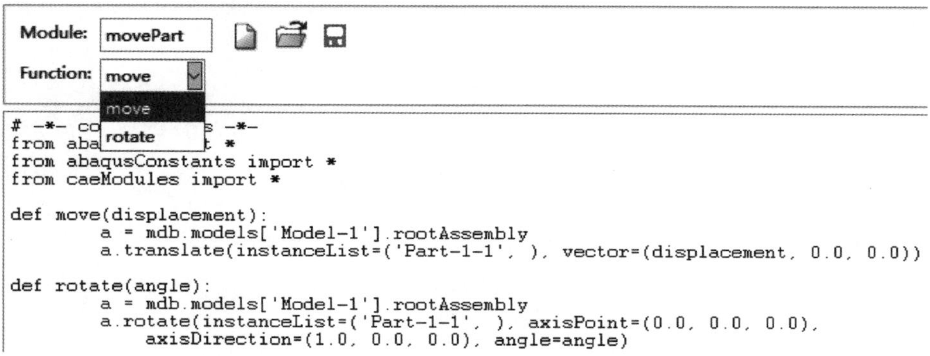

图 7-28　关联内核脚本

7.3　保存对话框

在制作对话框后，需要核对各控件中的关键字（Keyword）与内核脚本中函数的变量名是否相同，并且检查其类型是否一致。例如，如果一个文本框控件的类型被设置为字符串（String），但内核脚本中该变量的类型要求为浮点型（Float），尽管插件可以顺利生成，但在实际运行时可能会弹出类似于图 7-29 的错误对话框。因此，在设计和制作对话框时，需要确保控件的关键字和类型与内核脚本中的变量名和类型相匹配，以免出现错误。

检查无误后，单击保存（Save）按钮后，会弹出保存对话框，其中包含保存格式、名称和路径信息，如图 7-30 所示。

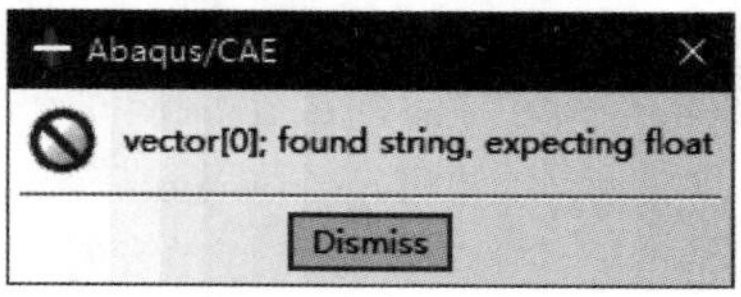

图 7-29　类型不一致时的错误对话框

图 7-30　保存对话框

1. 保存格式

保存格式分为 RSG plug-in 和 Standard plug-in 两种，这两种格式各有优缺点，功能互补，用户可以根据实际需求选择其一。

RSG plug-in 是 Abaqus 特有的格式。它的优点是可以用 RSG 对话框生成器反复打开，如果对对话框不太满意或需要升级，可以随时导入 RSG 对话框生成器进行修改和编辑，这样可以避免重新制作对话框。但它的缺点也很明显，即只能使用 RSG 对话框生成器提供的功能，而无法修改脚本。

Standard plug-in 是标准的 Abaqus GUI Toolkit 格式。它最大的优点是用户可以修改脚本以实现更完善的功能。如前所述，几乎每个控件都有可拓展的地方。下一章中每个控件的代码都是以该格式保存后得到的。当然，这种保存格式的缺点是无法用 RSG 对话框生成器再次打开，但是修改脚本也同样能实现对话框的编辑。

2. 名称

第一行的 Directory name 文本框要求输入存放插件的文件夹名称，建议使用内核脚本的文件名。

第二行的 Menu button name 文本框要求输入插件在菜单栏中的显示名称，可以根据插件的作用输入。

3. 路径

路径为自动生成的对话框脚本和注册脚本保存的位置，可选为 Home directory 或 Current directory。前者是主目录，一般在系统盘中；后者是当前的工作目录，可以自定义。

将对话框以图 7-31 所示内容设置完毕后，单击 OK 按钮，会弹出图 7-32 所示的提示对话框。

图 7-31　保存选项

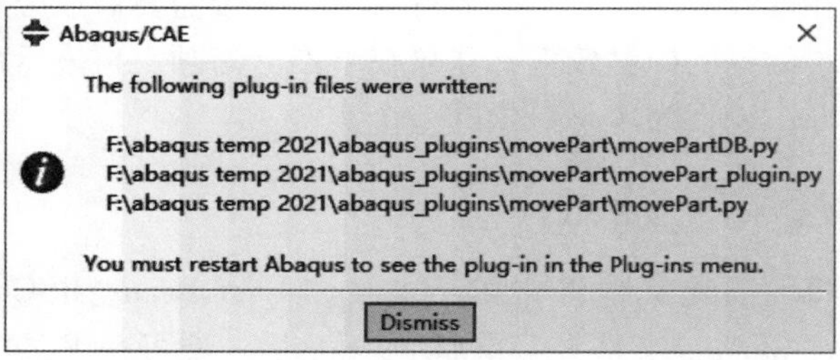

图 7-32　脚本路径信息

从该对话框中可以得知，一个普通插件程序在 Abaqus 中由三个 Python 脚本构成，分别是对话框脚本、注册脚本和内核脚本。在保存插件时，图 7-31 中的 Directory name（文件框名称）将作为对话框脚本和注册脚本文件名的前缀。为了达到三个脚本的命名一致性，建议在 Directory name 中输入内核脚本的名称。

根据命名方式，对话框脚本的文件名为 xxDB.py，注册脚本为xx_plugin.py，内核脚本为xx.py。保存完脚本后，需要重启 Abaqus，然后在菜单栏选择 Plug-ins，就可以找到刚生成的插件了，如图 7-33 所示。

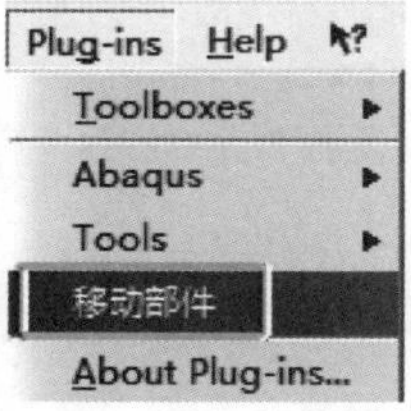

图 7-33　新生成的插件

7.4　实例：悬臂梁受力分析的前处理插件

本节将以悬臂梁受力分析为例，演示如何制作一个前处理插件。该悬臂梁一个端面固定，另一端面施加横向剪切力，以查看其应力分布情况。模型为 chapter 7/autoBeam.cae，文件版本为 Abaqus 2017。该模型是一个尺寸为 20×20×100 的长方体，已生成了装配体，如图 7-34所示。

图 7-34　已生成装配体的悬臂梁

7.4.1　插件制作思路

当前模型只有一个梁部件和装配体，没有其他数据，所以前处理需要设置的步骤和内容较多，可以考虑制作一个一键完成悬臂梁受力分析的前处理插件对话框。为了快速制作内核脚本，可以通过操作一遍前处理过程来自动生成 abaqus.rpy 脚本，并从中筛选需要人为输入的内容，以变量的形式替换相应代码。

在设计对话框时，需要思考哪些变量需要做成控件，以及整个对话框的布局方式。由于本例对话框的内容较多，建议在草图上勾画，再进行制作。每个人制作的插件对话框都可能不一样，以下为本书提供的一个实例。

7.4.2　实例演示

将随书配套附件中的 chapter 7\autoBeam_RSG 文件夹复制到 Abaqus 工作目录中的 abaqus_plugins 文件夹，重启 Abaqus 后，便可在主菜单 Plug-ins 中找到名为“第 7 章实例 悬臂梁一键前处理 RSG 版”的插件。

打开模型文件 autoBeam.cae 后，单击该插件即可打开一个对话框，如图 7-35 所示。该插件可以设置材料名称、弹性模量、泊松比、塑性参数、单元尺寸、初始增量步、最大增量步、拾取固定端、拾取载荷端、剪切载荷、CPU 数量，共 11 个变量。

输入图 7-36 所示的塑性参数，用两个拾取按钮分别单击悬臂梁的前后两端面，其余控件保持默认不变，单击 OK 按钮，悬臂梁受力分析的前处理即可完成。

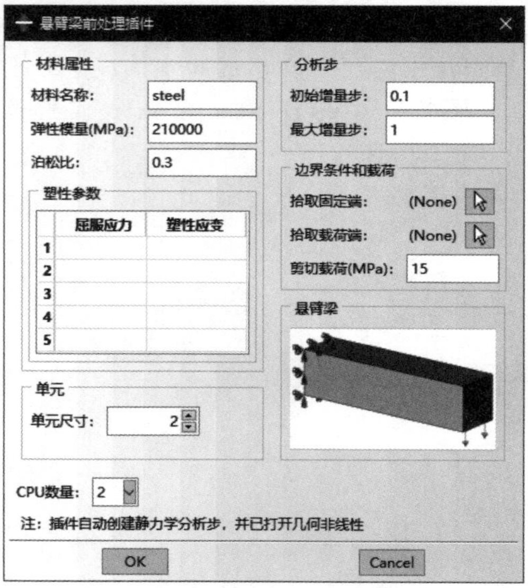

图 7-35　插件对话框

	屈服应力	塑性应变
1	186	0
2	251	0.01
3	302	0.05
4	328	0.1
5	374	0.3

图 7-36　塑性参数

切换到 Job 模块，单击 Job Manager，一个名为 Job-beam 的工作任务已创建好，如图 7-37 所示。

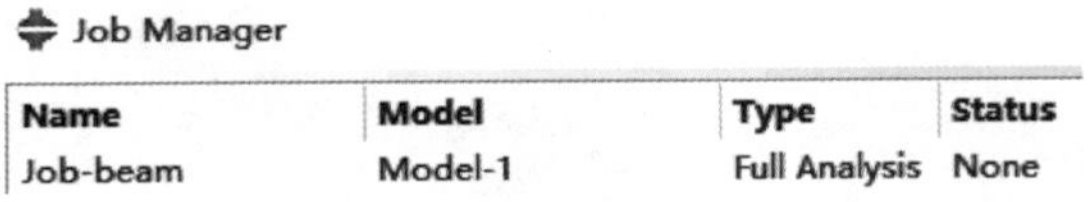

图 7-37　Job Manager

直接提交计算后，可以得到图 7-38 所示的计算结果。

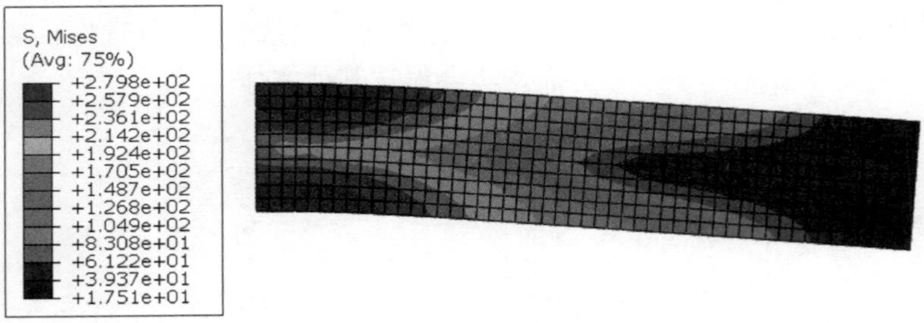

图 7-38　悬臂梁受力分析应力云图

7.4.3　制作对话框

使用 RSG 对话框生成器打开随书配套附件 chapter 7\autoBeam_RSG\autoBeam_RSGDB.py，对话框会随之打开，它的控件和布局也以树状图的形式呈现，如图 7-39 所示，用户可以对它进行编辑。

从树状图中可以看出，该对话框的布局和控件以嵌套的方式组合而成，外层通常是布局，各个控件位于布局的内部。制作时，应先创建布局，再将控件添加到布局之中。

在设定控件参数时，需要注意关键字不仅需要和内核脚本中的变量名保持一致，类型也要相同。例如在图 7-40 中，内核脚本中弹性模量变量为 E，在该控件中也要填写相同的关键字 E。此外，弹性模量的单位采用 MPa，通常为整数，因此文本框的类型也需要设置为整型。默认值可以设置为实际材料的弹性模量。

由于塑性材料参数值往往包含小数，在设置塑性材料的表格控件时，其类型也须设为浮点型，如图 7-41 所示。

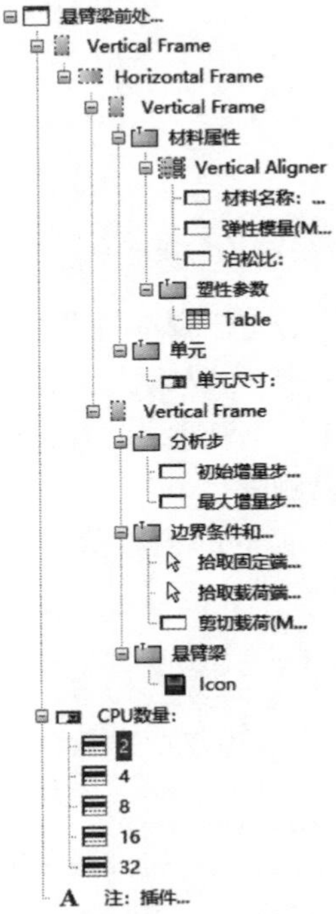

图 7-39　悬臂梁前处理插件的控件和布局

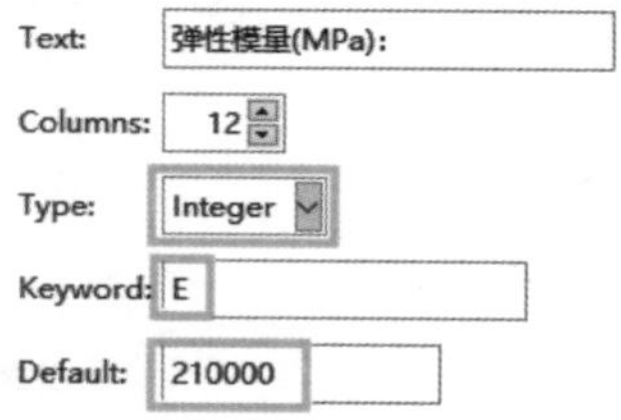

图 7-40 弹性模量文本框的参数设定

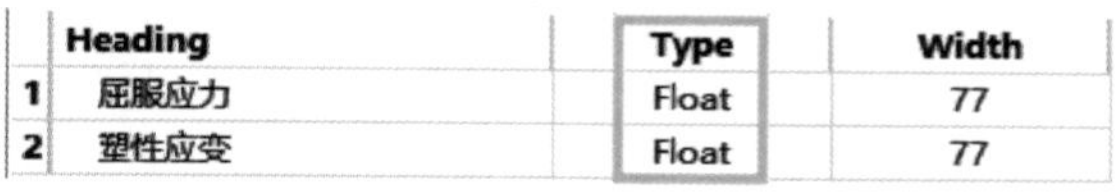
Heading
Type
Width
1 屈服应力 Float 77
2 塑性应变 Float 77

图 7-41 表格控件的参数设定

拾取按钮控件中，由于固定端和施加载荷端各自只有一个，且都是几何面，所以需要在 Number 中选择 One，并在下方选择 Geometry 单选按钮，勾选 Faces 复选框，如图 7-42 所示。这样在拾取时，只会准确选择一个几何面，不会误选其他实体。

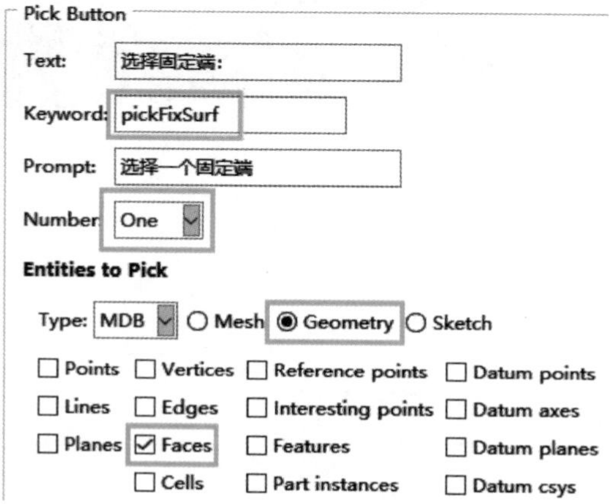

图 7-42 拾取按钮的参数设定

7.4.4 更改内核脚本

将已保存的内核脚本打开后，可以得到完整的前处理代码，但是这些代码并不都是必要的。例如，一些模型放大、旋转、模块切换等操作代码，基本上都是以 session. viewports ['Viewport: 1']开头的。此外，还有一些重复定义的代码，如反复定义的 parts 和 rootAssembly 等，也都可以删除。

以下是本实例的内核脚本，保存于随书配套附件 chapter 7\autoBeam_RSG\autoBeam_RSG.py 中。

内核脚本 autoBeam_RSG.py

```
# -*- coding: UTF-8 -*-
'''悬臂梁一键前处理的内核脚本'''

from abaqus import *
from abaqusConstants import *
from caeModules import *
from driverUtils import executeOnCaeStartup
def beam(matName, E, Nu, plasticTable, initialInc, maxInc, pickFixSurf, pickLoadSurf, shearLoad,
```

```
9           meshSize, cpus):
10      vpName = session.currentViewportName
11      vp = session.viewports[vpName]
12      modelName = session.sessionState[vpName]['modelName']
13      m = mdb.models[modelName]
14      a = m.rootAssembly
15      a.unlock()
16      #定义材料和属性
17      m.Material(name = matName)
18      m.materials[matName].Elastic(table=((E, Nu),))
19      m.materials[matName].Plastic(table = plasticTable)
20      m.HomogeneousSolidSection(name='Section-' + matName, material=matName, thickness=None)
21      partName = m.parts.keys()[0]
22      p = m.parts[partName]
23      c = p.cells
24      cells = c[:]
25      region = regionToolset.Region(cells=cells)
26      p.SectionAssignment(region=region, sectionName='Section-' + matName, offset=0.0,
27          offsetType=MIDDLE_SURFACE, offsetField='',thicknessAssignment=FROM_SECTION)
28      #定义分析步
29      m.StaticStep(name='Step-1', previous='Initial', maxNumInc=1000, initialInc = initialInc,
30          maxInc = maxInc, nlgeom=ON)
31      #定义边界条件和载荷
32      m.EncastreBC(name='BC-fix', createStepName='Step-1', region=(pickFixSurf,), localCsys=None)
33      insName = a.instances.keys()[0]
34      ins = a.instances[insName]
35      f = ins.faces
36      faceId = pickLoadSurf.index
37      pickSurf = f[faceId:faceId+1]
38      region = regionToolset.Region(side1Faces=pickSurf)
39      m.SurfaceTraction(name='Load-1', createStepName='Step-1', region=region,
40          magnitude = shearLoad, directionVector= ((0.0, 0.0, 0.0), (0.0, -1.0, 0.0)),
41          distributionType=UNIFORM, field='', localCsys=None)
42      a.regenerate()
43      #划分单元
44      p.seedPart(size = meshSize, deviationFactor=0.1, minSizeFactor=0.1)
45      p.generateMesh()
46      a.regenerate()
47      #定义 Job
48      mdb.Job(name='Job-beam', model = modelName, description='', type=ANALYSIS, atTime=None,
49          waitMinutes=0, waitHours=0, queue=None, memory=90, memoryUnits=PERCENTAGE,
50          getMemoryFromAnalysis=True, explicitPrecision=SINGLE, nodalOutputPrecision=SINGLE,
51          echoPrint=OFF, modelPrint=OFF, contactPrint=OFF, historyPrint=OFF, userSubroutine='',
52          scratch='', resultsFormat=ODB, multiprocessingMode=DEFAULT, numCpus = int(cpus),
53          numDomains = int(cpus), numGPUs=0)
54      #提交计算
55      #mdb.jobs['Job-beam'].submit(consistencyChecking=OFF)
```

第1行~第7行，设置编码并导入必要的 Abaqus 模块，同时添加注释。

第8行和第9行，定义了名为 beam 的函数，并定义了11个形参。

第10行~第15行，获取当前视图名称和模型名称，将 Model 对象赋值给变量 m，这样后面所有的 mdb.models['Model-1']均可替换为 m。为了防止用高版本打开时出现装配体加锁的情况，第 15 行使用了解锁语句。

第 16 行~第 27 行，定义了材料和属性，将原始代码中的材料名称、弹性模量和泊松比替换成了参数名 matName、E 和 Nu。对话框中的表格 plasticTable 在定义塑性参数时可以直接使用。

第 28 行~第 30 行，定义分析步，使用 initialInc 和 maxInc 替换原始代码中的初始增量步和最大增量步。

第 31 行~第 42 行，定义边界条件和载荷，其中拾取按钮参数 pickFixSurf 可以直接用于第 32 行的定义边界条件，但载荷定义需要进行转换，因为 pickLoadSurf 传入的是 Face 对象，而这里需要的是几何序列 GeomSequence。选择某 Face 对象的方式是 faces[n]，使用 faces[n:n+1]可以将 Face 对象转换为 GeomSequence。第 36 行中获取已选中 Face 对象的 index，并在第 37 行中转换成了 GeomSequence。

第 43 行~第 46 行，划分单元，使用 meshSize 替换原始代码中的单元尺寸。

第 47 行~第 53 行，创建 Job，使用参数 cpus 代替原始代码中的 cpu 数量，注意要将下拉列表控件返回的字符串类型转换为整型。

第 54 行和第 55 行，提交计算。如果删除第 55 行前的# 和空格，在对话框中单击 OK 按钮后可以直接计算。

7.4.5 可改进之处

本实例中的插件对话框是用 RSG 对话框生成器做出的，虽然实现了主要功能，但还有一些可以改善的地方。

1）添加生成模型的子插件按钮，减少使用前手动打开模型的步骤。

2）对于非字符串类型的文本框，需要对输入值进行验证，比如弹性模量须大于 0，泊松比的范围应该在 0~0.5 之间，初始增量步和最大增量步须不大于 1 等，如果输入值不符合要求，则应弹出对话框进行提示。

3）如果当前材料名称已存在，需要弹出对话框提示是否要覆盖。

4）在表格中添加默认的塑性参数，减少每次手动输入的麻烦。

5）如果在 Part 或 Property 模块中选择端面时弹出如图 7-43 所示的错误对话框，接着 Abaqus 会自动关闭，这是因为边界条件和载荷在装配体中定义，需要自动判断当前所处的模块并自动切换，避免在 Part 或 Property 模块中选择端面时出现错误。

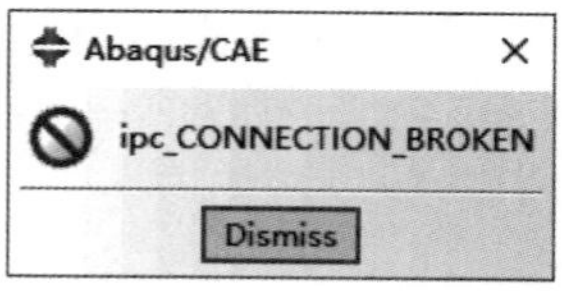

图 7-43 在非装配体中选择端面出现的错误

6）如果选择的 CPU 数量大于本机的 CPU 数量，将弹出对话框提示。

7）添加复选按钮，勾选后可以自动导出 INP 文件。

8）添加单选按钮，选择是否打开非线性分析。

9）如果没有拾取实体，应弹出对话框进行提示。

使用 RSG 对话框生成器可以创建插件的主要功能。然而，大多数控件存在一些不足和漏洞，这些问题需要进一步修改对话框脚本和注册脚本才能得到解决。

为了方便读者对该插件对话框进行修改和调试，配套附件中提供了以 Standard plug-in 格式保存的插件，并将十六进制编码改为中文，放在了随书配套附件 chapter 7\ autoBeam_Standard 中。在第 13 章的实例应用中将以本章脚本为基础，修改和完善以上提出的 9 处改进，以进一步提升插件的使用体验。

7.4.6 中文乱码的解决方法

在使用 Abaqus 时，中国用户经常会遇到中文乱码的问题，以下是一些解决方法。

如果在 Abaqus 中查看中文文件名或文件夹时出现乱码，可以在 Abaqus 安装路径下搜索文件 locale.txt。用记事本打开该文件并找到图 7-44a 所示的位置，在其下方输入 Chinese (Simplified)_China.936 = zh_CN，如图 7-44b 所示。保存后退出，重新打开 Abaqus 后，中文字符就可以正常显示了。

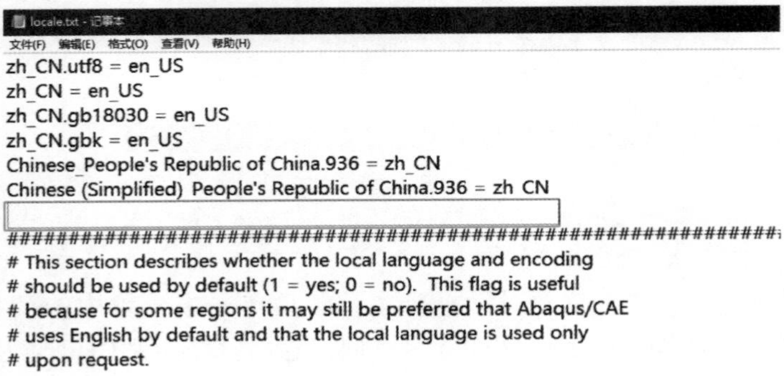

a)

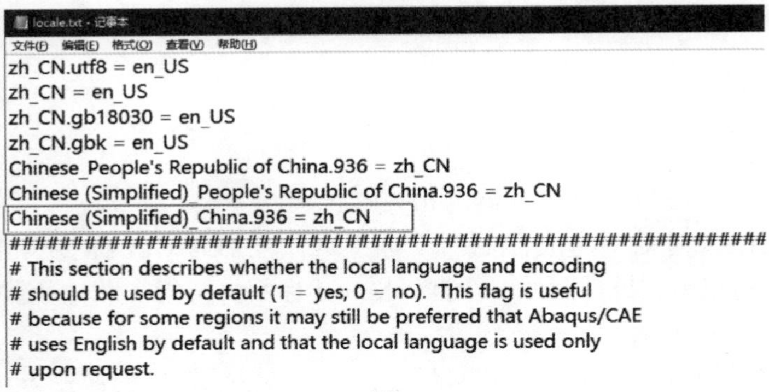

b)

图 7-44　中文乱码问题解决

对于本实例中使用 RSG 对话框生成器时使用中文的情况，无论以何种格式保存，自动生成的对话框脚本中都会将中文转为十六进制编码，以\x 开头，比如显示为“\xd0\xfc\xb1\xdb\xc1\xba\xc7…”。这是因为 Abaqus 中的 Python 版本是 2.7.x，默认编码是 ASCII，而 ASCII 只使用一个字节存放数据，故将中文转换为十六进制数据。如果要将这种编码转换为中文，可以使用 Unicode 编码作为中间码，先解码到 Unicode，再由 Unicode 编码到中文。

如果对话框不太复杂，对于脚本中已经出现的十六进制数据，可以手动将其更改为中文，但只适用于以 Standard plug-in 格式保存。如果保存格式为 RSG plug-in，就不能这样修改。

改为中文后，还需要在对话框脚本开头添加以下代码：

```
#-*-coding: utf-8-*-
```

通常来说，再次打开插件后，中文可以正常显示。不过，在 Sublime Text 环境下编写脚本时，插件中的中文可能会包含“ **** ERROR：Transcoding Error：”，或者中文还是乱码，这是因为 Sublime Text 默认不支持 GB2312 和 GBK 编码，需要使用插件 ConvertToUTF8（插件安装的方法请看第 2 章）。安装插件后，单击主菜单中的“文件”，按照图 7-45 所示转为 GBK 编码，此时编辑器的状态栏显示如图 7-46 所示。

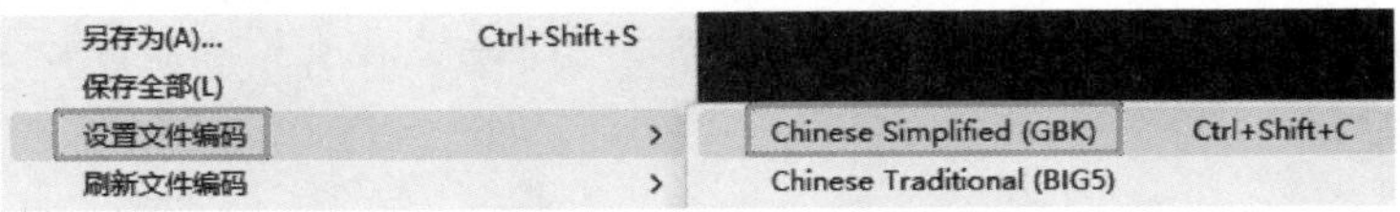

图 7-45　转为 GBK 编码

a)　　b)

图 7-46　使用 GBK 编码前后的状态栏

另外，可以使用 Notepad++打开对话框脚本，然后单击主菜单中的“编码”→“使用 ANSI 编码”，这时会发现脚本中的中文变成了乱码。这时需要将乱码再改为中文，保存后重新启动 Abaqus，就可以正常显示了。对于不同的代码编辑器，解决的方法也不一样，本节只提供了一部分解决思路。为了避免乱码的出现，应尽可能在插件对话框中使用英文。

7.5　本章小结

本章主要介绍了 RSG 对话框生成器的相关内容。

7.1 节介绍了 RSG 对话框生成器的两个标签页，分别为 GUI 标签页和 Kernel 标签页。GUI 标签页可以使用布局和控件制作对话框，Kernel 标签页可以加载内核脚本，与对话框做关联。

7.2 节重点介绍了 RSG 对话框生成器的使用方法，包括布局的使用方法和对话框本身、布局、控件的参数设定，以及如何关联内核脚本。

7.3 节讲解了保存对话框的方法，包括保存格式和名称的填写，以及保存路径的选择。保存格式分为 RSG plug-in 和 Standard plug-in，两者各有优缺点。保存时通常建议使用内核脚本的文件名作为目录名。保存路径选择 Current directory 更加符合使用习惯。

7.4 节基于一个插件实例，说明了制作插件的思路，展示了插件的界面和运行方式，并讲解了该插件对话框的制作和几个控件的参数设定。接着介绍了完整的内核脚本，重点阐述将 Face 对象转为 GeomSequence 的方法。此外，还提出了该插件的可改进之处，这些改进将在后面的章节中逐一讲解。

第8章 Abaqus GUI二次开发

第 7 章介绍了 RSG 对话框生成器中常用的布局和控件。通过选择适当的控件并进行布局，可以快速制作出插件对话框，并与内核程序进行关联，使用起来非常方便。即使用户不了解 Abaqus GUI Toolkit，也可以很快上手。

然而，RSG 对话框生成器过于简单，其缺陷也很明显。大多数控件除了核心作用外，还具备更强大的功能，但简单的 RSG 对话框生成器没有提供这些接口。同时，很多控件都有一些漏洞，比如第 7 章中提到的几个可改进之处，在 RSG 对话框生成器中无法实现。如果想要做出一个优秀的插件对话框，则需要从 Abaqus GUI Toolkit 的角度了解各个控件的创建和功能延伸，才能发挥它们更强大的作用。

为了更贴合实际使用，本章展示了一个包含五个标签页的对话框实例，如图 8-1 所示。前四个标签页由 RSG 对话框生成器创建，其中包含 RSG 对话框生成器提供的所有六种布局

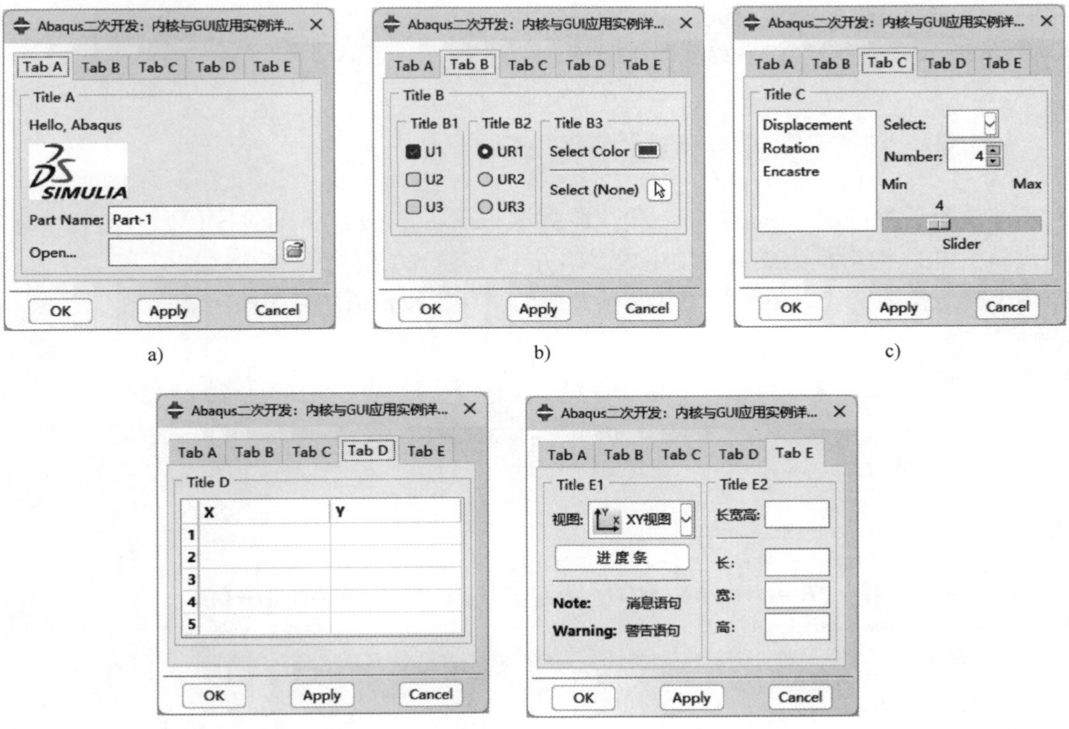

图 8-1 对话框实例

和 15 种控件，这些控件的排列顺序与 RSG 对话框生成器基本一致。最后一个标签页中有三个控件并不是 RSG 对话框生成器提供的，需要通过修改脚本进行创建。这个对话框将众多布局和控件集中在一起，形成了一个整体，从而避免孤立地对单个进行讲述。

对话框以 Standard-plugin 格式保存，由 Abaqus 自动生成对话框脚本和注册脚本。对话框脚本通常是以 DB 为结尾的 py 文件，包含了布局和控件的构造函数以及实例方法等代码；注册脚本则是以_plugin 为结尾的 py 文件，主要用于创建各种关键字，检查数据的合法性，并将插件注册到 Plug-ins 菜单中。当用户打开插件时，首先会执行注册脚本，再通过注册脚本调用对话框脚本。

在本实例中，对话框脚本命名为 customDB.py，注册脚本名为 custom_plugin.py，保存在随书配套附件 chapter 8\custom 文件夹中。在使用前，需要将 custom 文件夹复制到 Abaqus 工作目录\abaqus_plugins 下，重新打开 Abaqus 后，即可在主菜单 Plug-ins 下找到名为“第 8 章实例 综合对话框”的插件。

本章主要介绍对话框布局和控件的创建方法以及各自的参数使用，还会适当介绍一些控件的实例方法。随着各控件的展开，本章还将阐述八种不同类型的关键字以及它们的运用方法。此外，很多控件中都包含参数 tgt 和 sel，它们作为不可或缺的纽带，可以将控件、实例方法和自定义的类联接在一起，本章也会介绍它们的三种设置方式。

本章以介绍对话框的布局和控件为主，并不涉及内核脚本。

为了展示更多功能，本章对一些控件的代码进行了修改或补充，修改后的脚本分别为 customModifyDB.py 和 customModify_plugin.py，保存在随书配套附件 chapter 8\customModify 文件夹中，以方便读者修改和调试。

改动的代码以注释形式呈现，使用时请取消注释。

8.1 实例：对话框脚本和注册脚本

本节为对话框脚本 customDB.py 和注册脚本 custom_plugin.py 的具体代码。前四个标签页的代码由 RSG 对话框生成器自动生成，第五个标签页的语句为手动添加。

为了排版需要，代码中删除了部分不必要的注释，较长语句做了换行。

对话框脚本 customDB.py

```
# -*- coding: UTF-8 -*-
from abaqusConstants import *
from abaqusGui import *
from kernelAccess import mdb, session
import os
thisPath = os.path.abspath(__file__)
thisDir = os.path.dirname(thisPath)
###########################################################################
# Class definition
###########################################################################
class CustomDB(AFXDataDialog):
    ID_PROGRESS = AFXDataDialog.ID_LAST
    def __init__(self, form):
        AFXDataDialog.__init__(self, form, 'Abaqus 二次开发:内核与 GUI 应用实例详解',
```

```
            self.OK|self.APPLY|self.CANCEL, DIALOG_ACTIONS_SEPARATOR)
        okBtn = self.getActionButton(self.ID_CLICKED_OK)
        okBtn.setText('OK')
        applyBtn = self.getActionButton(self.ID_CLICKED_APPLY)
        applyBtn.setText('Apply')
        TabBook_1 = FXTabBook(p=self, tgt=None, sel=0, opts=TABBOOK_NORMAL,
            x=0, y=0, w=0, h=0, pl=DEFAULT_SPACING, pr=DEFAULT_SPACING,
            pt=DEFAULT_SPACING, pb=DEFAULT_SPACING)
        tabItem = FXTabItem(p=TabBook_1, text='Tab A', ic=None, opts=TAB_TOP_NORMAL,
            x=0, y=0, w=0, h=0, pl=6, pr=6, pt=DEFAULT_PAD, pb=DEFAULT_PAD)
        TabItem_1 = FXVerticalFrame(p=TabBook_1,
            opts=FRAME_RAISED|FRAME_THICK|LAYOUT_FILL_X, x=0, y=0, w=0, h=0,
            pl=DEFAULT_SPACING, pr=DEFAULT_SPACING, pt=DEFAULT_SPACING,
            pb=DEFAULT_SPACING, hs=DEFAULT_SPACING, vs=DEFAULT_SPACING)
        GroupBox_1 = FXGroupBox(p=TabItem_1, text='Title A', opts=FRAME_GROOVE)
        l = FXLabel(p=GroupBox_1, text='Hello, Abaqus', opts=JUSTIFY_LEFT)
        fileName = os.path.join(thisDir, 'Logo.png')
        icon = afxCreatePNGIcon(fileName)
        FXLabel(p=GroupBox_1, text='', ic=icon)
        VAligner_3 = AFXVerticalAligner(p=GroupBox_1, opts=0, x=0, y=0, w=0, h=0,
            pl=0, pr=0, pt=0, pb=0)
        AFXTextField(p=VAligner_3, ncols=20, labelText='Part Name:', tgt=form.keyword03Kw, sel=0)
        fileHandler = Custom_pluginDBFileHandler(form, 'fileName', 'All files (*)')
        fileTextHf = FXHorizontalFrame(p=VAligner_3, opts=0, x=0, y=0, w=0, h=0,
            pl=0, pr=0, pt=0, pb=0, hs=DEFAULT_SPACING, vs=DEFAULT_SPACING)
        # Note: Set the selector to indicate that this widget should not be
        #       colored differently from its parent when the 'Color layout managers'
        #       button is checked in the RSG Dialog Builder dialog.
        fileTextHf.setSelector(99)
        AFXTextField(p=fileTextHf, ncols=20, labelText='Open...', tgt=form.fileNameKw,
            sel=0, opts=AFXTEXTFIELD_STRING|LAYOUT_CENTER_Y)
        icon = afxGetIcon('fileOpen', AFX_ICON_SMALL )
        FXButton(p=fileTextHf, text='\tSelect File\nFrom Dialog', ic=icon, tgt=fileHandler,
            sel=AFXMode.ID_ACTIVATE, opts=BUTTON_NORMAL|LAYOUT_CENTER_Y,
            x=0, y=0, w=0, h=0, pl=1, pr=1, pt=1, pb=1)
        tabItem = FXTabItem(p=TabBook_1, text='Tab B', ic=None,
            opts=TAB_TOP_NORMAL, x=0, y=0, w=0, h=0, pl=6, pr=6, pt=DEFAULT_PAD,
            pb=DEFAULT_PAD)
        TabItem_2 = FXVerticalFrame(p=TabBook_1,
            opts=FRAME_RAISED|FRAME_THICK|LAYOUT_FILL_X,
            x=0, y=0, w=0, h=0, pl=DEFAULT_SPACING, pr=DEFAULT_SPACING,
            pt=DEFAULT_SPACING, pb=DEFAULT_SPACING, hs=DEFAULT_SPACING,
            vs=DEFAULT_SPACING)
        GroupBox_2 = FXGroupBox(p=TabItem_2, text='Title B', opts=FRAME_GROOVE)
        HFrame_3=FXHorizontalFrame(p=GroupBox_2,opts=0,x=0,y=0,w=0,h=0,pl=0,pr=0,pt=0,pb=0)
        GroupBox_4 = FXGroupBox(p=HFrame_3, text='Title B1', opts=FRAME_GROOVE)
        VFrame_1=FXVerticalFrame(p=GroupBox_4,opts=0,x=0,y=0,w=0,h=0,pl=0,pr=0,pt=0,pb=0)
        FXCheckButton(p=VFrame_1, text='U1', tgt=form.keyword10Kw, sel=0)
        FXCheckButton(p=VFrame_1, text='U2', tgt=form.keyword11Kw, sel=0)
        FXCheckButton(p=VFrame_1, text='U3', tgt=form.keyword12Kw, sel=0)
```

```
        GroupBox_3 = FXGroupBox(p=HFrame_3, text='Title B2', opts=FRAME_GROOVE)
        VFrame_3=FXVerticalFrame(p=GroupBox_3,opts=0,x=0,y=0,w=0,h=0,pl=0,pr=0,pt=0,pb=0)
        FXRadioButton(p=VFrame_3, text='UR1', tgt=form.VFrame3Kw1, sel=343)
        FXRadioButton(p=VFrame_3, text='UR2', tgt=form.VFrame3Kw1, sel=344)
        FXRadioButton(p=VFrame_3, text='UR3', tgt=form.VFrame3Kw1, sel=345)
        GroupBox_5 = FXGroupBox(p=HFrame_3, text='Title B3',
            opts=FRAME_GROOVE|LAYOUT_FILL_Y)
        btn = AFXColorButton(p=GroupBox_5, text='Select Color', tgt=form.colorKw, sel=0)
        if isinstance(GroupBox_5, FXHorizontalFrame):
            FXVerticalSeparator(p=GroupBox_5, x=0, y=0, w=0, h=0, pl=2, pr=2, pt=2, pb=2)
        else:
            FXHorizontalSeparator(p=GroupBox_5, x=0, y=0, w=0, h=0, pl=2,pr=2,pt=2,pb=2)
        pickHf = FXHorizontalFrame(p=GroupBox_5, opts=0, x=0, y=0, w=0, h=0,
            pl=0, pr=0, pt=0, pb=0, hs=DEFAULT_SPACING, vs=DEFAULT_SPACING)
        # Note: Set the selector to indicate that this widget should not be
        #       colored differently from its parent when the 'Color layout managers'
        #       button is checked in the RSG Dialog Builder dialog.
        pickHf.setSelector(99)
        label = FXLabel(p=pickHf, text='Select' + ' (None)', ic=None,
            opts=LAYOUT_CENTER_Y|JUSTIFY_LEFT)
        pickHandler = Custom_pluginDBPickHandler(form, form.keyword13Kw,
            'Pick an entity', POINTS, ONE, label)
        icon = afxGetIcon('select', AFX_ICON_SMALL )
        FXButton(p=pickHf, text='\tPick Items in Viewport', ic=icon, tgt=pickHandler,
            sel=AFXMode.ID_ACTIVATE, opts=BUTTON_NORMAL|LAYOUT_CENTER_Y,
            x=0, y=0, w=0, h=0, pl=2, pr=2, pt=1, pb=1)
        tabItem = FXTabItem(p=TabBook_1, text='Tab C', ic=None, opts=TAB_TOP_NORMAL,
            x=0, y=0, w=0, h=0, pl=6, pr=6, pt=DEFAULT_PAD, pb=DEFAULT_PAD)
        TabItem_3 = FXVerticalFrame(p=TabBook_1,
            opts=FRAME_RAISED|FRAME_THICK|LAYOUT_FILL_X, x=0, y=0, w=0, h=0,
            pl=DEFAULT_SPACING, pr=DEFAULT_SPACING, pt=DEFAULT_SPACING,
            pb=DEFAULT_SPACING, hs=DEFAULT_SPACING, vs=DEFAULT_SPACING)
        GroupBox_6 = FXGroupBox(p=TabItem_3, text='Title C', opts=FRAME_GROOVE)
        HFrame_4 = FXHorizontalFrame(p=GroupBox_6, opts=0, x=0, y=0, w=0, h=0,
            pl=0, pr=0, pt=0, pb=0)
        listVf = FXVerticalFrame(p=HFrame_4, opts=FRAME_SUNKEN|FRAME_THICK,
            x=0, y=0, w=0, h=0, pl=0, pr=0, pt=0, pb=0)
        # Note: Set the selector to indicate that this widget should not be
        #       colored differently from its parent when the 'Color layout managers'
        #       button is checked in the RSG Dialog Builder dialog.
        listVf.setSelector(99)
        List_1 = AFXList(p=listVf, nvis=5, tgt=form.keyword14Kw, sel=0,
            opts=HSCROLLING_OFF|LIST_SINGLESELECT)
        List_1.appendItem(text='Displacement')
        List_1.appendItem(text='Rotation')
        List_1.appendItem(text='Encastre')
        VFrame_4=FXVerticalFrame(p=HFrame_4,opts=0,x=0,y=0,w=0,h=0,pl=0,pr=0,pt=0,pb=0)
        VAligner_4=AFXVerticalAligner(p=VFrame_4,opts=0,x=0,y=0,w=0,h=0,pl=0,pr=0,pt=0,pb=0)
        ComboBox_2 = AFXComboBox(p=VAligner_4, ncols=0, nvis=1, text='Select:',
            tgt=form.keyword17Kw, sel=0)
        ComboBox_2.setMaxVisible(10)
```

```
        ComboBox_2.appendItem(text='CF1')
        ComboBox_2.appendItem(text='CF2')
        ComboBox_2.appendItem(text='CF3')
        spinner = AFXSpinner(VAligner_4, 4, 'Number:', form.keyword22Kw, 0)
        spinner.setRange(1, 10)
        spinner.setIncrement(1)
        slider = AFXSlider(VFrame_4, form.keyword24Kw, 0,
            AFXSLIDER_INSIDE_BAR |AFXSLIDER_SHOW_VALUE |LAYOUT_FIX_WIDTH,
            0, 0, 140, 0)
        slider.setTitleLabelText('Slider')
        slider.setTitleLabelJustify(JUSTIFY_CENTER_X)
        slider.setMinLabelText('Min')
        slider.setMaxLabelText('Max')
        slider.setRange(1, 10)
        tabItem = FXTabItem(p=TabBook_1,text='Tab D',ic=None,opts=TAB_TOP_NORMAL,
            x=0, y=0, w=0, h=0, pl=6, pr=6, pt=DEFAULT_PAD, pb=DEFAULT_PAD)
        TabItem_4 = FXVerticalFrame(p=TabBook_1,
            opts=FRAME_RAISED|FRAME_THICK|LAYOUT_FILL_X,
            x=0, y=0, w=0, h=0, pl=DEFAULT_SPACING, pr=DEFAULT_SPACING,
            pt=DEFAULT_SPACING, pb=DEFAULT_SPACING, hs=DEFAULT_SPACING,
            vs=DEFAULT_SPACING)
        GroupBox_8 = FXGroupBox(p=TabItem_4, text='Title D', opts=FRAME_GROOVE)
        vf = FXVerticalFrame(GroupBox_8,
            FRAME_SUNKEN|FRAME_THICK|LAYOUT_FILL_X, 0,0,0,0, 0,0,0,0)
        # Note: Set the selector to indicate that this widget should not be
        #       colored differently from its parent when the 'Color layout managers'
        #       button is checked in the RSG Dialog Builder dialog.
        vf.setSelector(99)
        table = AFXTable(vf, 6, 3, 6, 3, form.keyword26Kw, 0,
            AFXTABLE_EDITABLE|LAYOUT_FILL_X)
        table.setLeadingRows(1)
        table.setLeadingColumns(1)
        table.setColumnWidth(1, 115)
        table.setColumnType(1, AFXTable.FLOAT)
        table.setColumnWidth(2, 115)
        table.setColumnType(2, AFXTable.FLOAT)
        table.setLeadingRowLabels('X\tY')
        table.setStretchableColumn(table.getNumColumns()-1)
        table.showHorizontalGrid(True)
        table.showVerticalGrid(True)

        # 以下是第五个标签页的代码,创建了三个 RSG 对话框生成器不提供的控件
        tabItem = FXTabItem(p=TabBook_1, text='Tab E', ic=None, opts=TAB_TOP_NORMAL,
            x=0, y=0, w=0, h=0, pl=6, pr=6, pt=DEFAULT_PAD, pb=DEFAULT_PAD)
        TabItem_5 = FXHorizontalFrame(p=TabBook_1,
            opts=FRAME_RAISED|FRAME_THICK|LAYOUT_FILL_X,
            x=0, y=0, w=0, h=0, pl=DEFAULT_SPACING, pr=DEFAULT_SPACING,
            pt=DEFAULT_SPACING, pb=DEFAULT_SPACING, hs=DEFAULT_SPACING,
            vs=DEFAULT_SPACING)
        GroupBox_9 = FXGroupBox(p=TabItem_5, text='Title E1',
            opts=FRAME_GROOVE|LAYOUT_FILL_Y)
```

```
        GroupBox_10 = FXGroupBox(p=TabItem_5, text='Title E2',
            opts=FRAME_GROOVE|LAYOUT_FILL_Y)
        vf_custom1 = FXVerticalFrame(GroupBox_9, LAYOUT_FILL_X, 0,0,0,0, 0,0,0,0)
        vf_custom2 = FXVerticalFrame(GroupBox_10, LAYOUT_FILL_X, 0,0,0,0, 0,0,0,0)
        # ~~~~~~~~~~~~~~~~~~~ListBox控件~~~~~~~~~~~~~~~~~~
        ListBox = AFXListBox(p=vf_custom1, nvis=3, labelText='视图:',
            tgt=form.keywordListBoxKw, sel=0)
        iconXY = afxCreateIcon(os.path.join(thisDir, 'icons', 'XY.png'))
        iconXZ = afxCreateIcon(os.path.join(thisDir, 'icons', 'XZ.png'))
        iconZY = afxCreateIcon(os.path.join(thisDir, 'icons', 'ZY.png'))
        from symbolicConstants import SymbolicConstant
        XY_VIEW = SymbolicConstant('XY_VIEW')
        XZ_VIEW = SymbolicConstant('XZ_VIEW')
        ZY_VIEW = SymbolicConstant('ZY_VIEW')
        ListBox.appendItem(text='XY视图', icon=iconXY, sel=XY_VIEW.getId())
        ListBox.appendItem(text='XZ视图', icon=iconXZ, sel=XZ_VIEW.getId())
        ListBox.appendItem(text='ZY视图', icon=iconZY, sel=ZY_VIEW.getId())
        # ~~~~~~~~~~~~~~~~~~~ProgressBar控件~~~~~~~~~~~~~~~~~~
        FXButton(vf_custom1, '进 度 条', None, self, self.ID_PROGRESS,
            BUTTON_NORMAL|LAYOUT_CENTER_X|LAYOUT_FIX_WIDTH, 0,0,120,0)
        self.scannerDB = ScannerDB(self)
        FXMAPFUNC(self, SEL_COMMAND, self.ID_PROGRESS, CustomDB.onDoSomething)
        # ~~~~~~~~~~~~~~~~~~~Note控件~~~~~~~~~~~~~~~~~~
        FXHorizontalSeparator(p=vf_custom1, x=0, y=0, w=0, h=0, pl=2,pr=2,pt=4,pb=4)
        AFXNote(p=vf_custom1, message='消息语句', opts=NOTE_INFORMATION)
        AFXNote(p=vf_custom1, message='警告语句', opts=NOTE_WARNING)
        # ~~~~~~~~~~~~~~~~~~~用于关键字AFXTupleKeyword~~~~~~~~~~~~~~~~~~
        VAligner_5 = AFXVerticalAligner(p=vf_custom2, opts=0, x=0, y=0, w=0, h=0,
            pl=0, pr=0, pt=0, pb=0)
        AFXTextField(p=VAligner_5, ncols=7, labelText='长宽高:',tgt=form.keywordTuple1Kw, sel=0)
        FXHorizontalSeparator(p=VAligner_5, x=0, y=0, w=0, h=0, pl=2,pr=2,pt=4,pb=4)
        AFXTextField(p=VAligner_5, ncols=7, labelText='长:', tgt=form.keywordTuple2Kw, sel=1)
        AFXTextField(p=VAligner_5, ncols=7, labelText='宽:', tgt=form.keywordTuple2Kw, sel=2)
        AFXTextField(p=VAligner_5, ncols=7, labelText='高:', tgt=form.keywordTuple2Kw, sel=3)
    # ~~~~~~~~~~~~~~~~~~~ProgressBar控件实例方法~~~~~~~~~~~~~~~~~~
    def onDoSomething(self, sender, sel, ptr):
        self.scannerDB.create()
        self.scannerDB.showModal(self)
        getAFXApp().repaint()
        files = []
        for i in range(10000):
            files.append(i)
        self.scannerDB.setTotal( len(files) )
        for i in range( 1, len(files)+1 ):
            self.scannerDB.setProgress(i)
        self.scannerDB.hide()

###########################################################################
# Class definition
###########################################################################
```

```
class Custom_pluginDBPickHandler(AFXProcedure):
    count = 0
    def __init__(self, form, keyword, prompt, entitiesToPick, numberToPick, label):
            self.form = form
            self.keyword = keyword
            self.prompt = prompt
            self.entitiesToPick = entitiesToPick # Enum value
            self.numberToPick = numberToPick # Enum value
            self.label = label
            self.labelText = label.getText()
            AFXProcedure.__init__(self, form.getOwner())
            Custom_pluginDBPickHandler.count += 1
            self.setModeName('Custom_pluginDBPickHandler%d'
               % (Custom_pluginDBPickHandler.count) )
    #~~~~~~~~~~~~~~~~~~~~~~~~~~~~~~~~~~~~~~~~~~~~~~~~~~~~~~~~~~~~~~~~~~~~~~~
    def getFirstStep(self):
            return  AFXPickStep(self, self.keyword, self.prompt,
               self.entitiesToPick, self.numberToPick, sequenceStyle=TUPLE)
    def getNextStep(self, previousStep):
            self.label.setText( self.labelText.replace('None', 'Picked') )
            return None
    def deactivate(self):
        AFXProcedure.deactivate(self)
        if  self.numberToPick == ONE and self.keyword.getValue() and \
            self.keyword.getValue()[0]!='<':
            sendCommand(self.keyword.getSetupCommands() +'\nhighlight(%s)'
               % self.keyword.getValue())

class Custom_pluginDBFileHandler(FXObject):
    def __init__(self, form, keyword, patterns='*'):
        self.form = form
        self.patterns = patterns
        self.patternTgt = AFXIntTarget(0)
        exec('self.fileNameKw = form.%sKw'% keyword)
        self.readOnlyKw = AFXBoolKeyword(None, 'readOnly', AFXBoolKeyword.TRUE_FALSE)
        FXObject.__init__(self)
        FXMAPFUNC(self, SEL_COMMAND, AFXMode.ID_ACTIVATE,
            Custom_pluginDBFileHandler.activate)
    #~~~~~~~~~~~~~~~~~~~~~~~~~~~~~~~~~~~~~~~~~~~~~~~~~~~~~~~~~~~~~~~~~~~~~~~
    def activate(self, sender, sel, ptr):
        fileDb = AFXFileSelectorDialog(getAFXApp().getAFXMainWindow(), 'Select a File',
            self.fileNameKw, self.readOnlyKw, AFXSELECTFILE_ANY, self.patterns, self.patternTgt)
        fileDb.setReadOnlyPatterns('*.odb')
        fileDb.create()
        fileDb.showModal()

#用于 ProgressBar 控件
class ScannerDB(AFXDialog):
    def __init__(self, owner):
        AFXDialog.__init__(self, owner, 'Work in Progress', 0, 0, DIALOG_ACTIONS_NONE)
```

```
        self.scanner = AFXProgressBar(self, None, 0, LAYOUT_FIX_WIDTH |
            LAYOUT_FIX_HEIGHT |FRAME_SUNKEN |FRAME_THICK |
            AFXPROGRESSBAR_ITERATOR, 0, 0, 200, 22)
    #~~~~~~~~~~~~~~~~~~~~~~~~~~~~~~~~~~~~~~~~~~~~~~~~~~~~~~~~~~~~~~~~~~~~~~~~~
    def setTotal(self, total):
        self.scanner.setTotal(total)
    def setProgress(self, progress):
        self.scanner.setProgress(progress)
```

注册脚本 custom_plugin.py

```
# -*- coding: UTF-8 -*-
from abaqusGui import *
from abaqusConstants import ALL
import osutils, os
###########################################################################
# Class definition
###########################################################################
class Custom_plugin(AFXForm):
    def __init__(self, owner):
        AFXForm.__init__(self, owner)
        self.radioButtonGroups = {}
        self.cmd = AFXGuiCommand(mode=self, method='', objectName='', registerQuery=False)
        pickedDefault = ''
        self.keyword03Kw = AFXStringKeyword(self.cmd, 'keyword03', True, 'Part-1')
        self.fileNameKw = AFXStringKeyword(self.cmd, 'fileName', True, '')
        self.keyword10Kw = AFXBoolKeyword(self.cmd, 'keyword10',
            AFXBoolKeyword.TRUE_FALSE, True, True)
        self.keyword11Kw = AFXBoolKeyword(self.cmd, 'keyword11',
            AFXBoolKeyword.TRUE_FALSE, True, False)
        self.keyword12Kw = AFXBoolKeyword(self.cmd, 'keyword12',
            AFXBoolKeyword.TRUE_FALSE, True, False)
        if not self.radioButtonGroups.has_key('VFrame3'):
            self.VFrame3Kw1 = AFXIntKeyword(None, 'VFrame3Dummy', True)
            self.VFrame3Kw2 = AFXStringKeyword(self.cmd, 'VFrame3', True)
            self.radioButtonGroups['VFrame3'] = (self.VFrame3Kw1, self.VFrame3Kw2, {})
        self.radioButtonGroups['VFrame3'][2][343] = 'UR1'
        self.VFrame3Kw1.setValue(343)
        if not self.radioButtonGroups.has_key('VFrame3'):
            self.VFrame3Kw1 = AFXIntKeyword(None, 'VFrame3Dummy', True)
            self.VFrame3Kw2 = AFXStringKeyword(self.cmd, 'VFrame3', True)
            self.radioButtonGroups['VFrame3'] = (self.VFrame3Kw1, self.VFrame3Kw2, {})
        self.radioButtonGroups['VFrame3'][2][344] = 'UR2'
        if not self.radioButtonGroups.has_key('VFrame3'):
            self.VFrame3Kw1 = AFXIntKeyword(None, 'VFrame3Dummy', True)
            self.VFrame3Kw2 = AFXStringKeyword(self.cmd, 'VFrame3', True)
            self.radioButtonGroups['VFrame3'] = (self.VFrame3Kw1, self.VFrame3Kw2, {})
        self.radioButtonGroups['VFrame3'][2][345] = 'UR3'
        self.colorKw = AFXStringKeyword(self.cmd, 'color', True, '#FF0000')
        self.keyword13Kw = AFXObjectKeyword(self.cmd, 'keyword13', TRUE, pickedDefault)
        self.keyword14Kw = AFXStringKeyword(self.cmd, 'keyword14', True, '')
```

```
41          self.keyword17Kw = AFXStringKeyword(self.cmd, 'keyword17', True)
42          self.keyword22Kw = AFXIntKeyword(self.cmd, 'keyword22', True, 4)
43          self.keyword24Kw = AFXIntKeyword(self.cmd, 'keyword24', True, 4)
44          self.keyword26Kw = AFXTableKeyword(self.cmd, 'keyword26', True)
45          self.keyword26Kw.setColumnType(0, AFXTABLE_TYPE_FLOAT)
46          self.keyword26Kw.setColumnType(1, AFXTABLE_TYPE_FLOAT)
47          self.keywordListBoxKw = AFXSymConstKeyword(self.cmd, 'keywordListBox', True)
48          self.keywordTuple1Kw = AFXTupleKeyword(self.cmd, 'keywordTuple1',
49              True, 3, 4, AFXTUPLE_TYPE_INT)
50          self.keywordTuple2Kw = AFXTupleKeyword(self.cmd, 'keywordTuple2',
51              True, 3, 4, AFXTUPLE_TYPE_INT)
52      def getFirstDialog(self):
53          import customDB
54          reload(customDB)          # 此行为后添加,可以重新加载对话框脚本
55          return customDB.CustomDB(self)
56      def doCustomChecks(self):
57          for kw1,kw2,d in self.radioButtonGroups.values():
58              try:
59                  value = d[kw1.getValue()]
60                  kw2.setValue(value)
61              except:
62                  pass
63          return True
64      def okToCancel(self):
65          return False
66  # Register the plug-in
67  thisPath = os.path.abspath(__file__)
68  thisDir = os.path.dirname(thisPath)
69  toolset = getAFXApp().getAFXMainWindow().getPluginToolset()
70  toolset.registerGuiMenuButton(
71      buttonText='第 8 章实例 综合对话框',
72      object=Custom_plugin(toolset),
73      messageId=AFXMode.ID_ACTIVATE,
74      icon=None,
75      kernelInitString='',
76      applicableModules=ALL,
77      version='N/A',
78      author='N/A',
79      description='N/A',
80      helpUrl='N/A'
81  )
```

8.2 模块导入、AFXDataDialog 类和构造函数

8.2.1 模块导入

在分析脚本之前，首先需要留意注册脚本 custom_plugin.py 的第 54 行，该行是手动添加的，语句如下：

注册脚本

```
    def getFirstDialog(self):
        import customDB
        reload(customDB)            # 此行为后添加,可以重新加载对话框脚本
        return customDB.CustomDB(self)
```

默认情况下，每次修改对话框脚本后，都需要重新启动 Abaqus，再次打开插件程序时才能观察到对话框修改后的样子。在注册脚本中添加的 reload()语句，作用是重新加载对话框脚本。用户修改对话框代码后，只需重新打开插件，利用注册脚本中的 reload()语句就可以实时调用对话框脚本，立即打开更新后的对话框，免去重复启动 Abaqus。reload()语句可以放置在任何插件的注册脚本中。不过，如果对注册脚本做修改，则仍需要重启 Abaqus 才能打开更改后的插件程序。

接下来正式介绍对话框脚本。

对话框脚本

```
1   # -*- coding: UTF-8 -*-
2   from abaqusConstants import *
3   from abaqusGui import *
4   from kernelAccess import mdb, session
5   import os
6   thisPath = os.path.abspath(__file__)
7   thisDir = os.path.dirname(thisPath)
```

第 1 行声明代码所用的编码类型，由于脚本中含有中文字符串和中文注释，需要在首行添加该行语句，不然会报错。

第 2 行导入 Abaqus 符号常量模块。和内核程序一样，脚本中的符号常量由大写字母、数字和下画线组成。

第 3 行导入 abaqusGui 模块，导入后便可使用 Abaqus GUI Toolkit，脚本中创建的各种布局和控件都来自 abaqusGui 模块。

第 4 行从 kernelAccess 模块导入 mdb 和 session，以便访问 Mdb 对象和 Session 对象。该行为自动生成，本实例中并未用到它们。

第 5 行的 os 模块提供了各种操作系统的接口，主要处理文件和目录方面的操作。

第 6 行和第 7 行获取当前脚本的绝对路径和当前脚本文件夹的绝对路径，这些路径在后续的代码中会用到。

8.2.2 AFXDataDialog 类

对话框脚本

```
    class CustomDB(AFXDataDialog):
```

在对话框脚本中，创建了一个名为 CustomDB 的类，它作为子类，继承自父类 AFXDataDialog。AFXDataDialog 是所有数据对话框的父类，能够利用对话框收集数据。

AFXDataDialog 的父类是 AFXDialog，也是对话框类。在 Abaqus 中，对话框类可以分为四种，除了此处的数据对话框类，还有消息对话框类、通用对话框类和自定义对话框类。消息对话框包含错误、警告和信息对话框等。通用对话框包含文件选择对话框、颜色选择对话框和打印对话框等。如果不属于以上三种，则归类为自定义对话框。

8.2.3 AFXDataDialog 构造函数

当创建新类之后，便可以定义构造函数。

对话框脚本

```
12      ID_PROGRESS = AFXDataDialog.ID_LAST
13      def __init__(self, form):
14          AFXDataDialog.__init__(self, form, 'Abaqus 二次开发:内核与 GUI 应用实例详解',
15              self.OK |self.APPLY |self.CANCEL, DIALOG_ACTIONS_SEPARATOR)
```

第 12 行是手动添加的，创建了一个自定义的标识符 ID，它将用于第五个标签页的进度条控件，同时作为类属性应该放在此处。

第 13 行定义构造函数__init__()，它的第一个参数必须是 self，第二个参数是 form，form 是模式的一种。Abaqus GUI 的模式有两种，分别是 Form 模式和 Procedure 模式。简单来说，Form 模式用于对话框，Procedure 模式用于从 Abaqus/CAE 视图中拾取实体。本实例为插件对话框，应以 form 作为参数。

第 14 行、第 15 行显式地调用父类的__init__()构造函数。AFXDataDialog 会创建一个置于 Abaqus 主窗口之上的对话框，它的构造函数为：

```
AFXDataDialog(mode, title, actionButtonIds=0, opts=DIALOG_NORMAL, x=0, y=0, w=0, h=0)
```

AFXDataDialog 一共有八个参数，见表 8-1。

表 8-1 构造函数 AFXDataDialog 的参数

参数	类型	默认值	描述
mode	AFXGuiMode		Host 模式
title	String		标题栏字符
actionButtonIds	Int	0	标准操作按钮 ID
opts	Int	DIALOG_NORMAL	选项
x	Int	0	起始 X 坐标
y	Int	0	起始 Y 坐标
w	Int	0	对话框宽度
h	Int	0	对话框高度

第一个参数 mode 的类型是 AFXGuiMode，AFXGuiMode 包含前面提到的两种模式：Form 模式和 Procedure 模式。

第二个参数 title 为对话框的标题。本实例中设为“Abaqus 二次开发：内核与 GUI 应用实例详解”。

第三个参数 actionButtonIds 表示对话框下方将要创建的按钮。在 RSG 对话框生成器中，默认的是 OK 按钮和 Cancel 按钮，可选 Apply 按钮，本实例中也采用这三种按钮。Abaqus 对话框共有九种按钮，见表 8-2，同时使用几个值时，中间须用“|”符号隔开。

表 8-2　对话框标准操作按钮

标准操作按钮 ID	消息 ID	描　述
APPLY	ID_CLICKED_APPLY	添加一个 Apply 按钮
CANCEL	ID_CLICKED_CANCEL	添加一个 Cancel 按钮
CONTINUE	ID_CLICKED_CONTINUE	添加一个 Continue 按钮
DEFAULTS	ID_CLICKED_DEFAULTS	添加一个 Defaults 按钮
DISMISS	ID_CLICKED_DISMISS	添加一个 Dismiss 按钮
NO	ID_CLICKED_NO	添加一个 No 按钮
OK	ID_CLICKED_OK	添加一个 OK 按钮
YES	ID_CLICKED_YES	添加一个 Yes 按钮
YES_TO_ALL	ID_CLICKED_YES_TO_ALL	添加一个 Yes to All 按钮

这些标准操作按钮创建出来后，如图 8-2 所示。

图 8-2　Abaqus GUI 的九种标准操作按钮

第四个参数 opts 的常用值有 DIALOG_ACTIONS_SEPARATOR、DIALOG_NORMAL 和 DATADIALOG_BAILOUT。前两个值二选一，前者表示在按钮和上方控件之间有一条分隔线，后者则表示没有分隔线。第三个值表示当对话框有修改时，单击 Cancel 按钮取消后，对话框会提示是否保存。

第五个~第八个参数分别是 x、y、w 和 h，分别表示起始 x 坐标和 y 坐标，以及对话框的宽度和高度。在控件的构造函数中，这四个参数很常见，一般情况下不用设置。有一些控件需要调整自身宽度，比如按钮控件和滑块控件，这时可以设定参数 w，同时还需另一个参数配合使用，参见 5.8.4 节的滑块控件。如无特殊说明，这四个参数在本章的所有构造函数中都采用默认值，以后不再重复介绍。

这条语句创建了一个对话框，接下来将修改对话框，并填入各种布局和控件。

对话框脚本

```
16        okBtn = self.getActionButton(self.ID_CLICKED_OK)
17        okBtn.setText('OK')
18        applyBtn = self.getActionButton(self.ID_CLICKED_APPLY)
19        applyBtn.setText('Apply')
```

第 16 行，实例对象 self 调用实例方法 getActionButton(sel)，该方法的参数是标准操作按钮的消息 ID，获取其返回的对象，将该对象传给变量 okBtn。

第 17 行，okBtn 使用 setText()将按钮的名称设置为“OK”。

第 18 行和第 19 行与上两行类似。通过 setText()可以自定义按钮的名称，例如将“OK”设置为“确定”，“Apply”设置为“应用”，修改后的按钮如图 8-3 所示。

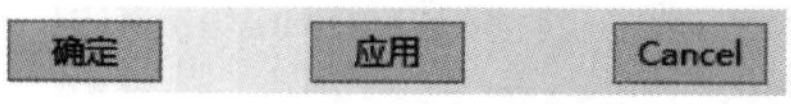

图 8-3　自定义标准操作按钮的名称

8.3 标签页、标签项、垂直框架和分组框

按照脚本的顺序，从本节开始介绍第一个标签页中的布局和控件，如图 8-4 所示。首先要讲述的是四种布局，分别为标签页 FXTabBook、标签项 FXTabItem、垂直框架 FXVertical-Frame 和分组框 FXGroupBox。

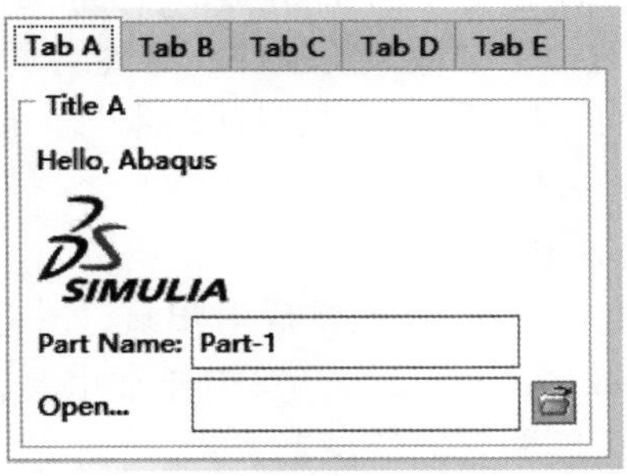

图 8-4　第一个标签页 Tab A

8.3.1 标签页 FXTabBook 和 target/message

在对话框脚本中，标签页的创建代码如下：

对话框脚本

```
        TabBook_1 = FXTabBook(p=self, tgt=None, sel=0, opts=TABBOOK_NORMAL,
            x=0, y=0, w=0, h=0, pl=DEFAULT_SPACING, pr=DEFAULT_SPACING,
            pt=DEFAULT_SPACING, pb=DEFAULT_SPACING)
```

标签页 FXTabBook 是布局的一种，在它的基础上可以创建一组标签项，正如图 8-4 中的五个标签项。这些标签项可以自由切换，每个标签页可以容纳很多控件。FXTabBook 的构造函数为：

```
FXTabBook(p, tgt=None, sel=0, opts=TABBOOK_NORMAL, x=0, y=0, w=0, h=0,
    pl=DEFAULT_SPACING, pr=DEFAULT_SPACING, pt=DEFAULT_SPACING, pb=DEFAULT_SPACING)
```

FXTabBook 共有 12 个参数，见表 8-3。其中，x、y、w 和 h 这四个参数在前面已经讲过，表中不再重复列出。

表 8-3　构造函数 FXTabBook 的参数

参　数	类　型	默 认 值	描　述
p	FXComposite		父控件
tgt	FXObject	None	消息目标
sel	Int	0	消息 ID
opts	Int	TABBOOK_NORMAL	选项
pl	Int	DEFAULT_SPACING	左侧间隔
pr	Int	DEFAULT_SPACING	右侧间隔

（续）

参　数	类　型	默 认 值	描　述
pt	Int	DEFAULT_SPACING	上间距
pb	Int	DEFAULT_SPACING	下间距

第一个参数是 p。在 Abaqus GUI 的构造函数中，参数 p 通常是指父控件。此处参数 p 的类型是 FXComposite，FXComposite 包含了 Abaqus GUI Toolkit 中的绝大部分布局和控件。在对话框脚本中，标签页是整个对话框中最大的控件，它容纳了包括标签项在内的其他所有控件。因此，在第 20 行中标签页的父控件只能是对话框本身，也就是 self。

第二个参数是 tgt，表示消息目标。

第三个参数是 sel，表示消息 ID。

在 Abaqus GUI 二次开发中，tgt 和 sel 通常成对出现，并且大多数控件的构造函数中都会包含它们。这两个参数在 Abaqus GUI 二次开发中非常重要，下面先简要介绍它们，随着后面控件的逐步展开，将会逐一阐明它们的设置方式。

Abaqus GUI Toolkit 通过目标（target）和消息（message）实现 GUI 之间的通信，所有控件都可以发送和接收来自其他控件的消息。其中，target 表示当前控件要发送消息到哪个控件，而 message 包含两个内容：一个是消息 ID（message ID），表示消息的发送者，另一个是消息类型（message type），表示以什么形式发送消息。在控件构造函数中，参数 tgt 即为上述的 target，参数 sel 则是消息 ID，这两个参数用来表明控件 A 的身份，并告诉它要将消息发送给控件 B。

在 Abaqus GUI Toolkit 中，有些控件构造函数中没有 tgt 和 sel 参数，这时可以使用 setTarget 和 setSelector 方法进行设置。例如后面代码中的水平或垂直布局框架就使用了 setSelector 方法。

消息类型用于表示通过何种形式发送消息。例如单击一个按钮时，使用的消息类型是 SEL_COMMAND，而双击鼠标时采用的消息类型是 SEL_DOUBLECLICKED。如果当前控件请求目标更新状态时，消息类型则是 SEL_UPDATE。

消息类型通常不出现在控件的构造函数中，而是用于映射函数 FXMAPFUNC()。例如，如果消息类型为 SEL_COMMAND，则表示点击某个控件（如按钮）时，会把消息 ID 发送到某个实例方法中。在 5.10.2 节中，进度条控件就采用了这种通信方式。

在第 20 行的代码中，构造函数 FXTabBook 的第二个参数是 tgt，由于它不需要把自身发送给其他控件，所以设为 None；第三个参数 sel 通常为 0，这里采用默认值 0。

第四个参数是选项 opts，默认值是 TABBOOK_NORMAL，表示标签项位于该控件的上方。除此之外，还有几个可用的选项，如表 8-4 所示。

表 8-4　FXTabBook 的 opts 参数值

参数 opts	描　述
TABBOOK_NORMAL	标签项位于上方（默认值）
TABBOOK_TOPTABS	标签项位于上方
TABBOOK_BOTTOMTABS	标签项位于下方

（续）

参数 opts	描　　述
TABBOOK_SIDEWAYS	标签项位于左侧
TABBOOK_LEFTTABS	标签项位于左侧
TABBOOK_RIGHTTABS	标签项位于右侧

例如，将参数 opts 设为 TABBOOK_LEFTTABS，标签页会出现在对话框的右侧，如图 8-5 所示。

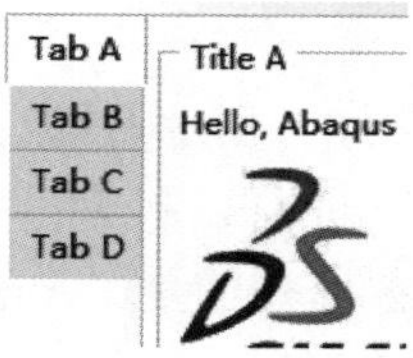

图 8-5　标签项设为左侧

最后四个参数分别是 pl、pr、pt 和 pb，即 pad left、pad right、pad top 和 pad bottom，表示控件的左、右、上、下边缘与父控件的间距。在 Abaqus GUI 中，子控件的边缘与父控件默认有一定间距，一般不需要修改。与 x、y、w 和 h 参数一样，这些参数较为简单，之后不再赘述。

8.3.2　标签项 FXTabItem

创建标签页对象之后，该对象赋值给变量 TabBook_1。不过此时标签页内部还是空的，接下来创建第一个标签项。

对话框脚本

```
23        tabItem = FXTabItem(p=TabBook_1, text='Tab A', ic=None, opts=TAB_TOP_NORMAL, \
24            x=0, y=0, w=0, h=0, pl=6, pr=6, pt=DEFAULT_PAD, pb=DEFAULT_PAD)
```

第 23 行和第 24 行通过构造函数 FXTabItem 创建了一个标签项。当它被选中后，会激活成为活动标签项，其他标签项被隐藏。标签项的构造函数为：

```
FXTabItem(p, text, ic=None, opts=TAB_TOP_NORMAL, x=0, y=0, w=0, h=0, pl=6, pr=6, pt=DEFAULT_
PAD, pb=DEFAULT_PAD)
```

该构造函数的前四个参数见表 8-5。

表 8-5　构造函数 FXTabItem 的参数

参　　数	类　　型	默 认 值	描　　述
p	FXTabBar		父控件
text	String		标签项字符
ic	FXIcon	None	标签页图标
opts	Int	TAB_TOP_NORMAL	选项

第一个参数 p 是父控件，它的类型是 FXTabBar。前面已经创建的 FXTabbook 是 FXTabBar 的子类，可以作为 FXTabItem 的父控件，所以第 23 行中，参数 p 的赋值为 TabBook_1。

第二个参数 text 是标签项的标题，类型是字符串，对话框中设为“Tab A”。

第三个参数 ic 是图标，默认是 None，表示不设置图标。用户也可以在标签页标题前添加图标。参数 ic 的类型是 FXIcon，需要用 afxCreateIcon(fileName)创建，而不能直接输入图标的路径。例如，随书配套附件文件夹 chapter 8\customModify\icons 中有一个名为 football

Small.png 的图标，想把该图标添加在标签页 Tab A 中，可以在第 23 行之前添加以下一行代码：

```
ic1 =afxCreateIcon(r'icons\footballSmall.png')
```

从首字母为小写字母可以看出，afxCreateIcon()并不是构造函数，它可以直接使用，不需要通过类名或者 self 调用，作用是创建 FXIcon 类型的图标。生成图标对象 ic1 后，将构造函数 FXTabItem 中的 ic=None 改为 ic=ic1，重新打开对话框，标签项中添加了一个足球样式的图标，如图 8-6 所示。修改后的脚本保存为 chapter 8\customModify\customModifyDB.py。

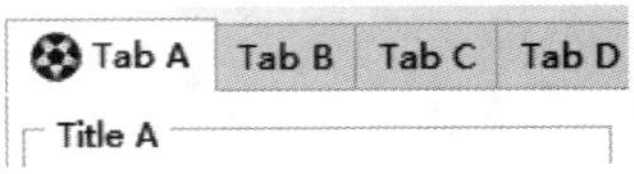

图 8-6　添加图标后的标签项

需要注意的是，Abaqus 对话框中的图片或图标支持的格式有四种，分别为 BMP、GIF、PNG 和 XPM，并不包含常用的 JPEG 格式。前三个格式比较常见，第四个 XPM 是 ASCII 码的图像格式，常用于创建图标文件，它可以用文本编辑器创建和修改，特点是文件格式较为简单。

第四个参数 opts 用于设置标签项边框开口的朝向，默认值为 TAB_TOP_NORMAL，表示标签项的边框开口朝下，参数值见表 8-6。

表 8-6　FXTabItem 的 opts 参数值

参数 opts	描　述
TAB_TOP	边框开口朝下
TAB_LEFT	边框开口朝右
TAB_RIGHT	边框开口朝左
TAB_BOTTOM	边框开口朝上
TAB_TOP_NORMAL	边框开口朝下

8.3.3　垂直框架 FXVerticalFrame

标签项创建完毕后，RSG 对话框生成器会自动创建垂直框架布局，表示在该标签页中的所有控件都以垂直方式排布。通常情况下，Abaqus 对话框默认的垂直框架布局方式由构造函数 FXVerticalFrame 创建。

对话框脚本

```
25        TabItem_1 = FXVerticalFrame(p=TabBook_1,
26            opts=FRAME_RAISED |FRAME_THICK |LAYOUT_FILL_X, x=0, y=0, w=0, h=0,
27            pl=DEFAULT_SPACING, pr=DEFAULT_SPACING, pt=DEFAULT_SPACING,
28            pb=DEFAULT_SPACING, hs=DEFAULT_SPACING, vs=DEFAULT_SPACING)
```

第 25 行~第 28 行创建垂直框架布局方式，以它为父控件的所有子控件都以垂直方式排列。FXVerticalFrame 的构造函数为：

```
FXVerticalFrame(p, opts=0, x=0, y=0, w=0, h=0, pl=DEFAULT_SPACING, pr=DEFAULT_SPACING, pt=
DEFAULT_SPACING, pb=DEFAULT_SPACING, hs=DEFAULT_SPACING, vs=DEFAULT_SPACING)
```

尽管参数很多，但真正需要设置的只有第一个参数 p，即父控件。在第 25 行中，父控件设为 TabBook_1，即整个标签页对象，而不能以标签项 tabItem 作为父控件，否则会报错。

第二个参数是 opts，用于设置框架的样式，由于垂直框架不可见，采用默认值即可。

8.3.4 分组框 FXGroupBox

生成垂直框架布局后，接下来创建分组框 FXGroupBox。

分组框是一种带有灰色边框的容器，通常用于将几个可以共同实现某一功能的控件进行分组。将这些控件放在同一个分组框内，不仅可以方便地进行管理，还能够让同一分组框内的多个单选按钮自动设为一组，只能同时选中其中的一个。这种方式不会受到放在外部或另一个分组框内的单选按钮的影响。

对话框脚本
```
29        GroupBox_1 = FXGroupBox(p=TabItem_1, text='Title A', opts=FRAME_GROOVE)
```

第 29 行创建了一个分组框。分组框 FXGroupBox 的构造函数为：

```
FXGroupBox(p, text, opts = GROUPBOX_NORMAL, x = 0, y = 0, w = 0, h = 0, pl = DEFAULT_SPACING, pr = DEFAULT_SPACING, pt = DEFAULT_SPACING, pb = DEFAULT_SPACING, hs = DEFAULT_SPACING, vs = DEFAULT_SPACING)
```

该构造函数的前三个参数见表 8-7。

表 8-7 构造函数 FXGroupBox 的参数

参　　数	类　　型	默 认 值	描　　述
p	FXComposite		父控件
text	String		左上角字符
opts	Int	GROUPBOX_NORMAL	选项

第一个参数 p 是父控件，脚本中的父控件是第 25 行创建的垂直框架。

第二个参数 text 是标题，即灰色边框左上角的字符，本对话框的标题是 Title A。

第三个参数是 opts，默认值是 GROUPBOX_NORMAL，但使用这个值将不显示灰色边框。为了正常显示边框，对话框脚本中采用的是 FRAME_GROOVE。除了这两个值，参数 opts 还有另外三个值，见表 8-8。

表 8-8 FXGroupBox 的 opts 参数值

参数 opts	描　　述
GROUPBOX_TITLE_LEFT	标题位于左上方（默认值）
GROUPBOX_TITLE_CENTER	标题位于中上方
GROUPBOX_TITLE_RIGHT	标题位于右上方

例如，将参数 opts 改为 FRAME_GROOVE | GROUPBOX_TITLE_CENTER，分组框标题 Title A 会移至中间，如图 8-7 所示。

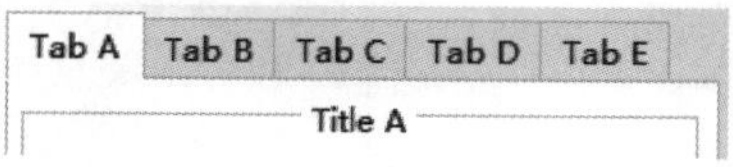

图 8-7 分组框标题位置设为中间

8.4 标签、垂直对齐、文本框和关键字

本节介绍标签控件 FXLabel、垂直对齐 AFXVerticalAligner、文本框控件 AFXTextField 和关键字 AFXKeyword 的相关内容。

8.4.1 标签 FXLabel 和字体 FXFont

上一节搭建了布局框架，然后便可添加各种控件。脚本中第一个控件是标签控件。

对话框脚本

```
30        l = FXLabel(p=GroupBox_1, text='Hello, Abaqus', opts=JUSTIFY_LEFT)
```

标签控件通常用于在对话框中显示一段文本或图片，用于信息提示等场景。标签控件的构造函数为：

```
FXLabel(p, text, ic=None, opts=LABEL_NORMAL, x=0, y=0, w=0, h=0, pl=DEFAULT_PAD, pr=DEFAULT_PAD, pt=DEFAULT_PAD, pb=DEFAULT_PAD)
```

该构造函数的前四个参数见表 8-9。

表 8-9　构造函数 FXLabel 的参数

参　数	类　型	默 认 值	描　述
p	FXComposite		父控件
text	String		文本标签
ic	FXIcon	None	标签图片
opts	Int	LABEL_NORMAL	选项

第一个参数 p 是父控件。本对话框中的文本标签“Hello，Abaqus”在分组框内，所以脚本的第 30 行中，父控件设为分组框，即 GroupBox_1。

第二个参数 text 是要显示的文本字符，脚本中设置为“Hello，Abaqus”。

如果需要文本字符换行，可以在文本字符串的换行处添加“\n”，前后不需要加空格。此外，还可以通过在字符串后添加“\t”和提示语句来设置提示语句，当光标停留在文本或图片上时会弹出提示。例如，将第 30 行的 text='Hello，Abaqus' 改为 text="Hello，Abaqus\tThis is a hint.'，当光标停留在文本上时，会弹出提示语句，效果如图 8-8 所示。

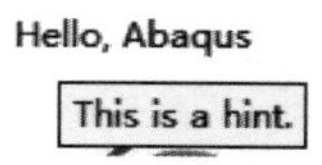
Hello, Abaqus
This is a hint.

图 8-8　光标停留时的提示语句

第三个参数 ic 表示可以引用一个图片。对话框中的该标签控件没有图片，自动省略了这个参数。

第四个是 opts 选项，常用的选项值可以设置文本与图片的位置关系，见表 8-10。

表 8-10　FXLabel 的 opts 参数值

参数 opts	描　述
TEXT_OVER_ICON	文本置于图片上方，两者重叠
TEXT_AFTER_ICON	文本位于图片右侧（默认）

（续）

参数 opts	描　述
TEXT_BEFORE_ICON	文本位于图片左侧
TEXT_ABOVE_ICON	文本位于图片上方
TEXT_BELOW_ICON	文本位于图片下方

对话框脚本

```
5    thisPath = os.path.abspath(__file__)
6    thisDir = os.path.dirname(thisPath)
...
31           fileName = os.path.join(thisDir,'Logo.png')
32           icon = afxCreatePNGIcon(fileName)
33           FXLabel(p=GroupBox_1, text='', ic=icon)
```

第 31 行~第 33 行，构造函数 FXLabel 在对话框中显示一张图片。该图片与脚本 customDB.py 在同一个文件夹中。第 6 行获取脚本所在文件夹的绝对路径后传给 thisDir，第 31 行使用 os.path.join()合并 thisDir 和图片文件名，得到图片的绝对路径。

第 32 行用 afxCreatePNGIcon(fileName)生成一个图片，参数 fileName 是图片的绝对路径。8.3.2 节提到创建图片的方法为 afxCreateIcon()，此处的 afxCreatePNGIcon()只用于 PNG 格式的图片。

第 33 行用 FXLabel 显示图片，它的父控件也是 GroupBox_1，说明它与第 30 行的标签控件位于同一个分组框内。由于无须生成文本，参数 text 设为空字符串，参数 ic 则为图片的绝对路径。

如果将第 33 行的参数 text 改为 'Hello，Abaqus'，重新打开对话框，文本就会出现在图片的右侧，如图 8-9 所示。

图 8-9　文本默认在图片的右侧

通过设置 FXLabel 的参数 opts 可以调整文本和图片的位置关系，具体参数值见表 8-10。

标签控件有一些常用的方法，例如 setText(text)可以修改文本内容、setIcon(ic)可以更改图标，以及 setFont(fnt)可以设置字体等。

以 setFont(fnt)为例，标签对象可以调用它来修改字体，它的参数 fnt 需要通过 FXFont 创建。FXFont 的构造函数为：

```
FXFont(a, face, sz, wt=FONTWEIGHT_NORMAL, sl=FONTSLANT_REGULAR,
    enc=FONTENCODING_DEFAULT,setw=FONTSETWIDTH_DONTCARE, h=0)
```

该构造函数的参数见表 8-11。

表 8-11　构造函数 FXFont 的参数

参　数	类　型	默 认 值	描　述
a	FXApp		应用对象
face	String		字体名称
sz	Int		字体大小
wt	Int	FONTWEIGHT_NORMAL	字体粗细

（续）

参　　数	类　　型	默 认 值	描　　述
sl	Int	FONTSLANT_REGULAR	字体倾斜
enc	Int	FONTENCODING_DEFAULT	字符编码
setw	Int	FONTSETWIDTH_DONTCARE	字体宽度
h	Int	0	提示

第一个参数 a 类型是 FXApp，通过 getAFXApp()获取。

第二个参数 face 是字体名称，默认为空字符串。

第三个参数 sz 是 size，定义字体的大小。

第四个参数 wt 是 weight，定义字体的粗细。

第五个参数 sl 是 slant，定义字体的倾斜。

第六个参数 enc 是 encoding，定义字体的编码。

第七个参数 setw 是 set width，定义字体的宽度。

第八个参数 h 是 hints，设置提示。

第四个~第七个参数的设定值较多，表 8-12~表 8-15 列出了其中一部分，以供参考。

表 8-12　FXFont 的 wt 参数值

参数 wt	描　　述
FONTWEIGHT_DONTCARE	不设置
FONTWEIGHT_EXTRALIGHT	极细
FONTWEIGHT_THIN	细体
FONTWEIGHT_NORMAL	正常
FONTWEIGHT_BOLD	加粗
FONTWEIGHT_EXTRABOLD	极粗

表 8-13　FXFont 的 sl 参数值

参数 sl	描　　述
FONTSLANT_DONTCARE	不设置
FONTSLANT_ITALIC	Italics
FONTSLANT_REVERSE_ITALIC	Reversed Italics
FONTSLANT_OBLIQUE	Oblique
FONTSLANT_REVERSE_OBLIQUE	Reversed Oblique

表 8-14　FXFont 的 enc 参数值

参数 enc	描　　述
FONTENCODING_DEFAULT	不设置
FONTENCODING_USASCII	美国编码
FONTENCODING_RUSSIAN	俄罗斯编码
FONTENCODING_GREEK	希腊编码
FONTENCODING_THAI	泰国编码

表 8-15　FXFont 的 setw 参数值

参数 setw	描　述
FONTSETWIDTH_DONTCARE	不设置
FONTSETWIDTH_NARROW	窄
FONTSETWIDTH_NORMAL	宽度正常
FONTSETWIDTH_EXPANDED	较宽

例如，在第 30 行后添加以下代码即可创建一个字体对象 fnt，并使用标签控件的 setFont()方法来设置字体。可以看到，更改字体前后的效果对比如图 8-10 所示。

a)　　b)

图 8-10　字体更改前后

```
fnt = FXFont(getAFXApp(), '', 10, wt=FONTWEIGHT_BOLD, sl=FONTSLANT_ITALIC,
    enc=FONTENCODING_USASCII,setw=FONTSETWIDTH_NORMAL, h=0)
l.setFont(fnt)
```

需要注意，并不是所有控件都能设置字体，只有控件对象具有实例方法 setFont()时才可以更改字体。

8.4.2　垂直对齐 AFXVerticalAligner

对话框中接下来是一个文本框控件。在此之前，对话框脚本中先创建了垂直对齐布局 AFXVerticalAligner。

对话框脚本

```
        VAligner_3 = AFXVerticalAligner(p=GroupBox_1, opts=0, x=0, y=0, w=0, h=0,
            pl=0, pr=0, pt=0, pb=0)
```

垂直对齐可以作为父控件，把子控件中所有的文本框进行左侧对齐，使对话框更加美观，图 8-11 是使用垂直对齐前后的效果对比。

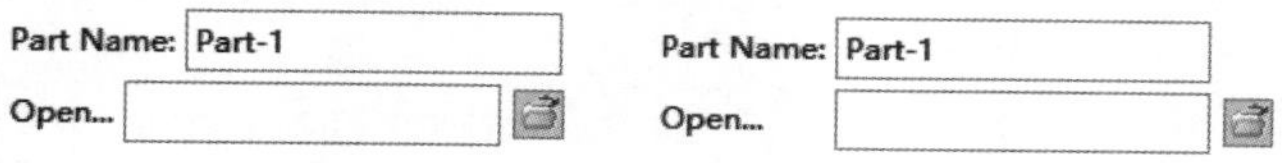

a)　　b)

图 8-11　使用垂直对齐前后效果对比

垂直对齐 AFXVerticalAligner 的构造函数为：

```
AFXVerticalAligner(p, opts=0, x=0, y=0, w=0, h=0, pl=0, pr=0, pt=0, pb=0, hs=DEFAULT_SPAC-
ING, vs=DEFAULT_SPACING)
```

该构造函数的前两个参数见表 8-16。

表 8-16　构造函数 AFXVerticalAligner 的参数

参　数	类　型	默 认 值	描　述
p	FXComposite		父控件
opts	Int	0	选项

第一个参数是父控件 p，和标签控件一样，脚本中垂直对齐的父控件也为分组框 GroupBox_1。

第二个参数是 opts，采用默认值 0。

垂直对齐创建后，其对象传入变量 VAligner_3，VAligner_3 将作为父控件用于接下来的文本框控件，从而起到左侧对齐两个输入框的作用。

8.4.3 文本框 AFXTextField 和关键字 AFXKeyword

完成垂直对齐布局后，接下来创建文本框控件。

对话框脚本

```
36        AFXTextField(p=VAligner_3, ncols=20, labelText='Part Name :', tgt=form.keyword03Kw,
sel=0)
```

注册脚本

```
14        self.keyword03Kw = AFXStringKeyword(self.cmd, 'keyword03', True, 'Part-1')
```

文本框控件是由标签和单行输入框组成的。文本框控件的构造函数为：

```
AFXTextField(p, ncols, labelText, tgt=None, sel=0, opts=AFXTEXTFIELD_STRING, x=0, y=0, w=0,
h=0, pl=DEFAULT_PAD, pr=DEFAULT_PAD, pt=DEFAULT_PAD, pb=DEFAULT_PAD)
```

该构造函数的前六个参数见表 8-17。

表 8-17 构造函数 AFXTextField 的参数

参数	类型	默认值	描述
p	FXComposite		父控件
ncols	Int		输入框宽度
labelText	String		文本标签
tgt	FXObject	None	消息目标
sel	Int	0	消息 ID
opts	Int	AFXTEXTFIELD_STRING	选项

第一个参数 p 是父控件，此处的父控件是垂直对齐布局。

第二个参数 ncols 表示输入框可完全容纳数字的位数，它决定了输入框的宽度，脚本中设为 20。

第三个参数 labelText 为文本标签，表现为文本框左侧的字符串。与标签控件一样，它也可以用“\n”换行，以及用“\t”设置光标停留的提示信息。

第四个参数 tgt 是消息目标，8.3.1 节有过简单介绍。第 36 行的参数 tgt 与第 20 行 FXTabBook 中的设置不同，本行的赋值不是 None，而是 form.keyword03Kw。keyword03Kw 是一个由 form 调用的变量，它存在于注册脚本 custom_plugin.py 的第 14 行，属于字符串类型关键字。

第五个参数 sel 是消息 ID，Abaqus GUI 中规定，当 tgt 为字符串类型关键字时，sel 设为 0。

第六个参数是 opts，用来指定输入框的数据类型和其他作用，常见的类型见表 8-18。

表 8-18　AFXTextField 的 opts 参数值

参数 opts	描　述
AFXTEXTFIELD_STRING	字符串
AFXTEXTFIELD_INTEGER	整型
AFXTEXTFIELD_FLOAT	浮点型
AFXTEXTFIELD_COMPLEX	复数
AFXTEXTFIELD_CHECKBUTTON	前面有复选按钮
AFXTEXTFIELD_RADIOBUTTON	前面有单选按钮
AFXTEXTFIELD_VERTICAL	标签和输入框分两行
AFXTEXTFIELD_READONLY	输入框只读

例如，参数 opts 使用 AFXTEXTFIELD_CHECKBUTTON 时，文本框的前面会有一个复选按钮，不勾选时无法输入，如图 8-12 所示。在第 10 章的实例中会使用该参数。

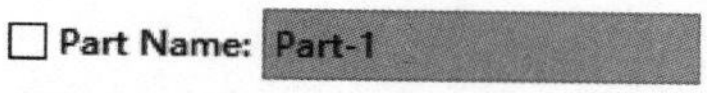

图 8-12　使用复选按钮参数的文本框

再比如，参数 opts 使用 AFXTEXTFIELD_READONLY，输入框会被隐藏，文本内容成为不可编辑的标签，如图 8-13 所示。

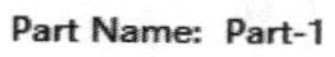

图 8-13　使用只读参数的文本框

注册脚本的第 14 行使用了关键字，在 Abaqus 插件对话框中，如果控件的作用是收集用户输入的数据，比如文本框控件和单选按钮控件、复选框控件等，那么在创建该控件时，构造函数中的参数 tgt 通常是关键字。关键字在注册脚本中创建，它的作用是获取用户在对话框中输入或设置的内容。

关键字 AFXKeyword 一共有八个类型，见表 8-19。不同控件需要使用相匹配的关键字。接下来，本章会随着各个控件的展开介绍所有类型的关键字。

表 8-19　关键字的类型

构 造 函 数	类　型
AFXIntKeyword	整型关键字
AFXFloatKeyword	浮点型关键字
AFXStringKeyword	字符串类型关键字
AFXBoolKeyword	布尔类型关键字
AFXSymConstKeyword	符号常量类型关键字
AFXTupleKeyword	元组类型关键字
AFXTableKeyword	表格类型关键字
AFXObjectKeyword	对象类型关键字

不同类型关键字的构造函数并不一样，不过它们都继承自 AFXKeyword 类，AFXKeyword 的构造函数为：

```
AFXKeyword(command, name, isRequired=False)
```

它包含三个参数，见表 8-20。

表 8-20　构造函数 AFXKeyword 的参数

参　数	类　型	默 认 值	描　述
command	AFXCommand		
name	String		关键字名称
isRequired	Bool	FALSE	关键字是否为必需参数，通常设为 True

第一个参数是 command，类型为 AFXCommand，它的级别很高，是所有命令类的父类。它的子类是 AFXGuiCommand，注册脚本的第 12 行即使用 AFXGuiCommand 创建了一个 GUI 命令对象，并将它作为参数，用于第 14 行字符串类型关键字 AFXStringKeyword()中。

注册脚本
```
8    class Custom_plugin(AFXForm):
9        def __init__(self, owner):
10           AFXForm.__init__(self, owner)
11           self.radioButtonGroups = {}
12            self.cmd = AFXGuiCommand(mode=self, method='', objectName='', registerQuery=
False)
13           pickedDefault = ''
14           self.keyword03Kw = AFXStringKeyword(self.cmd, 'keyword03', True, 'Part-1')
```

第 12 行，GUI 命令对象的作用是在注册脚本中调用内核脚本。由于本案例没有内核脚本，所以参数 objectName 和 method 为空。如果有内核程序的话，参数 objectName 传入内核脚本的文件名，参数 method 为内核脚本中的函数名。具体的设置方法可以参考第 9~13 章的插件实例。

第二个参数 name 是关键字的名称，相当于 RSG 对话框生成器中控件的 Keyword。在 Abaqus GUI 中，关键字对象传入的变量名通常会自动以 name 值后面加“Kw”来命名，这是一种约定俗成的规定，一般情况下不需要手动修改。

参数 name 会获取用户在控件中输入的信息，并传递给内核脚本的同名参数，所以内核脚本中也须有一个相同名称的参数。例如第 14 行使用 AFXStringKeyword 构造函数创建关键字对象 keyword03Kw，该构造函数中的参数 name 设为 keyword03，意味着内核脚本中也必须有名为 keyword03 的参数。当单击对话框中 OK 按钮时，用户在文本框中输入的内容会以字符串的形式传递给参数 keyword03，从而实现 GUI 和内核的连接功能。由于 GUI 代码和内核代码不能存在于同一个脚本中，关键字对象是它们之间实现通信的方式之一。

第三个参数 isRequired 是布尔值，表示该关键字是否为必需的参数，默认是 False。一般来说，控件的关键字都是必需的，因此注册脚本中这个参数基本都会设为 True。

关键字一共有八种，它们作为 AFXKeyword 的子类，都包含这三个参数，这三个参数在每种关键字中的作用都是一样的。接下来介绍各种类型的关键字时，不再赘述这三个参数。

8.4.4　字符串类型关键字和参数 tgt/sel 第一种设置方式

仍引用创建文本框的语句来介绍字符串类型关键字，如下：

对话框脚本
```
AFXTextField(p=VAligner_3, ncols=20, labelText='Part Name :', tgt=form.keyword03Kw,
sel=0)
```

注册脚本

```
14        self.keyword03Kw = AFXStringKeyword(self.cmd, 'keyword03', True, 'Part-1')
```

注册脚本的第 14 行创建了一个字符串类型关键字，它的构造函数为：

```
AFXStringKeyword(command, name, isRequired=False, defaultValue='')
```

该构造函数的参数见表 8-21。

表 8-21　构造函数 AFXStringKeyword 的参数

参　数	类　型	默 认 值	描　述
command	AFXCommand		
name	String		关键字名称
isRequired	Bool	False	关键字是否为必需参数，通常设为 True
defaultValue	String	''	默认值

上一小节已对前三个参数做了介绍，第四个参数 defaultValue 表示默认值。实例的默认值是字符串 Part-1，如果不改动，该字符串会传递给内核脚本的参数 keyword03。

前面强调过，在文本框脚本中，控件构造函数的参数 tgt 和参数 sel 会起到非常重要的作用，它们相当于纽带，把控件、实例方法、自定义类和注册脚本紧密地联系在一起。没有它们，各个控件和方法就是一盘散沙，无法使用。

参数 tgt 和参数 sel 通常有三种设置方式，下面先介绍第一种。

若某控件的作用是从对话框中收集数据，在创建该控件时，构造函数中的参数 tgt 需要设置为相应类型的关键字，参数 sel 根据关键字类型设为不同的值，具体的搭配见表 8-22。

表 8-22　参数 tgt 和 sel 第一种设置方式

参数 tgt 的关键字类型	参数 sel	适 用 控 件
AFXIntKeyword	0	文本框控件、下拉列表控件、微调控件和滑块控件等
	>0	单选按钮控件
AFXFloatKeyword	0	文本框控件、下拉列表控件、微调控件和滑块控件等
AFXStringKeyword	0	文本框控件、颜色按钮控件、列表控件和下拉列表控件等
AFXBoolKeyword	0	复选按钮控件
AFXSymConstKeyword	0	列表控件、下拉列表控件和下拉列表框控件
	>0	单选按钮控件
AFXTupleKeyword	0	文本框控件
	1，2，3，…	文本框控件，可同时获取几个文本框的信息
AFXTableKeyword	0	表格控件
AFXObjectKeyword	0	拾取控件

例如对话框脚本第 36 行创建的文本框控件，用户需要收集输入的字符串数据，则将参数 tgt 设为字符串类型关键字，尽管该行中 tgt 的赋值是 form.keyword03Kw，但它实际来自注册脚本的第 14 行，由字符串类型关键字 AFXStringKeyword 创建。同时，从表 8-22 可知，使

用字符串类型关键字时，参数 sel 设为 0。

如果控件并不需要从对话框收集数据，则参数 tgt 设为 None，参数 sel 为 0。

8.5 文件选择对话框、水平框架和按钮

本节除了介绍第一个标签页中的文件选择对话框控件，还会说明如何单独创建一个按钮以及水平框架。此外，本节还将介绍构造函数中参数 tgt 和 sel 的第二种设置方式。

8.5.1 文件选择对话框 AFXFileSelectorDialog

8.2.2 节中介绍过 Abaqus 有四种对话框，其中之一是通用对话框，文件选择对话框就是通用对话框的一种，打印对话框和颜色选择对话框也属于通用对话框的范畴。以下是文件选择对话框的代码。

对话框脚本

```
37          fileHandler = Custom_pluginDBFileHandler(form, 'fileName', 'All files (*)')
38          fileTextHf = FXHorizontalFrame(p=VAligner_3, opts=0, x=0, y=0, w=0, h=0,
39              pl=0, pr=0, pt=0, pb=0, hs=DEFAULT_SPACING, vs=DEFAULT_SPACING)
...
43          fileTextHf.setSelector(99)
44          AFXTextField(p=fileTextHf, ncols=12, labelText='Open...', tgt=form.fileNameKw,
45              sel=0, opts=AFXTEXTFIELD_STRING|LAYOUT_CENTER_Y)
46          icon = afxGetIcon('fileOpen', AFX_ICON_SMALL )
47          FXButton(p=fileTextHf, text='\tSelect File\nFrom Dialog', ic=icon, tgt=fileHandler,
48              sel=AFXMode.ID_ACTIVATE, opts=BUTTON_NORMAL|LAYOUT_CENTER_Y,
49              x=0, y=0, w=0, h=0, pl=1, pr=1, pt=1, pb=1)
...
245  class Custom_pluginDBFileHandler(FXObject):
246      def __init__(self, form, keyword, patterns='*'):
247          self.form = form
248          self.patterns = patterns
249          self.patternTgt = AFXIntTarget(0)
250          exec('self.fileNameKw = form.%sKw' % keyword)
251          self.readOnlyKw = AFXBoolKeyword(None, 'readOnly', AFXBoolKeyword.TRUE_FALSE)
252          FXObject.__init__(self)
253          FXMAPFUNC(self, SEL_COMMAND, AFXMode.ID_ACTIVATE,
254              Custom_pluginDBFileHandler.activate)
255      #~~~~~~~~~~~~~~~~~~~~~~~~~~~~~~~~~~~~~~~~~~~~~~~~~~~~~~~~~~~~~~~~~~~~~
256      def activate(self, sender, sel, ptr):
257          fileDb = AFXFileSelectorDialog(getAFXApp().getAFXMainWindow(), 'Select a File',
258              self.fileNameKw, self.readOnlyKw, AFXSELECTFILE_ANY, self.patterns, self.patternTgt)
259          fileDb.setReadOnlyPatterns('*.odb')
260          fileDb.create()
261          fileDb.showModal()
```

注册脚本

```
15          self.fileNameKw = AFXStringKeyword(self.cmd, 'fileName', True, '')
```

对话框脚本中的第 37 行，将自定义类 Custom_pluginDBFileHandler 实例化。

第 38 行~第 43 行，创建水平框架布局。

第 44 行~第 45 行，创建文本框控件。

第 46 行~第 49 行，创建图标按钮控件。

可以看出，文件选择对话框控件实际是由文本框控件和按钮控件通过水平框架布局组成的。

Custom_pluginDBFileHandler 定义于第 245 行~第 261 行，该类继承于父类 FXObject，FXObject 为 Abaqus GUI Toolkit 中级别最高的类。Custom_pluginDBFileHandler 中包含初始化方法__init__()和实例方法 activate()。初始化方法中定义了三个实例属性，它们要作为参数直接或间接用于文件选择对话框构造函数 AFXFileSelectorDialog，第 253 行和第 254 行使用 FXMAPFUNC()将当前激活的 ID 与第 256 行定义的 activate()做关联，通过发送一条消息来调用该 activate()，这条消息包含了消息 ID 和消息类型，它们分别是 AFXMode.ID_ACTIVATE 和 SEL_COMMAND。

activate()中有构造函数 AFXFileSelectorDialog，根据使用场景的不同，该构造函数有四套不同的参数。本对话框脚本中使用的构造函数为：

```
AFXFileSelectorDialog(owner, title,pathNameKw, readOnlyKw, mode=AFXSELECTFILE_ANY, patterns
=*, patternIndexTgt=None)
```

该构造函数包含七个参数，见表 8-23。

表 8-23　构造函数 AFXFileSelectorDialog 的参数

参　数	类　型	默认值	描　述
owner	FXWindow		所有者
title	String		对话框标题
pathNameKw	AFXStringKeyword		字符串类型关键字
readOnlyKw	AFXBoolKeyword		布尔类型关键字
mode	Int	AFXSELECTFILE_ANY	文件选择方式
patterns	String	*	文件筛选方式
patternIndexTgt	AFXIntTarget	None	文件筛选方式索引

第一个参数 owner 的类型是 FXWindow，即 Abaqus/CAE 主窗口，由 getAFXApp().getAFXMainWindow()返回。

第二个参数 title 定义文件选择对话框的标题。

第三个参数 pathNameKw 是字符串类型关键字，由注册脚本的第 15 行创建，其参数 fileName 会作为变量，传入选取文件的路径后，再传递到内核脚本的同名变量中。

第四个参数 readOnlyKw 是布尔类型关键字，表示选中的文件是否只读，该参数在初始化方法中创建。布尔类型关键字会在 8.6.1 节中介绍。

第五个参数 mode 表示文件的选择方式，默认值为 AFXSELECTFILE_ANY，表示单选，该参数的值见表 8-24。

表 8-24　AFXFileSelectorDialog 的 mode 参数值

参数 enc	描　　述
AFXSELECTFILE_ANY	文件单选，用于保存时，文件可不存在
AFXSELECTFILE_EXISTING	文件单选，通常用于打开文件
AFXSELECTFILE_MULTIPLE	文件多选
AFXSELECTFILE_DIRECTORY	选择文件夹

第六个参数 patterns 定义被选文件的格式。

第七个参数 patternIndexTgt 定义文件格式的索引值。

实际使用中，可以限定文件的格式，比如将第 37 行改为：

```
37        fileHandler = Custom_pluginDBFileHandler(form, 'fileName', 'Model Database(*.cae)\nOutput Database(*.odb)\nINP Database(*.inp)\nAll files(*.*)')
```

重新打开实例对话框，文件选择对话框中可以筛选文件格式，如图 8-14 所示。

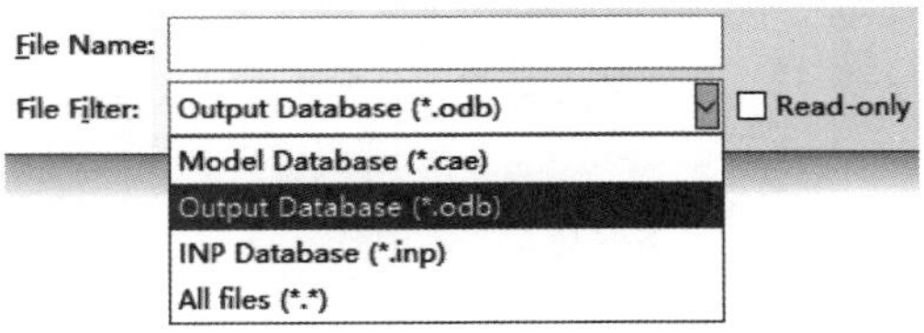

图 8-14　设置文件格式筛选

如果想把 odb 和 cae 格式的文件设为只读，可将第 259 行改为：

```
259        fileDb.setReadOnlyPatterns('*.odb\n*.cae')
```

这时选中.odb 或.cae 时，后面的 Read-only 复选按钮可以使用，勾选后表示以只读方式打开该文件，如图 8-15a 所示。而选择.inp 或 * . * 时，复选按钮不可用，如图 8-15b 所示。

a)　　　　b)

图 8-15　设置文件是否只读

该构造函数只是创建了一个文件选择对话框对象，要想将它作为文件选择对话框控件，则需要与其他语句配合使用。实例中的代码格式是固定的，除了以上介绍的修改方式，如果不了解其他部分如何修改，不建议进行改动。

8.5.2　水平框架 FXHorizontalFrame

文件选择对话框是由文本框和按钮以水平框架布局排列组合而成的，因此，需要先创建一个水平框架，并将文本框和按钮作为它的子控件，以水平方向排列。

对话框脚本的第 38 行~第 43 行创建了一个水平框架，它的构造函数为：

```
FXHorizontalFrame(p, opts=0, x=0, y=0, w=0, h=0, pl=DEFAULT_SPACING, pr=DEFAULT_SPACING, pt=DEFAULT_SPACING, pb=DEFAULT_SPACING, hs=DEFAULT_SPACING, vs=DEFAULT_SPACING)
```

它的参数与垂直框架布局相似，通常只需要设置第一个参数父控件 p，脚本中的父控件为垂直对齐。

第 43 行中，如果某控件由两个或更多个子控件组合而成，比如文件选择对话框控件和拾取控件都由两个子控件水平排列构成，RSG 对话框生成器会在水平框架布局或垂直框架布局之后自动生成该行代码。脚本中水平框架 fileTextHf 调用 setSelector(99)，设为 99 的消息 ID 并不会发送给其他控件。可以认为这是布局框架自动创建的标记，即使删除该行也没有关系。

8.5.3 按钮 FXButton 和参数 tgt/sel 第二种设置方式

对话框脚本

```
46        icon = afxGetIcon('fileOpen', AFX_ICON_SMALL )
47        FXButton(p=fileTextHf, text='\tSelect File \nFrom Dialog', ic=icon, tgt=fileHandler,
48            sel=AFXMode.ID_ACTIVATE, opts=BUTTON_NORMAL |LAYOUT_CENTER_Y,
49            x=0, y=0, w=0, h=0, pl=1, pr=1, pt=1, pb=1)
```

第 46 行创建一个图标，第 47 行～第 49 行创建一个按钮控件，并在该按钮上放置这个图标。RSG 对话框生成器中并没有单独提供按钮控件，其实它包含在文件选择对话框控件中。按钮控件的构造函数为：

```
FXButton(p, text, ic=None, tgt=None, sel=0, opts=BUTTON_NORMAL, x=0, y=0, w=0, h=0, pl=DE-
FAULT_PAD, pr=DEFAULT_PAD, pt=DEFAULT_PAD, pb=DEFAULT_PAD)
```

该构造函数的前六个参数见表 8-25。

表 8-25　构造函数 FXButton 的参数

参　数	类　型	默 认 值	描　述
p	FXComposite		父控件
text	String		按钮文本
ic	FXIcon	None	按钮图标
tgt	FXObject	None	消息目标
sel	Int	0	消息 ID
opts	Int	BUTTON_NORMAL	选项

第一个参数 p 是父控件，脚本中的父控件是水平框架。

第二个参数 text 表示按钮上显示的文本，脚本中设为 '\tSelect File\nFrom Dialog '。它与标签控件一样，\t 表示光标停留时的提示语句，\n 表示提示语句换行。

第三个参数 ic 是图标，由 afxGetIcon() 创建。该图标是 Abaqus 自带的，在 Abaqus 安装文件夹中搜索“fileOpen”即可找到。它所在的文件夹中还有一些其他图标，都可用于 RSG 对话框生成器。

第四个参数 tgt 是消息目标。与第 44 行文本框不同的是，第 47 行的参数 tgt 设为 Custom_pluginDBFileHandler 类的实例对象 fileHandler。

第五个参数 sel 是消息 ID，向目标发送命令时使用，脚本中赋值为 AFXMode.ID_ACTIVATE。

第六个参数是 opts，可以设置按钮的状态，常见的值见表 8-26。

表 8-26　FXButton 的 opts 参数值

参数 opts	描　述
BUTTON_AUTOGRAY	按钮变成灰色，不可点击
BUTTON_AUTOHIDE	按钮消失
BUTTON_TOOLBAR	按钮扁平化，无轮廓线
BUTTON_DEFAULT	成为默认按钮
BUTTON_NORMAL	按钮正常样式

在这里，按钮控件参数 tgt 和参数 sel 的设置方式与文本框控件不同。它们不再使用关键字和 0 这种方式，而是采用第二种设置方式。

当参数 tgt 设为某类的实例对象时，参数 sel 需要设为 AFXMode. ID _ ACTIVATE。AFXMode 类是 Form 模式和 Procedure 模式的父类，AFXMode.ID_ACTIVATE 表示激活当前模式的消息 ID。

以脚本中的按钮控件为例，当单击按钮时，将激活实例对象 fileHandler，从而使 fileHandler在外部运行。fileHandler 又会调用 Custom_pluginDBFileHandler 类初始化方法中的映射方法FXMAPFUNC()（第 253 行和第 254 行），通过点击消息类型 SEL_COMMAND 发送到目标 Custom_pluginDBFileHandler.activate，由 activate()创建并打开文件选择对话框。FXMAPFUNC()的使用方法将在 8.10.2 节介绍。

8.6　复选按钮和单选按钮

前几节讲述了对话框实例中第一个标签页的布局和控件，接下来介绍第二个标签页 Tab B，其中包含复选按钮控件、单选按钮控件、颜色按钮控件、分隔线和拾取控件，如图 8-16 所示，这些控件使用的关键字类型多有不同。

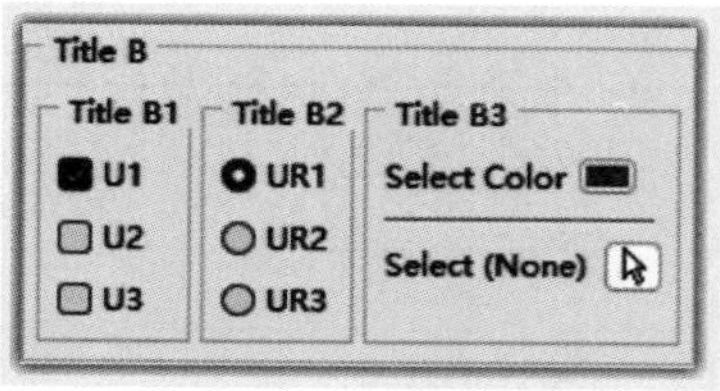

图 8-16　标签页 Tab B 中的控件

8.6.1　复选按钮 FXCheckButton 和布尔类型关键字

第 50 行~第 60 行创建了各种布局，使用的构造函数与第一个标签页 Tab A 类似，此处不再重复讲述。

对话框脚本

```
61        VFrame_1=FXVerticalFrame(p=GroupBox_4,opts=0,x=0,y=0,w=0,h=0,pl=0,pr=0,pt=0,
pb=0)
62        FXCheckButton(p=VFrame_1, text='U1', tgt=form.keyword10Kw, sel=0)
63        FXCheckButton(p=VFrame_1, text='U2', tgt=form.keyword11Kw, sel=0)
64        FXCheckButton(p=VFrame_1, text='U3', tgt=form.keyword12Kw, sel=0)
```

注册脚本

```
16        self.keyword10Kw = AFXBoolKeyword(self.cmd, 'keyword10',
17            AFXBoolKeyword.TRUE_FALSE, True, True)
18        self.keyword11Kw = AFXBoolKeyword(self.cmd, 'keyword11',
```

```
19          AFXBoolKeyword.TRUE_FALSE, True, False)
20      self.keyword12Kw = AFXBoolKeyword(self.cmd, 'keyword12',
21          AFXBoolKeyword.TRUE_FALSE, True, False)
```

第 61 行创建了一个垂直框架，以它为父控件，第 62 行～第 64 行创建的三个复选按钮控件作为子控件做垂直排列。复选按钮控件的构造函数为：

```
FXCheckButton(p, text, tgt=None, sel=0, opts=CHECKBUTTON_NORMAL, x=0, y=0, w=0, h=0, pl=DEFAULT_PAD, pr=DEFAULT_PAD, pt=DEFAULT_PAD, pb=DEFAULT_PAD)
```

该构造函数的前五个参数见表 8-27。

表 8-27 构造函数 FXCheckButton 的参数

参　数	类　型	默 认 值	描　述
p	FXComposite		父控件
text	String		文本标签
tgt	FXObject	None	消息目标
sel	Int	0	消息 ID
opts	Int	CHECKBUTTON_NORMAL	选项

第一个参数 p 是父控件，实例中的父控件是第 61 行的垂直框架 VFrame_1。

第二个参数 text 表示复选按钮的文本字符串。

第三个参数 tgt 是消息目标。以第 62 行为例，参数 tgt 设为 form.keyword10Kw，该关键字由注册脚本的第 16 行和第 17 行创建，属于布尔类型 AFXBoolKeyword。复选按钮只有选中和未选中两种状态，非常适合用布尔值表示。

第四个参数 sel 是消息 ID。从表 8-22 可以得知，tgt 为布尔类型关键字时，sel 设为 0。

第五个参数 opts 可以设置按钮的状态，常见的类型见表 8-28。不过实际使用这两个参数值时，复选框会和文本重叠在一起，效果并不好，不建议使用。

表 8-28 FXCheckButton 的 opts 参数值

参数 opts	描　述
CHECKBUTTON_AUTOGRAY	按钮变成灰色，不可点击
CHECKBUTTON_AUTOHIDE	按钮消失

RSG 对话框生成器中可以指定哪些复选按钮为默认勾选状态，这个功能并不在构造函数FXCheckButton中定义，而是在注册脚本中由关键字设定。

布尔类型关键字的构造函数为：

```
AFXBoolKeyword(command, name, booleanType=ON_OFF, isRequired=False, defaultValue=False)
```

它的各个参数见表 8-29。

表 8-29 构造函数 AFXBoolKeyword 的参数

参　数	类　型	默 认 值	描　述
command	AFXCommand		
name	String		关键字名称

（续）

参　数	类　型	默 认 值	描　述
booleanType	Type	ON_OFF	布尔值
isRequired	Bool	False	关键字是否为必需参数，通常设为 True
defaultValue	Bool	False	默认值

其中，第一、二和四个参数在 AFXKeyword 中介绍过，见表 8-20。

第三个参数 booleanType 的默认值是 ON_OFF ，也可以设为 TRUE_FALSE，它们作为布尔关键字类的属性，编写时要使用 AFXBoolKeyword.TRUE_FALSE 的形式。

第五个参数 defaultValue 是默认值，为布尔类型，表示打开对话框时该复选按钮是否为选中状态。比如注册脚本第 17 行中，该参数设为 True，打开对话框后，复选按钮为勾选状态。

8.6.2 单选按钮 FXRadioButton 和整型类型关键字

对话框脚本

```
66      VFrame_3=FXVerticalFrame(p=GroupBox_3,opts=0,x=0,y=0,w=0,h=0,pl=0,pr=0,pt=0,
pb=0)
67      FXRadioButton(p=VFrame_3, text='Red', tgt=form.VFrame3Kw1, sel=343)
68      FXRadioButton(p=VFrame_3, text='Yellow', tgt=form.VFrame3Kw1, sel=344)
69      FXRadioButton(p=VFrame_3, text='Green', tgt=form.VFrame3Kw1, sel=345)
```

注册脚本

```
22      if not self.radioButtonGroups.has_key('VFrame3'):
23          self.VFrame3Kw1 = AFXIntKeyword(None, 'VFrame3Dummy', True)
24          self.VFrame3Kw2 = AFXStringKeyword(self.cmd, 'VFrame3', True)
25          self.radioButtonGroups['VFrame3'] = (self.VFrame3Kw1, self.VFrame3Kw2, {})
26          self.radioButtonGroups['VFrame3'][2][343] = 'UR1'
27          self.VFrame3Kw1.setValue(343)
...
33      if not self.radioButtonGroups.has_key('VFrame3'):
34          self.VFrame3Kw1 = AFXIntKeyword(None, 'VFrame3Dummy', True)
35          self.VFrame3Kw2 = AFXStringKeyword(self.cmd, 'VFrame3', True)
36          self.radioButtonGroups['VFrame3'] = (self.VFrame3Kw1, self.VFrame3Kw2, {})
37      self.radioButtonGroups['VFrame3'][2][345] = 'UR3'
```

与复选按钮类似，第 66 行创建了一个垂直框架，以它为父控件，第 67 行~第 69 行创建的三个单选按钮作为子控件。单选按钮控件的构造函数为：

```
FXRadioButton(p, text, tgt=None, sel=0, opts=RADIOBUTTON_NORMAL, x=0, y=0, w=0, h=0, pl=DE-
FAULT_PAD, pr=DEFAULT_PAD, pt=DEFAULT_PAD, pb=DEFAULT_PAD)
```

它的前五个参数见表 8-30。

表 8-30　构造函数 FXRadioButton 的参数

参　数	类　型	默 认 值	描　述
p	FXComposite		父控件
text	String		文本标签

（续）

参　数	类　型	默 认 值	描　述
tgt	FXObject	None	消息目标
sel	Int	0	消息 ID
opts	Int	RADIOBUTTON_NORMAL	选项

第一个参数 p 是父控件，实例中父控件是垂直框架布局 VFrame_3。

第二个参数 text 表示单选按钮的文本字符串。

第三个参数 tgt 是消息目标。以第 67 行为例，参数 tgt 设为 form.VFrame3Kw1，该关键字由注册脚本的第 22 行~第 27 行创建，属于整型类型 AFXIntKeyword。在注册脚本中，对于单选按钮，由 RSG 对话框生成器自动生成的关键字代码看起来较为复杂，但实际使用时并不用这么麻烦，具体实例见第 10 章。

第四个参数 sel 是消息 ID。表 8-22 中，如果 tgt 为整型类型关键字且为单选按钮控件，则 sel 设为大于 0 的整数，用户可以自定义具体的数值，比如实例中 sel 自动设为 343、344 和 345。

第五个参数 opts 可以设置按钮的状态，常见的类型见表 8-31。与复选按钮一样，使用这两个参数值时，圆形图标会和文本重叠在一起，实际效果并不好。

表 8-31　FXRadioButton 的 opts 参数值

参数 opts	描　述
RADIOBUTTON_AUTOGRAY	按钮变成灰色，不可点击
RADIOBUTTON_AUTOHIDE	按钮消失

接下来介绍一下整型类型关键字，它的构造函数为：

```
AFXIntKeyword(command, name, isRequired=False, defaultValue=INT_DEFAULT, evalExpression=True)
```

它的各个参数见表 8-32。

表 8-32　构造函数 AFXIntKeyword 的参数

参　数	类　型	默 认 值	描　述
command	AFXCommand		
name	String		关键字名称
isRequired	Bool	False	关键字是否为必需参数，通常设为 True
defaultValue	Int	INT_DEFAULT	默认值
evalExpression	Bool	True	是否支持表达式求值

前三个参数略过，第四个参数是默认值，用于单选按钮控件时须传入 sel 值，表示打开对话框时，哪个单选按钮默认为选中状态。

第五个参数 evalExpression 表示是否支持表达式求值。比如整型类型关键字用于文本框控件时，将该参数设为 True，可以在文本框中填写一个数学表达式，它会自动算出结果。例如，在文本框中输入 12 * 12，在单击 OK 按钮时，该值会自动变为 144，如图 8-17 所示。不但整型类

图 8-17　文本框表达式求值前后

型关键字可以用这个功能，浮点类型关键字也可以用，区别在于整型类型关键字中表达式是否可用为可选，而浮点类型关键字无须设置，可以直接使用表达式。

注册脚本

```
56        def doCustomChecks(self):
57            for kw1,kw2,d in self.radioButtonGroups.values():
...
63            return True
```

注册脚本中，与单选按钮控件相关的还有第 56 行~第 63 行，即 Abaqus GUI 内置的实例方法 doCustomChecks()，脚本中对它进行了重写。它的作用是检查关键字获取值是否符合某条件，或者检查各关键字获取值的相互关系是否满足要求。比如可以在这个实例方法中添加 if 语句，如果某个关键字获取的值小于 0，则弹出一个提示对话框，同时返回 False，这时单击 OK 按钮，对话框不但不会关闭，还会弹出错误对话框作为提示。这个方法原本是空白的，它会被自动调用，通过重写才能起一定的作用。脚本中尽管也进行了重写，但注册脚本中有关单选按钮控件的语句比较繁复，实际有更简洁的编写方式。此处可以忽略该方法。第 10 章、第 12 章和第 13 章的实例中有重写 doCustomChecks() 的应用。

8.7 颜色按钮、分隔线和拾取控件

接下来介绍 Title B3 中的颜色按钮控件和拾取控件。

8.7.1 颜色按钮 AFXColorButton

对话框脚本

```
70        GroupBox_5 = FXGroupBox(p=HFrame_3, text='Title B3',
71            opts=FRAME_GROOVE |LAYOUT_FILL_Y)
72        btn = AFXColorButton(p=GroupBox_5, text='Select Color', tgt=form.colorKw, sel=0)
```

注册脚本

```
38        self.colorKw = AFXStringKeyword(self.cmd, 'color', True, '#FF0000')
```

颜色按钮控件较为简单，对话框脚本的第 70 行和第 71 行创建一个分组框，以它为父控件容纳第 72 行创建的颜色按钮子控件和其他子控件。颜色按钮控件的构造函数是：

```
AFXColorButton(p, text, tgt=None, sel=0, opts=0, x=0, y=0, w=0, h=0, pl=DEFAULT_SPACING, pr
=DEFAULT_SPACING, pt=DEFAULT_SPACING, pb=DEFAULT_SPACING)
```

该构造函数的前五个参数见表 8-33。

表 8-33　构造函数 FXRadioButton 的参数

参　数	类　型	默 认 值	描　述
p	FXComposite		父控件
text	String		文本标签
tgt	FXObject	None	消息目标
sel	Int	0	消息 ID
opts	Int	0	选项

第一个参数 p 是父控件，实例中的父控件是分组框控件 GroupBox_5。

第二个参数 text 表示颜色按钮前的文本。

第三个参数 tgt 是消息目标，颜色按钮使用的是字符串类型关键字。

第四个参数 sel 是消息 ID。从表 8-22 可查得，如果 tgt 为字符串类型关键字，sel 设为 0。

第五个参数 opts，可用参数值是 AFXCOLORBUTTON_VERTICAL，作用是将文本和按钮分为上下两行。

注册脚本的第 38 行中，使用 AFXStringKeyword 定义了颜色按钮的关键字。其中，最后一个参数设为默认值 '#FF0000'，它是由三个十六进制数值组成的字符串，对应的是红、绿、蓝构成三基色中的红色，用户可以改为其他三基色。此外，该参数还可以设为某个颜色的名称，在颜色对话框最后一个标签页 List 中包含大量的颜色。例如图 8-18 中，选取的颜色名为 DarkOrange，用它替代#FF0000，重新打开 Abaqus 后，对话框中默认的就是 DarkOrange 对应的颜色。

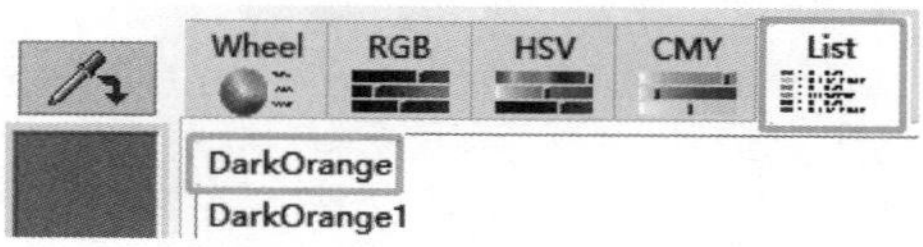

图 8-18 颜色按钮的颜色名称

8.7.2 分隔线 FXHorizontalSeparator

分隔线通常是水平的，此外还有垂直的分隔线。在对话框脚本中，第 73 行~第 76 行通过 if-else 语句判断父控件的类型，决定使用何种分隔线。如果父控件为垂直框架布局，表示其子控件是垂直排列的，则用水平分隔线将彼此隔开。

对话框脚本

```
73      if isinstance(GroupBox_5, FXHorizontalFrame):
74          FXVerticalSeparator(p=GroupBox_5, x=0, y=0, w=0, h=0, pl=2, pr=2, pt=2, pb=2)
75      else:
76          FXHorizontalSeparator(p=GroupBox_5, x=0, y=0, w=0, h=0, pl=2,pr=2,pt=2,pb=2)
```

水平分隔线和垂直分隔线分别为 FXHorizontalSeparator 和 FXVerticalSeparator，它们的构造函数为：

```
FXHorizontalSeparator(p, opts=SEPARATOR_GROOVE | LAYOUT_FILL_X, x=0, y=0, w=0, h=0, pl=1,
pr=1, pt=0, pb=0)
FXVerticalSeparator(p, opts=SEPARATOR_GROOVE | LAYOUT_FILL_Y, x=0, y=0, w=0, h=0, pl=0, pr=
0, pt=1, pb=1)
```

它们的前两个参数见表 8-34。

表 8-34 构造函数 FXVerticalSeparator/FXHorizontalSeparator 的参数

参　数	类　型	默 认 值	描　述
p	FXComposite		父控件
opts	Int	SEPARATOR_GROOVE | LAYOUT_FILL_X	水平分隔线选项
		SEPARATOR_GROOVE | LAYOUT_FILL_Y	垂直分隔线选项

第一个参数 p 是父控件。

第二个参数 opts 表示分隔线的样式及布置方式，通常用默认值。

8.7.3 拾取控件和对象类型关键字

对话框脚本

```
77        pickHf = FXHorizontalFrame(p=GroupBox_5, opts=0, x=0, y=0, w=0, h=0,
78            pl=0, pr=0, pt=0, pb=0, hs=DEFAULT_SPACING, vs=DEFAULT_SPACING)
...
83        label = FXLabel(p=pickHf, text='Select' + '(None)', ic=None,
84            opts=LAYOUT_CENTER_Y|JUSTIFY_LEFT)
85        pickHandler = Custom_pluginDBPickHandler(form, form.keyword13Kw,
86            'Pick an entity', POINTS, ONE, label)
87        icon = afxGetIcon('select', AFX_ICON_SMALL )
88        FXButton(p=pickHf, text='\tPick Items in Viewport', ic=icon, tgt=pickHandler,
89            sel=AFXMode.ID_ACTIVATE, opts=BUTTON_NORMAL|LAYOUT_CENTER_Y,
90            x=0, y=0, w=0, h=0, pl=2, pr=2, pt=1, pb=1)
...
217   class Custom_pluginDBPickHandler(AFXProcedure):
218       count = 0
219       def __init__(self, form, keyword, prompt, entitiesToPick, numberToPick, label):
220           self.form = form
221           self.keyword = keyword
222           self.prompt = prompt
223           self.entitiesToPick = entitiesToPick # Enum value
224           self.numberToPick = numberToPick # Enum value
225           self.label = label
226           self.labelText = label.getText()
227           AFXProcedure.__init__(self, form.getOwner())
228           Custom_pluginDBPickHandler.count += 1
229           self.setModeName('Custom_pluginDBPickHandler%d'
230               % (Custom_pluginDBPickHandler.count) )
231       #~~~~~~~~~~~~~~~~~~~~~~~~~~~~~~~~~~~~~~~~~~~~~~~~~~~~~~~~~~~~~~~~~~~~~~
232       def getFirstStep(self):
233           return  AFXPickStep(self, self.keyword, self.prompt,
234               self.entitiesToPick, self.numberToPick, sequenceStyle=TUPLE)
235       def getNextStep(self, previousStep):
236           self.label.setText( self.labelText.replace('None', 'Picked') )
237           return None
238       def deactivate(self):
239           AFXProcedure.deactivate(self)
240           if  self.numberToPick == ONE and self.keyword.getValue() and \
241               self.keyword.getValue()[0]! ='<':
242               sendCommand(self.keyword.getSetupCommands() + '\nhighlight(%s)'
243                   % self.keyword.getValue())
```

注册脚本

```
13        pickedDefault = ''
...
39        self.keyword13Kw = AFXObjectKeyword(self.cmd, 'keyword13', TRUE, pickedDefault)
```

与文件选择对话框类似，拾取控件也由标签和按钮以水平形式组成。第 77 行和第 78 行先创建了一个水平框架布局，接着第 83 行和第 84 行创建一个标签。第 85 行和第 86 行将名为 Custom_pluginDBPickHandle 的类实例化，该类位于第 217 行~第 243 行，这个自定义的类继承自父类 AFXProcedure。前面介绍过，Abaqus GUI Toolkit 有两种模式，分别是 Form 模式和 Procedure 模式。两者的区别在于，Form 模式通过对话框收集用户输入的数据，Procedure 模式则通过在 Abaqus/CAE 视图区拾取实体的方法收集数据。拾取控件是典型的 Procedure 模式。

第 87 行创建了一个图标，这个图标是 Abaqus 自带的，可以在安装文件夹中找到。

第 88 行~第 90 行创建了一个按钮，将自定义类的实例对象设为消息目标，一旦单击按钮，便会激活拾取控件，按钮参数 tgt 和 sel 的设置方式与文件选择对话框控件一样。

第 219 行~第 230 行是自定义类的初始化方法。初始化方法中定义了几个实例属性，它们将作为参数用于拾取构造函数 AFXPickStep() 中。

第 232 行~第 234 行定义的实例方法 getFirstStep() 与注册脚本中的 getFirstDialog() 有些相似，不过它只用于 Procedure 模式。Abaqus GUI 规定，Procedure 模式中必须有 getFirstStep()，它的作用是得到并返回在 Procedure 模式中的第一步操作结果。

Procedure 模式允许多步操作，用户按照提示拾取并返回实体后，会自动执行第 235 行~第 237 行的 getNextStep()。getNextStep() 包含参数 previousStep，它并不需要赋值。此外，如果需要循环操作，可以使用 getLoopStep() 进行设置。

上述脚本中没有做进一步的拾取，而是对标签使用 setText() 方法做修改，将 None 改为 Picked，作用是使得拾取后标签文本也会随之改变。由于没有多步拾取，getNextStep() 返回 None 即可。如果有多步拾取，可以在该实例方法中继续定义 AFXPickStep()。第 11 章将会介绍一个多步骤拾取的插件实例。

第 238 行~第 243 行重写了 deactivate()，用来执行清理任务。该方法在拾取完成后会被自动调用。重写时需要有父类调用 deactivate() 的语句，以确保正确清理。拾取实体后，通过 sendCommand() 发出内核命令，使被拾取的实体高亮显示。

在这个自定义类中，要注意的是第 233 行的拾取构造函数 AFXPickStep()。它的语法格式为：

```
AFXPickStep(owner, keyword, prompt, entitiesToPick, numberToPick=ONE, highlightLevel=1, sequenceStyle=ARRAY)
```

它的参数见表 8-35。

表 8-35　构造函数 AFXPickStep 的参数

参　数	类　型	默 认 值	描　述
owner	AFXProcedure		
keyword	AFXObjectKeyword		对象类型关键字
prompt	String		提示语句
entitiesToPick	Int		拾取实体的类型
numberToPick	pickAmountEnum	ONE	允许拾取的数量
highlightLevel	Int	1	高亮显示
sequenceStyle	sequenceStyleEnum	ARRAY	序列的样式

第一个参数 owner 的类型是父类 AFXProcedure，设为 self 即可。

第二个参数 keyword 的类型为对象类型关键字，它的构造函数为：

```
AFXObjectKeyword(command, name, isRequired=False, defaultValue='')
```

AFXObjectKeyword 的各个参数见表 8-36，各个参数及用法与字符串类型关键字一样。

表 8-36 构造函数 AFXObjectKeyword 的参数

参 数	类 型	默 认 值	描 述
command	AFXCommand		
name	String		关键字名称
isRequired	Bool	False	关键字是否为必需参数，通常设为 True
defaultValue	String	''	默认值

注册脚本第 39 行定义了对象类型关键字，其默认值是变量 pickedDefault，它在第 13 行定义为空字符串。鼠标拾取的实体对象会赋值给关键字名称 keyword13，同时也会传入内核脚本的同名参数。

第三个参数 prompt 的类型是字符串，它会作为提示信息出现在视图下方的提示栏中。

第四个参数 entitiesToPick 的类型是整型，表示要拾取的类型，可用的类型见表 8-37。表中的参数值都是符号常量，属于整型的一种。

表 8-37 拾取控件的 entitiesToPick 参数值

VERTICES	SKIN_ELEMENTS	STRINGER_ELEMENTS	DATUM_AXES	SKETCH_VERTICES	SKINS
EDGES	ELEMENT_EDGES	MAX_DIMENSION	DATUM_PLANES	SKETCH_GEOMETRIES	INSTANCES
FACES	ELEMENT_FACES	REFERENCE_POINTS	DATUM_CSYS	SKETCH_DIMENSIONS	POINTS
CELLS	NODES	INTERESTING_POINTS	REMOVABLE_EDGES	SKETCH_CONSTRAINTS	LINES
STRINGERS	ELEMENTS	DATUM_POINTS	FEATURES	SKETCH_COORDINATES	PLANES

第五个参数 numberToPick 表示允许拾取实体的数量，值为 ONE 或 MANY。

第六个参数 highlightLevel 表示高亮显示级别，一共有四个可选值，分别为 1~4，默认的级别是 1。

第七个参数 sequenceStyle 表示序列样式，值为 ARRAY 或 TUPLE。默认是 ARRAY，对话框脚本中用的是 TUPLE。

8.8 列表、下拉列表、微调和滑块

第三个标签页 Tab C 中有四个控件，如图 8-19 所示，分别是列表控件、下拉列表控件、微调控件和滑块控件。

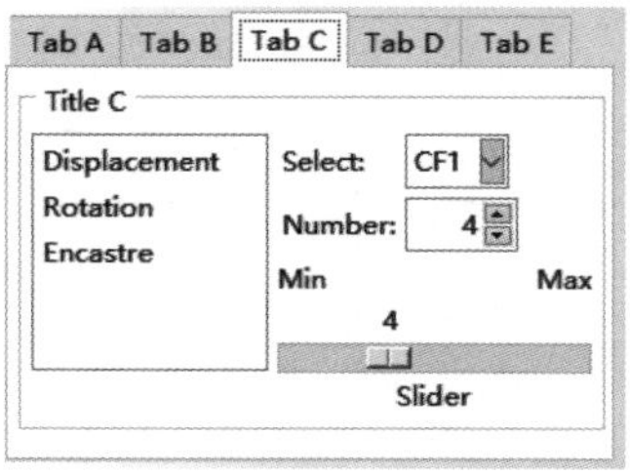

图 8-19 标签页 Tab C 中的控件

8.8.1 列表 AFXList 和列表项

对话框脚本

```
100        listVf = FXVerticalFrame(p=HFrame_4, opts=FRAME_SUNKEN|FRAME_THICK,
101            x=0, y=0, w=0, h=0, pl=0, pr=0, pt=0, pb=0)
...
106        List_1 = AFXList(p=listVf, nvis=5, tgt=form.keyword14Kw, sel=0,
107            opts=HSCROLLING_OFF |LIST_SINGLESELECT)
108        List_1.appendItem(text='Displacement')
109        List_1.appendItem(text='Rotation')
110        List_1.appendItem(text='Encastre')
```

注册脚本

```
40         self.keyword14Kw = AFXStringKeyword(self.cmd, 'keyword14', True, '')
```

第 100 行和第 101 行创建了一个垂直框架布局，它作为父控件，容纳了第 106 行和第 107 行创建的列表控件。列表控件的构造函数为：

```
AFXList(p, nvis, tgt=None, sel=0, opts=0, x=0, y=0, w=0, h=0)
```

该构造函数的前五个参数见表 8-38。

表 8-38 构造函数 AFXList 的参数

参 数	类 型	默 认 值	描 述
p	FXComposite		父控件
nvis	Int		列表可见项的数量
tgt	FXObject	None	消息目标
sel	Int	0	消息 ID
opts	Int	0	选项

第一个参数 p 是父控件。

第二个参数 nvis 是列表项可见的数量，如果设置较小，会自动出现垂直滚动条。

第三个参数 tgt 是消息目标，列表控件使用的是字符串类型关键字。

第四个参数 sel 是消息 ID，当消息目标是字符串类型关键字时，sel 为 0。

第五个参数 opts 是选项。脚本中的 opts 有两个参数值，为 HSCROLLING_OFF | LIST_SINGLESELECT。

HSCROLLING_OFF 表示不会出现水平滚动条，关于滚动条的参数值见表 8-39。

表 8-39 滚动条的参数值

参 数 值	描 述
SCROLLERS_NORMAL	需要时自动显示滚动条
HSCROLLER_ALWAYS	总是显示水平滚动条
HSCROLLER_NEVER	从不显示水平滚动条
VSCROLLER_ALWAYS	总是显示垂直滚动条
VSCROLLER_NEVER	从不显示垂直滚动条
HSCROLLING_ON	需要时自动显示水平滚动条

（续）

参 数 值	描 述
HSCROLLING_OFF	关闭水平滚动条
VSCROLLING_ON	需要时自动显示垂直滚动条
VSCROLLING_OFF	关闭垂直滚动条
SCROLLERS_TRACK	滚动条与列表项同步滚动
SCROLLERS_DONT_TRACK	滚动条与列表项不同步滚动

LIST_SINGLESELECT 表示列表项为单选，关于选择方式的参数值见表 8-40。

表 8-40　选择方式的参数值

参 数 值	描 述
LIST_EXTENDEDSELECT	拖拽选择
LIST_SINGLESELECT	单选
LIST_BROWSESELECT	必选一项
LIST_MULTIPLESELECT	多选
LIST_AUTOSELECT	光标自动选择

除了滚动条和选择的参数值外，列表的参数 opts 还可以设为 AFXLIST_NO_AUTOCOMMIT，表示不能用双击的方式提交。

当选择方式设为 LIST_BROWSESELECT 时，表示必选一项，这时可以通过双击列表项自动提交对话框。在 Abaqus GUI Toolkit 中，有专门的内部代码处理来自列表的双击消息。用户双击列表项，对话框会先尝试调用 Apply 按钮消息处理程序。如果没有 Apply，则尝试调用 Continue 按钮。如果没有 Continue，则会尝试调用 OK 按钮。通过双击列表项直接提交对话框，可以省去一次鼠标点击。

用户有时候会习惯性地双击，为了防止其他控件尚未设置好就双击提交对话框，可以增加参数值 AFXLIST_NO_AUTOCOMMIT 来减少误操作。

第 108 行~第 110 行为创建列表项，列表控件和下拉列表控件在创建项时都可调用 appenditem()。此外，项还有一些常用方法，比如插入项 insertItem()、替换项 replaceItem() 和移除项 removeItem() 等，在实际使用时可以结合 if 判断语句灵活使用。

8.8.2 下拉列表 AFXComboBox 和浮点类型关键字

对话框脚本

```
VFrame_4=FXVerticalFrame(p=HFrame_4,opts=0,x=0,y=0,w=0,h=0,pl=0,pr=0,pt=0,pb=0)
VAligner_4=AFXVerticalAligner(p=VFrame_4,opts=0,x=0,y=0,w=0,h=0,pl=0,pr=0,pt=0,pb=0)
ComboBox_2 = AFXComboBox(p=VAligner_4, ncols=0, nvis=1, text='Select:',
    tgt=form.keyword17Kw, sel=0)
ComboBox_2.setMaxVisible(10)
ComboBox_2.appendItem(text='CF1')
ComboBox_2.appendItem(text='CF2')
ComboBox_2.appendItem(text='CF3')
```

注册脚本

```
        self.keyword17Kw = AFXStringKeyword(self.cmd, 'keyword17', True)
```

第 111 行和第 112 行分别创建了垂直框架和垂直对齐，并以垂直对齐布局为父控件，容纳了下拉列表控件和滑块控件。第 113 行和第 114 行创建的是下拉列表控件。它的构造函数为：

```
AFXComboBox(p, ncols, nvis, text, tgt=None, sel=0, opts=0, x=0, y=0, w=0, h=0, pl=DEFAULT_PAD, pr=DEFAULT_PAD, pt=DEFAULT_PAD, pb=DEFAULT_PAD)
```

该构造函数的前七个参数见表 8-41。

表 8-41　构造函数 AFXComboBox 的参数

参　数	类　型	默 认 值	描　述
p	FXComposite		父控件
ncols	Int		列表框的宽度，0 为自动宽度
nvis	Int		下拉列表可见项的数量
text	String		文本标签
tgt	FXObject	None	消息目标
sel	Int	0	消息 ID
opts	Int	0	选项

第一个参数 p 是父控件。

第二个参数 ncols 表示列表的水平宽度，设为 0 表示自动适应对话框。

第三个参数 nvis 在列表控件中出现过，表示下拉可见列表项的数量。对话框脚本中设为 1，但在对话框中却能显示全部项，这是因为第 115 行使用 setMaxVisible() 把最大可见数量改成了 10。

第四个参数 text 是文本标签。

第五个 tgt 是消息目标，下拉列表默认使用字符串关键字。

第六个 sel 是消息 ID，当消息目标为字符串类型关键字时，sel 为 0。

第七个参数 opts 是选项，可用的参数值见表 8-42。

表 8-42　AFXComboBox 的 opts 参数值

参 数 值	描　述
AFXCOMBOBOX_CHECKBUTTON	下拉列表前有复选按钮
AFXCOMBOBOX_RADIOBUTTON	下拉列表前有单选按钮
AFXCOMBOBOX_VERTICAL	文本标签和下拉列表框分为两行
AFXCOMBOBOX_FLOAT	项为浮点类型
AFXCOMBOBOX_READONLY	下拉列表为只读
AFXCOMBOBOX_SPINNER	下拉列表前增加微调箭头

默认情况下，下拉列表返回的是字符串，通过参数值 AFXCOMBOBOX_FLOAT 可将返回

值改成浮点型。例如使用该参数值后，将第 116 行～第 118 行改为如下浮点数。不过，此处的浮点数仍须为字符串类型。

对话框脚本

```
116        ComboBox_2.appendItem(text='3.0')
117        ComboBox_2.appendItem(text='3.14')
118        ComboBox_2.appendItem(text='3.14159')
```

增添下拉列表项的方法是 appendItem(text, sel)，需要注意的是，它的参数 sel 并不是常见的消息 ID，而是选择器，默认值为 0，脚本中并没有设置。第 9 章的插件实例中也使用了该方法，参数 sel 设为其他值。

仅在对话框中改为浮点型是不够的，还须在注册脚本的第 41 行将关键字改为浮点类型 AFXFloatKeyword，此处的 3.14 为默认值，如下：

注册脚本

```
41      self.keyword17Kw = AFXFloatKeyword(self.cmd, 'keyword17', True, 3.14, precision = 6)
```

修改注册脚本后，重新启动 Abaqus 才能生效。打开对话框，选中一个数字提交，能看出参数 keyword17 的赋值为 3.14，如图 8-20 所示。

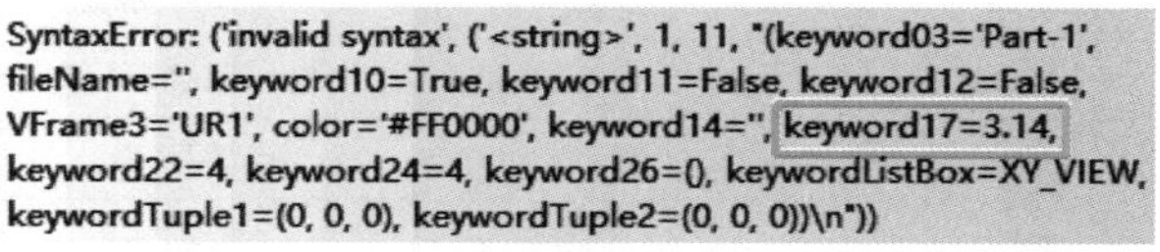
SyntaxError: ('invalid syntax', ('<string>', 1, 11, "(keyword03='Part-1', fileName='', keyword10=True, keyword11=False, keyword12=False, VFrame3='UR1', color='#FF0000', keyword14='', keyword17=3.14, keyword22=4, keyword24=4, keyword26=(), keywordListBox=XY_VIEW, keywordTuple1=(0, 0, 0), keywordTuple2=(0, 0, 0))\n"))

图 8-20　下拉列表返回值改为浮点型的结果

浮点类型关键字的构造函数为：

```
AFXFloatKeyword(command, name, isRequired=False, defaultValue=FLOAT_DEFAULT, precision=6)
```

AFXFloatKeyword 的各个参数见表 8-43。

表 8-43　构造函数 AFXFloatKeyword 的参数

参　数	类　型	默 认 值	描　述
command	AFXCommand		
name	String		关键字名称
isRequired	Bool	FALSE	关键字是否为必需参数，通常设为 True
defaultValue	Float	FLOAT_DEFAULT	默认值
precision	Int	6	浮点数转为字符串的位数

浮点类型关键字的参数和整型关键字相似，区别是浮点类型关键字多了参数 precision，它表示将浮点数转为字符串的位数，默认是 6 位，但不是指小数点后 6 位，而是包含小数点前后所有位。对话框脚本中的位数超过 6 位时，该项在下拉列表中无法选中。如果数字较多，需要将 precision 调大。

下拉列表控件可以利用 setEditable(edit) 设置是否可以在下拉列表框中直接输入内容，参数 edit 为 True 或 False。例如在第 118 行之后添加以下代码，下拉列表的效果如图 8-21 所示。

```
ComboBox_2.setEditable(True)
```

与列表项一样，下拉列表项也可以使用插入项 insertItem()、替换项 replaceItem()和移除项 removeItem()等方法来实现项的操作。

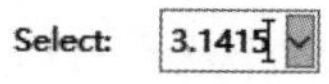

图 8-21　下拉列表框可输入内容

8.8.3　微调 AFXSpinner/AFXFloatSpinner

```
对话框脚本
119        spinner = AFXSpinner(VAligner_4, 4, 'Number:', form.keyword22Kw, 0)
120        spinner.setRange(1, 10)
121        spinner.setIncrement(1)
注册脚本
42         self.keyword22Kw = AFXIntKeyword(self.cmd, 'keyword22', True, 4)
```

第 119 行创建的是整型微调控件。微调控件分为整型和浮点型两种，它们的构造函数不一样，分别为：

```
AFXSpinner(p, ncols, labelText, tgt=None, sel=0, opts=0, x=0, y=0, w=0, h=0, pl=DEFAULT_PAD, pr=DEFAULT_PAD, pt=DEFAULT_PAD, pb=DEFAULT_PAD)
AFXFloatSpinner(p, ncols, labelText, tgt=None, sel=0, opts=0, x=0, y=0, w=0, h=0, pl=DEFAULT_PAD, pr=DEFAULT_PAD, pt=DEFAULT_PAD, pb=DEFAULT_PAD)
```

二者的前五个参数一样，见表 8-44。

表 8-44　构造函数 AFXSpinner/AFXFloatSpinner 的参数

参　数	类　型	默 认 值	描　述
p	FXComposite		父控件
ncols	Int		微调框的宽度
labelText	String		文本标签
tgt	FXObject	None	消息目标
sel	Int	0	消息 ID
opts	Int	0	选项

第一个参数 p 是父控件。

第二个参数 ncols 表示微调框的水平宽度。

第三个参数 labelText 是文本标签。

第四个参数 tgt 是消息目标，类型分别为整型关键字和浮点类型关键字。

第五个参数 sel 是消息 ID，不管使用哪个构造函数，sel 都为 0。

第六个参数 opts 是选项，可选的参数值见表 8-45。

表 8-45　AFXSpinner/AFXFloatSpinner 的参数 opts

参 数 值	描　述
AFXSPINNER_CHECKBUTTON/AFXFLOATSPINNER_CHECKBUTTON	微调框前有复选按钮
AFXSPINNER_RADIOBUTTON/AFXFLOATSPINNER_RADIOBUTTON	微调框前有单选按钮

（续）

参数值	描述
AFXSPINNER_VERTICAL/AFXFLOATSPINNER_VERTICAL	文本标签和微调框分为两行
AFXSPINNER_READONLY/AFXFLOATSPINNER_READONLY	微调框为只读

在 RSG 对话框生成器中，微调控件需要设置一些参数，如图 8-22 所示。在对话框脚本中，这些参数并不是由构造函数设置的，而是使用实例方法设定的。

以整型微调控件为例，脚本第 120 行使用 setRange()设置取值范围，默认是 1~10。如果输入值超出 10，会以 10 返回。同样，输入值小于 1，也会以 1 返回。

第 121 行，使用 setIncrement()设置每次点击小箭头的增量值，默认为 1。

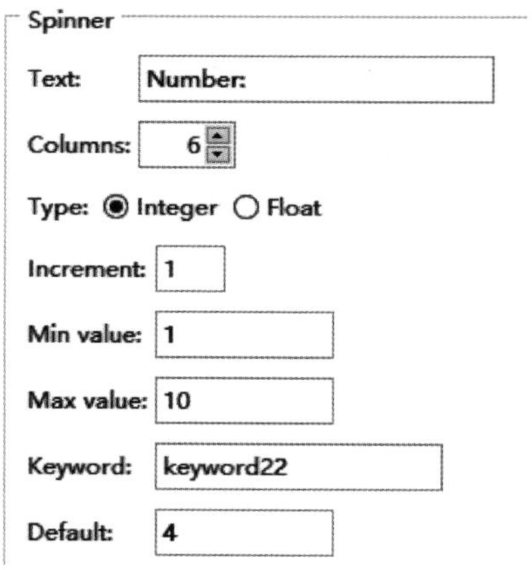

图 8-22　RSG 对话框生成器中的微调控件

8.8.4　滑块 AFXSlider

对话框脚本

```
122        slider = AFXSlider(VFrame_4, form.keyword24Kw, 0,
123            AFXSLIDER_INSIDE_BAR |AFXSLIDER_SHOW_VALUE|LAYOUT_FIX_WIDTH,
124            0, 0, 140, 0)
125        slider.setTitleLabelText('Slider')
126        slider.setTitleLabelJustify(JUSTIFY_CENTER_X)
127        slider.setMinLabelText('Min')
128        slider.setMaxLabelText('Max')
129        slider.setRange(1, 10)
```

注册脚本

```
43         self.keyword24Kw = AFXIntKeyword(self.cmd, 'keyword24', True, 4)
```

第 122 行~第 124 行创建了滑块控件，它表现为一个可以拖动的按钮，通过拖拽来指定数值。它的作用与微调控件相似，却更为直观，缺点是无法手动输入数值。

滑块控件的构造函数为：

```
AFXSlider(p, tgt=None, sel=0, opts=AFXSLIDER_NORMAL, x=0, y=0, w=0, h=0, pl=0, pr=0, pt=0, pb=0)
```

它的前四个参数见表 8-46。

表 8-46　构造函数 AFXSlider 的参数

参数	类型	默认值	描述
p	FXComposite		父控件
tgt	FXObject	None	消息目标

（续）

参　数	类　型	默 认 值	描　述
sel	Int	0	消息 ID
opts	Int	AFXSLIDER_NORMAL	选项

第一个参数 p 是父控件。

第二个参数 tgt 是消息目标，通常为整型关键字。

第三个参数 sel 是消息 ID，当消息目标是整型关键字时，sel＝0。

第四个参数 opts 是选项，可选的参数值见表 8-47。

表 8-47　AFXSlider 的 opts 参数值

参 数 值	描　述	参 数 值	描　述
AFXSLIDER_HORIZONTAL	滑块水平拖动	AFXSLIDER_INSIDE_BAR	滑块在槽的内部
AFXSLIDER_VERTICAL	滑块垂直拖动	AFXSLIDER_SHOW_VALUE	显示滑块选择的值
AFXSLIDER_ARROW_UP	滑块箭头向上	AFXSLIDER_ABOVE_TITLE	滑块在标题上方
AFXSLIDER_ARROW_DOWN	滑块箭头向下	AFXSLIDER_AFTER_TITLE	滑块在标题后面
AFXSLIDER_ARROW_LEFT	滑块箭头向左	AFXSLIDER_NORMAL	正常情况
AFXSLIDER_ARROW_RIGHT	滑块箭头向右		

第 124 行中，有个参数值为 140，它对应的参数是 w，表示滑块槽的宽度。但要使它生效，还需要有参数 opts 的配合，将 opts 设为 LAYOUT_FIX_WIDTH。

滑块控件有一些参数需要用实例方法设定。例如第 125 行，用 setTitleLabelText()设置滑块标题，标题默认位于滑块条的下方；第 126 行的 setTitleLabelJustify()设置滑块标题的位置，脚本中设为 JUSTIFY_CENTER_X，表示标题在中间，改为 JUSTIFY_LEFT 则可调成左侧；第 127 行和第 128 行用 setMinLabelText()和 setMaxLabelText()设置滑块两端的文本标签；第 129 行用 setRange()设置取值范围。

默认情况下，滑块控件选择的数值是整数，它也支持浮点数，比如在注册脚本中，将第 43 行改为浮点类型关键字，如下：

```
43        self.keyword24Kw = AFXFloatKeyword(self.cmd, 'keyword24', True, 4.5)
```

同时，在对话框脚本第 129 下方增添以下一行代码：

```
slider.setDecimalPlaces(1)
```

setDecimalPlaces()的作用是设置小数点的位数，比如滑块默认的取值范围是 1～10，如果使用上述语句，小数位数设为 1，其范围会缩小十倍，为 0.1～1，效果如图 8-23 所示。如果设为 2，取值范围为 0.01～0.1。

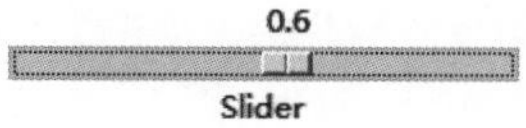

图 8-23　取值为浮点数的滑块控件

8.9　表格 AFXTable 和表格类型关键字

对话框实例的第四个标签页中，只有一个 6 行 3 列（包含行抬头和列抬头）的表格控件，如图 8-24 所示。

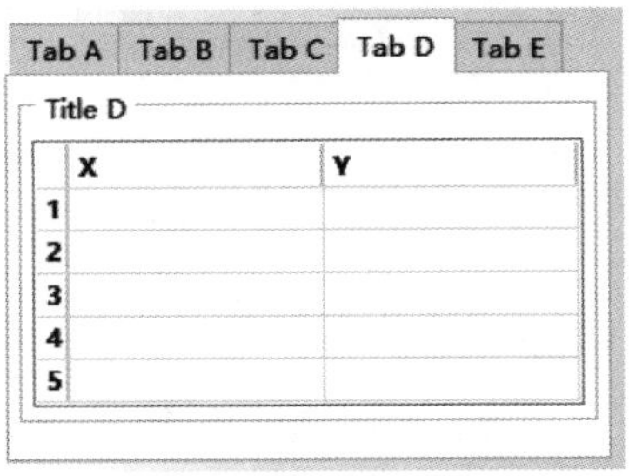

图 8-24　标签页 Tab D 中的控件

对话框脚本

```
144        table = AFXTable(vf, 6, 3, 6, 3, form.keyword26Kw, 0,
145            AFXTABLE_EDITABLE |LAYOUT_FILL_X)
146        table.setLeadingRows(1)
147        table.setLeadingColumns(1)
148        table.setColumnWidth(1, 115)
149        table.setColumnType(1, AFXTable.FLOAT)
150        table.setColumnWidth(2, 115)
151        table.setColumnType(2, AFXTable.FLOAT)
152        table.setLeadingRowLabels('X\tY')
153        table.setStretchableColumn(table.getNumColumns()-1)
154        table.showHorizontalGrid(True)
155        table.showVerticalGrid(True)
```

注册脚本

```
44        self.keyword26Kw = AFXTableKeyword(self.cmd, 'keyword26', True)
45        self.keyword26Kw.setColumnType(0, AFXTABLE_TYPE_FLOAT)
46        self.keyword26Kw.setColumnType(1, AFXTABLE_TYPE_FLOAT)
```

第 144 行和第 145 行创建了表格控件，它的构造函数为：

```
AFXTable(p, numVisRows, numVisColumns, numRows, numColumns, tgt=None, sel=0, opts=AFXTABLE_
NORMAL, x=0, y=0, w=0, h=0, pl=4, pr=4, pt=DEFAULT_MARGIN, pb=DEFAULT_MARGIN)
```

它的前八个参数见表 8-48。

表 8-48　构造函数 AFXTable 的参数

参　数	类　型	默 认 值	描　述
p	FXComposite		父控件
numVisRows	Int		可见行数
numVisColumns	Int		可见列数
numRows	Int		行数（含行抬头）
numColumns	Int		列数（含列抬头）
tgt	FXObject	None	消息目标
sel	Int	0	消息 ID
opts	Int	AFXTABLE_NORMAL	选项

第一个参数 p 是父控件。

第二个参数 numVisRows 表示表格中可见的行数。

第三个参数 numVisColumns 表示表格中可见的列数。

第四个参数 numRows 表示表格中包括行抬头的行数，不能小于 numVisRows。

第五个参数 numColumns 表示表格中包括列抬头的列数，不能小于 numVisColumns。

第六个参数 tgt 是消息目标，为表格类型关键字。

第七个参数 sel 是消息 ID，依照表 8-22，当消息目标是表格类型关键字时，sel 设为 0。

第八个参数 opts 是选项参数，可选的参数值见表 8-49。

表 8-49　AFXTable 的参数 opts

参 数 值	描　　述
AFXTABLE_COLUMN_RESIZABLE	允许更改列尺寸
AFXTABLE_ROW_RESIZABLE	允许更改行尺寸
AFXTABLE_RESIZE	允许更改行和列尺寸
AFXTABLE_NO_COLUMN_SELECT	禁止通过点击列抬头选择整列
AFXTABLE_NO_ROW_SELECT	禁止通过点击行抬头选择整行
AFXTABLE_ROW_MODE	点击单元格即可选择整行
AFXTABLE_EXTENDED_SELECT	单元格可多选
AFXTABLE_SINGLE_SELECT	单元格为单选
AFXTABLE_BROWSE_SELECT	必须选择一个单元格
AFXTABLE_EDITABLE	表格可编辑
AFXTABLE_NORMAL	默认情况

用户在表格中输入数据，提交对话框后，获取的内容是一个包含子元组的元组。每行单元格的数据构成一个子元组，所有行的子元组组成了一个元组，例如第一行输入 1 和 2，第二行输入 3 和 4，提交后返回的是((1,2)，(3,4))。如果中间单元格或行为空，空值会以 0 代替。如果最后一行或几行为空，这些空行将被省略，不会加入子元组。

表格控件的许多设置都是通过实例方法实现的。例如第 146 行和第 147 行，使用 setLeadingRows(numRows)和 setLeadingColumns(numColumns)分别设定行抬头的行数和列抬头的列数。第 148 行用 setColumnWidth (column，width) 把第二列的宽度设为 115，其中，参数 column 为从 0 开始的索引值，从列抬头开始计算；参数 width 表示宽度，单位是像素值。第 150 行再次使用同样的方法设置第三列的宽度。如果表格中大多数的列宽都一致，可以将第一个参数值设为-1，对个别列宽另行设置。行的高度可以用 setRowHeight(row，height)设定，参数 row 也是索引值，但不可以设为-1，参数 height 为高度。

第 149 行和第 151 行利用 setColumnType(column，type)设置列的数据类型，参数 column 是列的索引值，可以为-1，作用于整个表格；参数 type 是数据类型，脚本中设为浮点型 AFXTable.FLOAT。此外还有参数值，比如字符串 TEXT、整型 INT、列表 LIST、布尔值 BOOL、图标 ICON 和颜色 COLOR，它们都需要通过 AFXTable 调用。当使用 AFXTable.TEXT 或 AFXTable.INT 时，注册脚本中的关键字也要调用 setColumnType()改为同样的数据类型，比如对注册脚本的第 45 行和第 46 行修改如下：

```
注册脚本
        self.keyword26Kw.setColumnType(0, AFXTABLE_TYPE_STRING)
        self.keyword26Kw.setColumnType(1, AFXTABLE_TYPE_INT)
```

当设为 LIST 时，表示单元格为下拉列表，需要配合其他实例方法实现，本节后面会做介绍；设为 BOOL 时，单元格会出现一个复选框；设为 COLOR 时，单元格中会出现一个颜色按钮。

第 152 行使用 setLeadingRowLabels(str,row) 设置列抬头（即位于首行的抬头），不同单元格用\t 隔开。脚本中设为' X\tY '，表示两列的抬头分别为 X 和 Y，如果不设置的话，默认为 1 和 2，依次递增。使用这个方法前，要确保表格设有列抬头。

第 153 行使用 setStretchableColumn(column) 方法设置可拖拽的列，参数是最后一列的索引值，但在实际操作中往往会受限。通过构造函数 AFXTable 中的参数 opts 设定，也可实现拖拽的功能。

第 154 行和第 155 行使用 showHorizontalGrid(on=True) 和 showVerticalGrid(on=True) 设置网格线是否可见，默认为可见，不用设置也可以。

以上是 RSG 对话框生成器创建表格时自动调用的方法，下面介绍表格控件的一些其他常用方法，这些方法保存在随书配套附件 chapter 8\customModify\customModifyDB.py 中的第 166 行~第 186 行，使用时取消注释符号。

1）setColumnEditable(column, editable)：设定列单元格是否可编辑。参数 column 是列索引，editable 是布尔值，设为 False 时禁止编辑，例如：

```
table.setColumnEditable(1, False)
```

2）setColumnFloatValue(column, value)：将整列单元格预设为相同的浮点值，还可以用 setColumnIntValue(column, value) 和 setColumnText(column, text) 将整列单元格设为整型和字符串型。以设为浮点值为例：

```
table.setColumnFloatValue(2, 12.3)                    # 对话框脚本
```

相应的，注册脚本中也要通过关键字调用 setColumnType(index, type) 更改数据类型，该方法在本小节后半段有介绍。须注意，在注册脚本中，setColumnType(index, type) 的索引值并不包含行抬头和列抬头，比如：

```
self.keyword26Kw.setColumnType(1, AFXTABLE_TYPE_FLOAT)          # 注册脚本,作用于整列
```

3）setItemFloatValue(row, column, value)：为某个单元格预设浮点值。它的三个参数分别是行索引 row、列索引 column 和值 value。同样，也可以用 setItemIntValue(row, column, value) 和 setItemText(row, column, text) 为某个单元格预设整数值和字符串值，注册脚本的关键字也要一致，例如：

```
table.setItemFloatValue(1, 1, 45.6)                             # 对话框脚本
self.keyword26Kw.setColumnType(0, AFXTABLE_TYPE_FLOAT)          # 注册脚本,作用于整列
```

4）setDefaultJustify(justify)：设置所有单元格中文字的位置，参数 justify 的值可以为 LEFT、RIGHT、CENTER、TOP、BOTTOM 和 MIDDLE 等，在使用时，它们需要用表格的实例对象或 AFXTable 调用，例如：

```
table.setDefaultJustify(table.RIGHT)
```

5）setColumnJustify(column,justify)：设置某列单元格中文字的位置，参数 column 为列的索引值，参数 justify 同上一个方法，例如：

```
table.setColumnJustify(2, table.LEFT)
```

6）setGridColor(color)：设置网格线的颜色。参数为 FXRGB()，其中输入三基色的十进制颜色码，比如 FXRGB(238,99,99)，代码如下：

```
table.setGridColor(FXRGB(238, 99, 99))
```

7）setSelTextColor(color)：设置单元格选中后文字的颜色，参数同上，例如：

```
table.setSelTextColor(FXRGB(255, 55, 55))
```

8）setSelBackColor(color)：设置单元格选中后的背景色，参数同上，例如：

```
table.setSelBackColor(FXRGB(100, 210, 90))
```

9）setItemTextColor(row,column,color)：设置某单元格中文字的颜色。前两个参数是行和列的索引值，第三个参数 color 有两种表达方式，第一种仍使用 FXRGB()，第二种是采用颜色选择对话框中的颜色名称，详见前面的图 8-18，例如：

```
table.setItemTextColor(3, 2, 'Orange')                # 或 FXRGB(255,127,0)
```

10）setItemBackColor(row,column,color)：设置某单元格的背景颜色，参数 color 也有两种方式，设置同上，例如：

```
table.setItemBackColor(2, 2, 'DeepSkyBlue3')            # 或 FXRGB(0,154,205)
```

有时列抬头为两行，顶部的列抬头做合并，下面的列抬头分为多个小项，比如图 8-25 中的抬头样式。这时，需要将第 146 行的 setLeadingRows(1) 的参数由 1 改为 2，即把列抬头设为 2 行，接着配合以下第 11）~13）个方法共同实现。

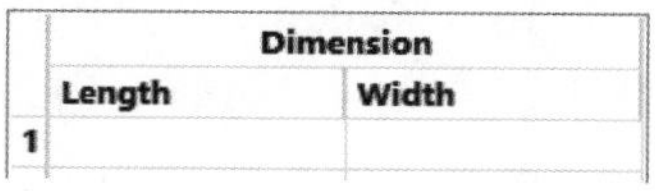

图 8-25 两行列抬头

11）setItemSpan(row,column,numRows,numColumns)：合并单元格。该方法共有四个参数，前两个是行和列索引，构成一个单元格坐标，表示合并单元格的起始位置。后两个参数是想要合并的行数和列数，表示从单元格坐标开始，向下合并多少行，以及向右合并多少列。例如setItemSpan(0,1,1,2)，表示从第一行第二列的单元格开始，仅在当前 1 行向右合并 2 列，例如：

```
table.setItemSpan(0, 1, 1, 2)
```

12）setLeadingRowLabels(str,row)：设置列抬头的标题，参数 str 是标题文本，参数 row 是行索引。修改后的对话框脚本 customModifyDB.py 中用了两次该方法，第一次将首行的列抬头标题设为 Dimension，第二次把第二行的列抬头分别设成 Length 和 Width，语句为：

```
table.setLeadingRowLabels('Dimension', 0)
table.setLeadingRowLabels('Length\tWidth', 1)
```

13）setItemJustify(row,column,justify)：设置某单元格中文本的位置，参数 justify 的用法和 setColumnJustify(column,justify) 中的一样。以下语句将首行的抬头居中显示：

```
table.setItemJustify(0, 1, table.CENTER)
```

通过以上几行代码，便可制作出图 8-25 所示的两行列抬头。

14）setPopupOptions(opts)：对右击单元格弹出的菜单进行设置。脚本中的语句为：

```
table.setPopupOptions(AFXTable.POPUP_EDIT |AFXTable.POPUP_MODIFY)
```

RSG 对话框生成器中有该选项，更详细的参数值见表 8-50。

表 8-50　右击单元格的参数值

参 数 值	描　述	参 数 值	描　述
POPUP_NONE	不显示右键菜单	POPUP_CLEAR_CONTENTS	清除内容
POPUP_CUT	剪切	POPUP_MODIFY_ROW	修改行
POPUP_COPY	复制	POPUP_MODIFY_COLUMN	修改列
POPUP_PASTE	粘贴	POPUP_MODIFY	含修改行和修改列
POPUP_EDIT	含剪切、复制和粘贴	POPUP_READ_FROM_FILE	文件读取
POPUP_INSERT_ROW	插入行	POPUP_WRITE_TO_FILE	文件写出
POPUP_INSERT_COLUMN	插入列	POPUP_FILE	含文件读取和写出
POPUP_DELETE_ROW	删除行	POPUP_ALL	显示所有项
POPUP_DELETE_COLUMN	删除列		

15）setItemEditable(row,column,editable)，设置某单元格是否为可编辑状态。前两个参数仍为行和列的索引，参数 editable 为 True 表示单元格可编辑，设为 False 为只读，例如：

```
table.setItemEditable(2, 2, False)
```

16）shadeReadOnlyItems(shadeItems)，与上面一行代码配合使用，设置只读单元格的背景色。参数 shadeItems 为布尔值，设为 True 时，只读单元格的背景为灰色，如为 False 则表示不改变背景色，例如：

```
table.shadeReadOnlyItems(True)
```

使用以上两行代码，表格中的一个单元格为只读状态，且背景色为灰色，如图 8-26 所示。

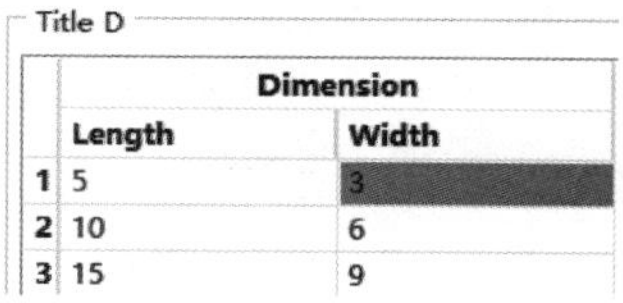

图 8-26　只读单元格背景设为灰色

前面提到过，第 149 行和第 151 行使用 setColumnType(column，type)可以设置整列的数据类型，其参数值之一为 LIST，在表格中体现为下拉列表。想要实现这个功能，需要分三步。

第一步，使用表格对象调用 addList(text,opts)，该方法在表格中添加一个列表。参数 text 设为一个字符串，其内容表现为下拉列表中的项，项和项之间以\t 隔开，例如脚本中的 table.addList('small\tmiddle\tbig')。参数 opts 默认值为 AFXTABLE_LIST_NORMAL，一般无须改动。此方法会返回一个 ID 值，脚本代码如下：

```
listId = table.addList('small\tmiddle\tbig')
```

第二步，使用 setItemType(row,column,type)或 setColumnType(column,type)设置某单元格或某列单元格的类型是 LIST，例如：

```
table.setItemType(2, 2, AFXTable.LIST)
```

第三步，使用 setItemListId(row,column,listId)或 setColumnListId(column,listId)设置某单

元格或某列单元格的列表 ID，其中，参数 listId 替换为第一步中得到的 ID 值。添加下拉列表后的表格如图 8-27 所示，同时注册脚本中需要将该列的类型改为字符串。

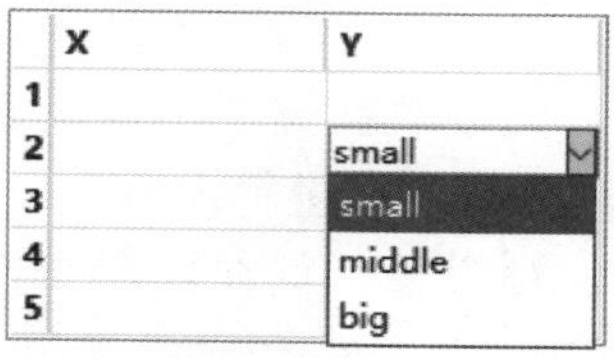

图 8-27　单元格设为下拉列表

```
table.setItemListId(2, 2, listId)                              # 对话框脚本
self.keyword26Kw.setColumnType(1, AFXTABLE_TYPE_STRING)        # 注册脚本
```

以上语句大多是对对话框脚本进行的介绍和修改，注册脚本中也要进行相应的设置。表格控件对应的是表格类型关键字，它的构造函数为：

```
AFXTableKeyword(command, name, isRequired=False, minLength=0, maxLength=-1, opts=0)
```

它的各个参数见表 8-51。

表 8-51　构造函数 AFXTableKeyword 的参数

参　数	类　型	默 认 值	描　述
command	AFXGuiCommand		
name	String		关键字名称
isRequired	Bool	FALSE	关键字是否为必需参数，通常设为 True
minLength	Int	0	最小行数
maxLength	Int	-1	最大行数，-1 为行数不受限
opts	Int	0	选项

表格类型关键字会把用户在表格中选择或输入的内容转为含子元组的元组传递给内核。

不仅是对话框脚本，注册脚本中也可以通过关键字的实例方法设置单元格的类型和预设值。比如注册脚本的第 45 行和第 46 行，表格类型关键字的实例对象调用了 setColumnType(index,type)，将第 1 列和第 2 列设为浮点数。该方法的参数 index 是列抬头的索引值，与对话框脚本中表格的实例方法不一样，注册脚本中表格方法的索引值不包含行抬头和列抬头，第二个参数 type 可以设定类型，常用类型见表 8-52。

表 8-52　setColumnType 的 type 参数值

参 数 值	描　述	参 数 值	描　述
AFXTABLE_TYPE_ANY	任意类型	AFXTABLE_TYPE_BOOL	列为布尔值，True 或 False
AFXTABLE_TYPE_INT	列为整型	AFXTABLE_TYPE_MASK	忽略数据类型
AFXTABLE_TYPE_FLOAT	列为浮点型	AFXTABLE_ALLOW_EMPTY	单元格允许为空
AFXTABLE_TYPE_STRING	列为字符串		

表格类型关键字也可以用 setValue(row,column,value)预设单元格的内容，前两个参数也是不计入抬头的行和列索引值，第三个参数 value 是字符串，即使单元格中输入的是非字符

串类型，也需以字符串的形式输入，提交后会自动转为正确类型，例如：

```
self.keyword26Kw.setValue(0, 0, '110000')
self.keyword26Kw.setValue(0, 1, '0.34')
```

注册脚本和对话框脚本都可以设定数据类型和预设值，当两者不一致时，Abaqus 会以注册脚本为准。所以，更推荐在注册脚本中进行设置。

对话框脚本中不能对整行设定预设值，但在注册脚本可以用 setRow(row,seq) 实现。参数 row 是行索引值，参数 seq 是字符串，各个单元格的文字在字符串中以逗号隔开，例如使用以下语句后，打开表格会有图 8-28 所示的预设值。

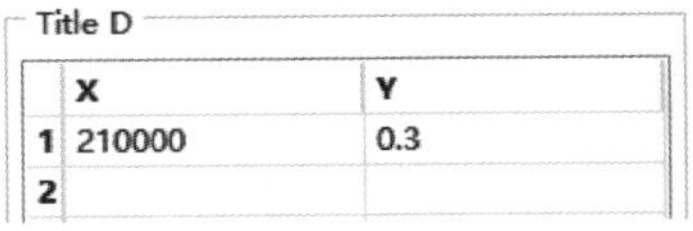

图 8-28　设置行的预设值

```
self.keyword26Kw.setRow(0, '210000, 0.3')
```

表格控件的功能较多，配合各种实例方法，创建的表格可以适应各种需求，使用起来会更加方便灵活。

8.10　下拉列表框、进度条和便签

前面介绍了 RSG 对话框生成器中的六种布局和 15 种控件，以及六种不同类型的关键字。本节将介绍对话框的第五个标签页 Tab E，如图 8-29 所示，该标签页包含三种 RSG 对话框生成器没有提供的控件，以及另外两种类型的关键字。

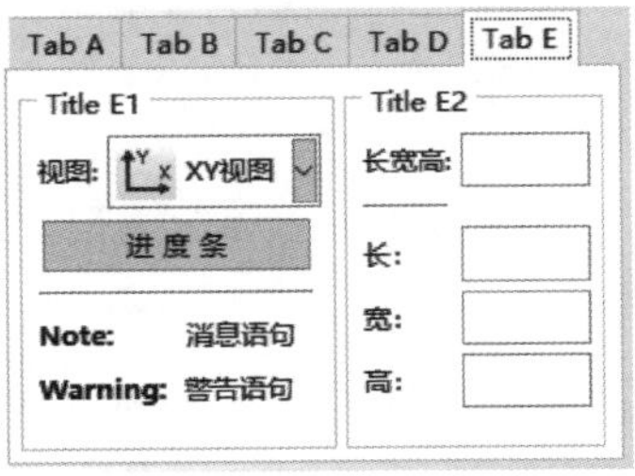

图 8-29　标签页 Tab E 中的控件

8.10.1　下拉列表框 AFXListBox 和常量类型关键字

Abaqus GUI Toolkit 提供了两种下拉列表控件：AFXComboBox 和 AFXListBox。两者用法相似，都是点击下拉箭头打开列表框后选择某项。不过它们有一些细微的差别，前面介绍过的 AFXComboBox 控件可以添加复选按钮或单选按钮，文本框中可以直接输入内容等，AFX-ListBox 控件并不具备这些功能，但它可以在项中添加图标，这是 AFXComboBox 做不到的。此外，AFXListBox 还可以运用常量类型关键字。

对话框脚本

```
ListBox = AFXListBox(p=vf_custom1, nvis=3, labelText='视图:',
    tgt=form.keywordListBoxKw, sel=0)
```

注册脚本

```
self.keywordListBoxKw = AFXSymConstKeyword(self.cmd, 'keywordListBox', True)
```

第 172 行和第 173 行创建了下拉列表框控件，它的构造函数为：

```
AFXListBox(p, nvis, labelText, tgt=None, sel=0, opts=0, x=0, y=0, w=0, h=0, pl=DEFAULT_PAD,
pr=DEFAULT_PAD, pt=DEFAULT_PAD, pb=DEFAULT_PAD)
```

该构造函数的前六个参数见表 8-53。

表 8-53　构造函数 AFXListBox 的参数

参　数	类　型	默 认 值	描　述
p	FXComposite		父控件
nvis	Int		下拉列表框可见项的数量
labelText	String		文本标签
tgt	FXObject	None	消息目标
sel	Int	0	消息 ID
opts	Int	0	选项

第一个参数 p 是父控件。

第二个参数 nvis 表示下拉列表框中可见项的数量，对话框脚本中设为 3，也可以调用 setNumVisible(nvis)来设置。

第三个参数 labelText 是列表框前的文本标签。

第四个参数 tgt 是消息目标，类型为符号常量类型关键字。

第五个参数 sel 是消息 ID，当消息目标是符号常量类型关键字时，sel 为 0，见表 8-22。

第六个参数 opts 是选项，可选的参数值见表 8-54。

表 8-54　AFXListBox 的 opts 参数值

参 数 值	描　述
AFXLISTBOX_VERTICAL	文本标签和下拉列表框分为两行
AFXLISTBOX_READONLY	下拉列表框为只读

对话框脚本

```
174        iconXY = afxCreateIcon(os.path.join(thisDir, 'icons', 'XY.png'))
175        iconXZ = afxCreateIcon(os.path.join(thisDir, 'icons', 'XZ.png'))
176        iconZY = afxCreateIcon(os.path.join(thisDir, 'icons', 'ZY.png'))
177        from symbolicConstants import SymbolicConstant
178        XY_VIEW = SymbolicConstant('XY_VIEW')
179        XZ_VIEW = SymbolicConstant('XZ_VIEW')
180        ZY_VIEW = SymbolicConstant('ZY_VIEW')
181        ListBox.appendItem(text='XY 视图', icon=iconXY, sel=XY_VIEW.getId())
182        ListBox.appendItem(text='XZ 视图', icon=iconXZ, sel=XZ_VIEW.getId())
183        ListBox.appendItem(text='ZY 视图', icon=iconZY, sel=ZY_VIEW.getId())
```

创建下拉列表框后，还需要用 appendItem(text, icon, sel)添加项。该方法有三个参数，前两个参数分别为文本标签和图标，第三个参数为消息 ID，在符号常量类型关键字中，参数 sel 需要用 getId()获取。脚本第 174 行～第 176 行创建了三个图标，作为图标参数用于 appendItem()中。

第 177 行导入了 symbolicConstant 模块中的函数 SymbolicConstant，该函数能创建符号常量。

第 178 行~第 180 行创建了三个符号常量 XY_VIEW、XZ_VIEW 和 YZ_VIEW。

符号常量的作用是增加代码的可读性。例如实例中的下拉列表框中有三种视图方式，如果把它们分别设为 1、2 和 3，不但可读性不高，调试和修改时也容易搞混；如果将 XY 视图设为 XY_VIEW、XZ 视图设为 XZ_VIEW，以及 YZ 视图设为 YZ_VIEW，它们的意思就十分明确，增强了代码的可读性。

符号常量用 SymbolicConstant()定义，它的参数为字符串，该字符串通常由大写字母、数字和下画线组成，本质上是整数。为了便于识别，建议将创建出的符号常量赋值给同名变量，例如第 178 行，创建的符号常量是 XY_VIEW，传入的变量名也为 XY_VIEW。

符号常量具有唯一的 ID，这个 ID 是 Abaqus 内部指定的，可以用 getId()获取。例如第 181 行，参数 sel 不再是 0，而是 XY_VIEW.getId()。当选择该项、提交对话框时，从下拉列表框获得的内容不是“XY 视图”，而是符号常量 XY_VIEW。符号常量还可以用于列表控件、下拉列表控件和单选按钮控件等。通过以上代码创建出的下拉列表框控件如图 8-30 所示。

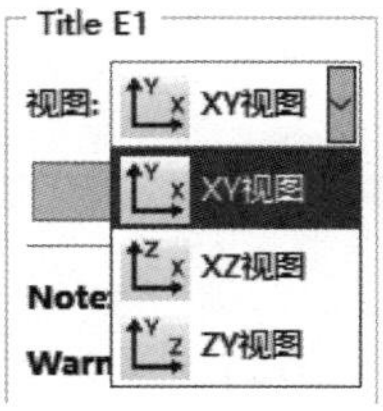

图 8-30　下拉列表框控件

对话框脚本中使用了符号常量，注册脚本中也需要创建符号常量类型关键字。符号常量类型关键字由整型关键字继承而来，它的构造函数为：

```
AFXSymConstKeyword(command, name, isRequired=False, defaultValue=0)
```

AFXSymConstKeyword 的各个参数见表 8-55，这些参数与其他类型关键字基本一致，此处不再赘述。

表 8-55　构造函数 AFXSymConstKeyword 的参数

参　数	类　型	默 认 值	描　述
command	AFXCommand		
name	String		关键字名称
isRequired	Bool	FALSE	关键字是否为必需参数，通常设为 True
defaultValue	Int	0	默认值

8.10.2　进度条 AFXProgressBar 和参数 tgt/sel 第三种设置方式

进度条控件会弹出一个窗口，用于显示进度，进度完成后会自动关闭。在需要较长时间才能完成的插件中，进度条控件比较实用。以下代码创建了一个进度条按钮，点击后会弹出图 8-31 所示的窗口。

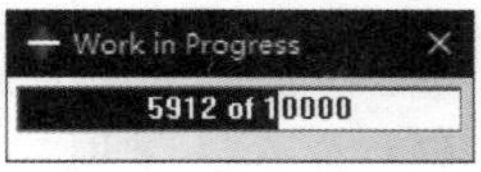

图 8-31　进度条窗口

对话框脚本
```
12      ID_PROGRESS = AFXDataDialog.ID_LAST
...
184             # ~~~~~~~~~~~~~~~~~~~进度条控件~~~~~~~~~~~~~~~~~~~
185         FXButton(vf_custom1, '进 度 条', None, self, self.ID_PROGRESS,
```

```
186             BUTTON_NORMAL |LAYOUT_CENTER_X |LAYOUT_FIX_WIDTH, 0,0,120,0)
187         self.scannerDB = ScannerDB(self)
188         FXMAPFUNC(self, SEL_COMMAND, self.ID_PROGRESS, CustomDB.onDoSomething)
...
201     #~~~~~~~~~~~~~~~~~~~进度条控件实例方法~~~~~~~~~~~~~~~~~~~
202     def onDoSomething(self, sender, sel, ptr):
203         self.scannerDB.create()
204         self.scannerDB.showModal(self)
205         getAFXApp().repaint()
206         files = []
207         for i in range(10000):
208             files.append(i)
209         self.scannerDB.setTotal(len(files))
210         for i in range(1, len(files)+1):
211             self.scannerDB.setProgress(i)
212         self.scannerDB.hide()
...
263 #用于进度条控件
264 class ScannerDB(AFXDialog):
265     def __init__(self, owner):
266         AFXDialog.__init__(self, owner, 'Work in Progress', 0, 0, DIALOG_ACTIONS_NONE)
267         self.scanner = AFXProgressBar(self, None, 0, LAYOUT_FIX_WIDTH |
268             LAYOUT_FIX_HEIGHT |FRAME_SUNKEN |FRAME_THICK |
269             AFXPROGRESSBAR_ITERATOR, 0, 0, 200, 22)
270     #~~~~~~~~~~~~~~~~~~~~~~~~~~~~~~~~~~~~~~~~~~~~~~~~~~~~~~~~~~~~~~~~~
271     def setTotal(self, total):
272         self.scanner.setTotal(total)
273     def setProgress(self, progress):
274         self.scanner.setProgress(progress)
```

进度条控件由四部分组成，其脚本流程是先在第 12 行定义一个标识符 ID，第 185 行和第 186 行定义一个按钮，接着第 202 行~第 212 行创建实例方法 onDoSomething()，该方法与标识符 ID 被映射方法 FXMAPFUNC()关联在一起，最后第 264 行~第 274 行定义一个类 ScannerDB，该类创建了进度条控件。

先介绍进度条控件。它在第 267 行~第 269 行被创建，其构造函数为：

```
AFXProgressBar(p, tgt=None, sel=0, opts=FRAME_SUNKEN | FRAME_THICK, x=0, y=0, w=0, h=0, pl=
DEFAULT_PAD, pr=DEFAULT_PAD, pt=DEFAULT_PAD, pb=DEFAULT_PAD)
```

该构造函数的前四个参数见表 8-56。

表 8-56　构造函数 AFXProgressBar 的参数

参　数	类　型	默 认 值	描　述
p	FXComposite		父控件
tgt	FXObject	None	消息目标
sel	Int	0	消息 ID
opts	Int	FRAME_SUNKEN | FRAME_THICK	选项

第一个参数 p 是父控件。

第二个参数 tgt 是消息目标，由于不需要传送数据，所以脚本中设为 None。

第三个参数 sel 是消息 ID，此处设为 0。

第四个参数 opts 是选项，除了默认值，其他参数值见表 8-57。

表 8-57 AFXProgressBar 的 opts 参数值

参数值	描述
AFXPROGRESSBAR_PERCENTAGE	进度条为百分比样式
AFXPROGRESSBAR_HORIZONTAL	进度条水平显示
AFXPROGRESSBAR_VERTICAL	进度条垂直显示
AFXPROGRESSBAR_SCANNER	进度条为扫描样式
AFXPROGRESSBAR_ITERATOR	进度条为迭代样式

参数 opts 可以设置进度条的显示样式。显示样式一共有三种，推荐使用百分比样式和迭代样式，由于扫描样式不能显示当前的进度，也不被第 271 行和第 273 行的两个实例方法所支持，故不建议使用。

此外，第 269 行最后两个参数值为 200 和 22，表示进度条的宽度为 200，高度为 22，这两个参数值需要分别和 LAYOUT_FIX_WIDTH、LAYOUT_FIX_HEIGHT 配合使用，它们都出现在参数 opts 中。

ScannerDB 类中除了创建进度条，还对两个实例方法进行重写，它们分别是 setTotal() 和 setProgress()，前者设置进度条的总进度量，后者设置进度条的当前进度量。

第 202 行~第 212 行的实例方法 onDoSomething() 中创建了含有 1 万个元素的列表，1 万即为进度条的总数量，由 setTotal() 设置。接着用 for 语句做循环，每迭代一次，就由 setProgress() 更新一次进度条。当完成 1 万次迭代后，用 hide() 关闭进度条窗口。

前面介绍过参数 tgt 和 sel 的两种设置方式，进度条控件中使用的是这两个参数的第三种设置方法，以下做详细介绍。

在第 185 行和第 186 行的按钮构造函数中，参数 tgt 设为 self，sel 设为 self.ID_PROGRESS，该值是第 12 行定义的标识符 ID AFXDataDialog.ID_LAST，同时也是类属性，它用于进度条按钮和第 188 行的映射方法 FXMAPFUNC()。当按钮被点击时，FXMAPFUNC() 能根据标识符 ID 识别哪个按钮被点击，随后调用相应的函数。可以理解为按钮有一个 ID，这个 ID 被映射（相当于指针）到某个函数，当点击该按钮后，FXMAPFUNC() 方法会根据 ID 调用这个函数。

如果用户确切地知道当前使用的最大 ID，并希望手动分配这些 ID，则可以自定义 ID，例如 ID_1 = 3001 和 ID_2 = 3002 等，再把这些 ID 变量分配给不同的按钮。但实际上用户无法得知这些 ID 是否被使用。更好的办法是让 Abaqus 自动分配 ID，通过 AFXDataDialog.ID_LAST 自动生成一个标识符 ID，该 ID 中具体的值是 AFXDataDialog 最后被分配的 ID 值+1，可以保证没有被使用过。如果需要生成更多的 ID，可以设置为 AFXDataDialog.ID_LAST+1 等。

要把标识符 ID 做映射，需要用到映射方法 FXMAPFUNC()，它的语法为：

```
FXMAPFUNC(object,messageType, messageId, method)
```

它的四个参数见表 8-58。

表 8-58　映射方法 FXMAPFUNC 的参数

参　数	类　型	描　述
object	FXObject	消息映射类的实例对象，通常为 self
messageType	Int	消息类型，如点击为 SEL_COMMAND
messageId	Int	标识符 ID
method	Function	要调用的方法

映射方法 FXMAPFUNC()的作用可以理解成将某标识符 ID 映射到某个方法中，通过某种消息类型（如点击 SEL_COMMAND）激活。

在该进度条控件中，第 188 行的 FXMAPFUNC()将消息类型 SEL_COMMAND、标识符 ID ID_PROGRESS 和实例方法 onDoSomething()作为参数，当点击进度条按钮时，会自动调用该实例方法，进而调用进度条控件。onDoSomething()须由类名 CustomDB 调用，无须加参数。

由此可见，参数 tgt 和 sel 第三种设置方式的步骤如下：

第一步，使用 AFXDataDialog.ID_LAST 创建标识符 ID。

第二步，将控件（如按钮控件）构造函数中的参数 tgt 设为 self，sel 设为标识符 ID。

第三步，使用 FXMAPFUNC()将标识符 ID 和某个实例方法以某种消息类型（如 SEL_COMMAND）做关联。

以上三步即可实现通过控件调用某实例方法的目的。

至此，本章已经介绍了控件构造函数中参数 tgt 和 sel 的三种设置方式，它们的使用场景各不相同，以下做简单归纳。

方式一：tgt=关键字，sel=0 或非 0。

当控件的作用是从对话框中收集数据时，通常采用此方式。

方式二：tgt=某类的实例对象，sel=AFXMode.ID_ACTIVATE。

当控件需要调用某类的实例对象时，可以采用此方式。比如文件选择对话框控件和拾取控件都会单独创建一个类，通过这种设置方式可以激活该类的实例对象，从而在外部执行该类。

方式三：tgt=self，sel=标识符 ID。

当控件需要调用某实例方法时，应采取这种方式。它需要与标识符 ID 和 FXMAPFUNC()配合使用。相比第二种方式，这种方式比较直接，可以直接调用实例方法，无须另外创建一个类。

8.10.3　便签 AFXNote 和元组类型关键字

便签 AFXNote 与标签 FXLabel 类似，都可以生成文本标签。不同的是，便签控件会在文本标签的前面自动添加加粗的 Note 或者 Warning，以对用户加以提醒。不过，便签控件不能显示图片。

对话框脚本

```
191        AFXNote(p=vf_custom1, message='消息语句', opts=NOTE_INFORMATION)
192        AFXNote(p=vf_custom1, message='警告语句', opts=NOTE_WARNING)
```

第 191 行和第 192 行创建了两个便签控件，如图 8-32 所示。它的构造函数为：

```
AFXNote(p, message, opts=NOTE_INFORMATION, x=0, y=0)
```

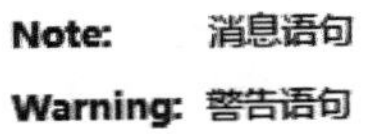

图 8-32　两种便签控件

前三个参数见表 8-59。

表 8-59　构造函数 AFXNote 的参数

参　　数	类　　型	默 认 值	描　　述
p	FXComposite		父控件
message	String		文本信息
opts	Int	NOTE_INFORMATION	选项

第一个参数 p 是父控件。

第二个参数 message 是文本标签。可以使用 \n 换行，以及 \t 光标停留提示。

第三个参数 opts 有两个可选参数值，见表 8-60。

表 8-60　AFXNote 的 opts 参数值

参 数 值	描　　述
NOTE_INFORMATION	信息标签
NOTE_WARNING	警告标签

与标签控件一样，便签控件并没有参数 tgt 和 sel。

到目前位置，已经介绍了七种类型的关键字，接下来介绍第八种：元组类型关键字。标签页 Tab E2 中垂直列出四个文本框控件，用来演示元组类型关键字的使用方法。

元组类型关键字与字符串和整型等类型关键字一样，作用也是收集数据，区别在于元组类型关键字可以同时从几个控件中收集数据，把它们作为元素合并为元组，传给关键字名称和内核。它的构造函数为：

```
AFXTupleKeyword(command, name, isRequired=False, minLength=0, maxLength=-1, opts=0)
```

其中参数见表 8-61。

表 8-61　构造函数 AFXTupleKeyword 的参数

参　　数	类　　型	默 认 值	描　　述
command	AFXCommand		
name	String		关键字名称
isRequired	Bool	False	关键字是否为必需参数，通常设为 True
minLength	Int	0	元组中元素的最小数量
maxLength	Int	-1	元组中元素的最大数量，-1 为不设限
opts	Int	0	选项

参数 minLength 和 maxLength 表示元组中元素的最小数量和最大数量，表格类型关键字中也有这两个参数。此外，它与表格类型关键字一样都没有参数 default。

选项参数 opts 可以设置元素的数据类型，常用的参数值见表 8-62。

表 8-62　AFXTupleKeyword 的 opts 参数值

参数值	描述	参数值	描述
AFXTUPLE_TYPE_ANY	任意类型	AFXTUPLE_TYPE_BOOL	列为布尔值，True 或 False
AFXTUPLE_TYPE_INT	列为整型	AFXTUPLE_TYPE_MASK	忽略数据类型
AFXTUPLE_TYPE_FLOAT	列为浮点型	AFXTUPLE_ALLOW_EMPTY	单元格允许为空
AFXTUPLE_TYPE_STRING	列为字符串		

除了构造函数，元组类型关键字还可以调用 setMaxLength(length) 和 setMinLength(length) 设置元素最大数量和最小数量，以及 setDefaultType(type) 和 setElementType(index, type) 设置元素类型。以下为脚本代码：

对话框脚本

```
196        AFXTextField(p=VAligner_5, ncols=7, labelText='长宽高:',tgt=form.keywordTuple1Kw, sel=0)
197        FXHorizontalSeparator(p=VAligner_4, x=0, y=0, w=0, h=0, pl=2,pr=2,pt=4,pb=4)
198        AFXTextField(p=VAligner_5, ncols=7, labelText='长:', tgt=form.keywordTuple2Kw, sel=1)
199        AFXTextField(p=VAligner_5, ncols=7, labelText='宽:', tgt=form.keywordTuple2Kw, sel=2)
200        AFXTextField(p=VAligner_5, ncols=7, labelText='高:', tgt=form.keywordTuple2Kw, sel=3)
```

注册脚本

```
        self.keywordTuple1Kw = AFXTupleKeyword(self.cmd, 'keywordTuple1',
            True, 3, 4, AFXTUPLE_TYPE_INT)
        self.keywordTuple2Kw = AFXTupleKeyword(self.cmd, 'keywordTuple2',
            True, 3, 4, AFXTUPLE_TYPE_INT)
```

作为对比，第 196 行创建了一个文本框控件，参数 tgt 设为 form.keywordTuple1Kw，sel 为 0。在水平分隔线下面，第 198 行~第 200 行又创建了三行文本框控件，它们的参数 tgt 都相同，设为 form.keywordTuple2Kw，参数 sel 分别为 1、2、3。

可以发现，以上四个文本框只使用了两个元组类型关键字，第一个关键字用在第一个文本框中，第二个关键字用于第二~四个文本框，可以同时收集三个文本框的数据。

第一个文本框中一次性输入长、宽、高，数字之间以逗号隔开，例如输入“10，20，30”。提交后，这三个数字自动转为元组（10，20，30），传给关键字 keywordTuple1，此处参数 sel 为 0。

第二~四个文本框中输入长、宽、高，例如分别输入 40、50、60，由于它们共同使用一个元组类型关键字，所以会组成为元组（40,50,60），传给关键字 keywordTuple2，这三个文本框控件的参数 sel 分别为 1、2 和 3。提交对话框后的提示信息如图 8-33 所示。

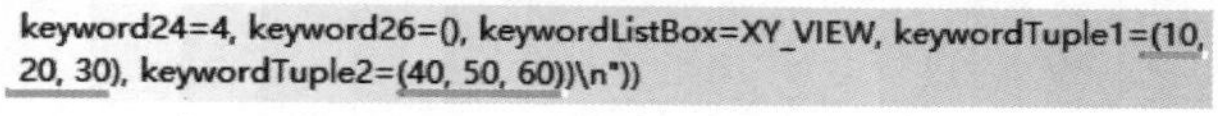

keyword24=4, keyword26=(), keywordListBox=XY_VIEW, keywordTuple1=(10, 20, 30), keywordTuple2=(40, 50, 60))\n")

图 8-33　使用元组类型关键字收集数据

如果几个控件共用一个元组类型关键字，这些控件构造函数中的参数 sel 需要从 1 开始，依次递增，不可随便填写。此外，收集数据的数量不可大于 AFXTupleKeyword() 中的 maxLength，但可小于 minLength。提交时，文本框若有空缺，按照数据类型的不同，自动以 0 或空字符串填充。

8.11 本章小结

本章展示的实例是一个使用 RSG 对话框生成器创建的对话框，该对话框中除了包含 RSG 集成的所有六种布局和 15 种控件，还有三种 RSG 没有提供的控件。本章针对自动生成的对话框脚本和注册脚本，详细介绍了每个布局和控件的创建方法，各个参数的含义和作用，以及一些控件的实例方法。同时还对脚本做了些修改和拓展，以带给读者更为全面和灵活的插件控件使用方法。

针对不同的控件，本章还介绍了八种关键字，它们用于收集对话框中输入或获取的数据信息。此外，大多数控件的构造函数中都包含参数 tgt 和 sel，它们能够将控件、实例方法和自定义类联接起来，实现更加复杂的功能，在 Abaqus 对话框 GUI 中具有很重要的作用。通常这两个参数有三种设置方式，本章也分别做了介绍。

通过本章的学习，读者能够深入了解每个布局和控件的构建方法和参数含义，为对话框的进一步开发打下扎实的基础。

第 9 章

实例：创建方钢/方管的插件

第 8 章介绍了插件对话框中常用的六种布局、18 种控件和八种关键字，以及参数 tgt 和 sel 的三种设置方式。在此基础上，本章开始进一步介绍五个插件程序的实例，重点讲解 Abaqus 插件 GUI 的高级开发内容和开发流程，深入阐述如何使用 Abaqus GUI Toolkit，实现更加复杂和更实用的插件对话框。

9.1 实例演示

本插件实例的脚本保存于随书配套附件 chapter 9 \ beamDimension 文件夹中，Abaqus Plus-ins 菜单中的名称为“第 9 章实例 创建方钢/方管”。

首先介绍插件对话框的功能，为了方便描述，本章将插件生成的模型分为方钢和方管。打开 Abaqus，单击该插件，弹出的对话框如图 9-1 所示。对话框的上方有一个下拉列表，其中包含三个列表项。当选择第一项或第二项时，将以选中的尺寸生成模型，下方的文本框为非激活状态，单击 OK 按钮后，插件将会创建相应尺寸的方钢模型；当选择第三项“自定义尺寸”时，下方的三个文本框会被激活，用户可以输入尺寸，从而创建自定义尺寸的方钢，如图 9-2a 所示，与此同时，分组框和便签控件也一同激活，它们从灰色变为黑色。无论选

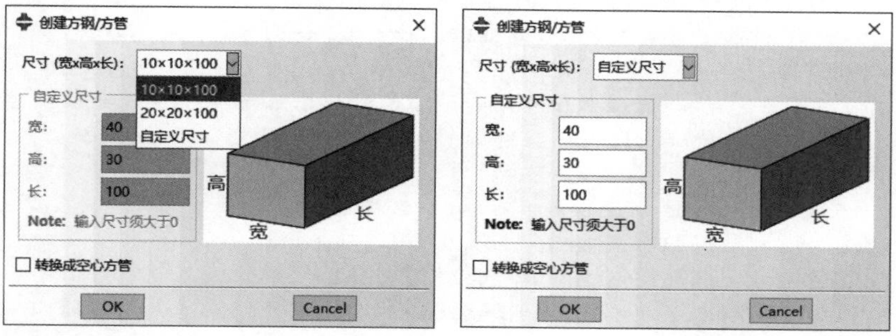

图 9-1 对话框界面

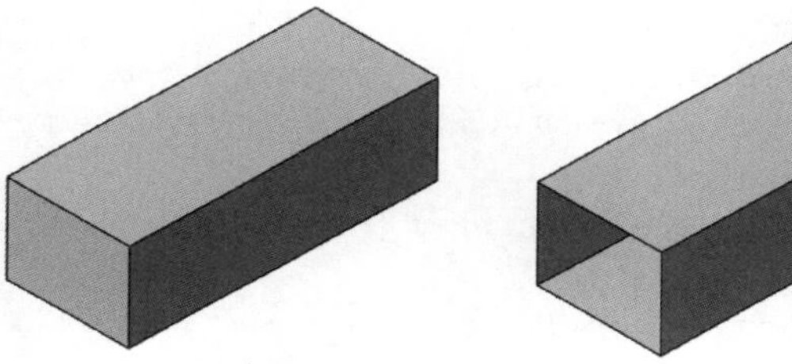

a) b)

图 9-2 方钢和方管模型

择哪个下拉列表项，用户都可以勾选最下方的复选框来创建方管，如图 9-2b 所示。

提交对话框选项的同时，Abaqus/CAE 下方的消息区域会显示同步执行的内核命令，以便用户进行调试，如图 9-3 所示。

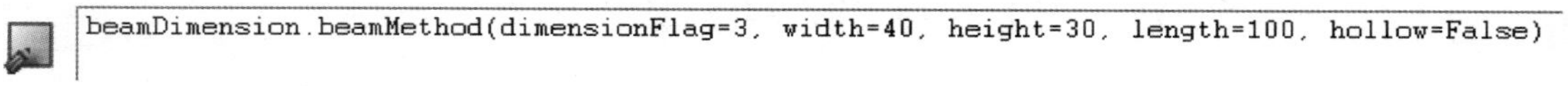
beamDimension.beamMethod(dimensionFlag=3, width=40, height=30, length=100, hollow=False)

图 9-3　消息区域的提示信息

9.2　对话框脚本

本章的插件实例由三个脚本构成，分别是对话框脚本 beamDimensionDB.py、注册脚本 beamDimension_plugin.py 和内核脚本 beamDimension.py。

9.2.1　对话框脚本代码

对话框脚本 beamDimensionDB.py

```
# -*- coding: UTF-8 -*-
from abaqusConstants import *
from abaqusGui import *
import os
thisPath = os.path.abspath(__file__)
thisDir = os.path.dirname(thisPath)
class BeamDimensionDB(AFXDataDialog):
    [ID_DimensionExist, ID_DimensionDefine] = \
            range(AFXDataDialog.ID_LAST, AFXDataDialog.ID_LAST+2)
     def __init__(self, form):
        AFXDataDialog.__init__(self, form, '创建方钢/方管', self.OK |self.CANCEL, \
            DIALOG_ACTIONS_SEPARATOR)
        VFrame_1 = FXVerticalFrame(p=self, opts=0, x=0, y=0, w=0, h=0)
        # 创建下拉列表
        ComboBox_1 = AFXComboBox(p=VFrame_1, ncols=0, nvis=3, text=' 尺寸 (宽×高×长):', \
            tgt=form.dimensionKw, sel=0)
        # 添加下拉列表的项,参数 sel 为选择器
        ComboBox_1.appendItem(text='10×10×100', sel = 1)
        ComboBox_1.appendItem(text='20×20×100', sel = 2)
        ComboBox_1.appendItem(text='自定义尺寸', sel = 3)
        HFrame_1 = FXHorizontalFrame(p=VFrame_1, opts=0, x=0, y=0, w=0, h=0)
        # 创建分组框、文本框和便签,都以 self 调用
        self.GroupBox_1=FXGroupBox(p=HFrame_1, text='自定义尺寸', \
            opts=FRAME_GROOVE |LAYOUT_FILL_X)
        VAligner_1 = AFXVerticalAligner(p=self.GroupBox_1, opts=0, x=0, y=0, w=0, h=0)
        self.length = AFXTextField(p=VAligner_1, ncols=10, labelText='宽:', \
            tgt=form.widthKw, sel=0)
        self.width = AFXTextField(p=VAligner_1, ncols=10, labelText='高:', tgt=form.hightKw, sel=0)
        self.hight = AFXTextField(p=VAligner_1, ncols=10, labelText='长:', tgt=form.lengthKw, sel=0)
```

```
30            self.note = AFXNote(p=self.GroupBox_1, message='输入尺寸须大于 0', \
31                opts=NOTE_INFORMATION)
32            icon = afxCreatePNGIcon(os.path.join(thisDir, 'beamPic.png'))
33            FXLabel(p=HFrame_1, text='', ic=icon, pt=10)
34            # 创建复选按钮
35            FXCheckButton(p=VFrame_1, text='转换成空心方管', tgt=form.hollowKw, sel=0)
36            # 映射方法
37            FXMAPFUNC(self, SEL_COMMAND, self.ID_DimensionExist, \
38                BeamDimensionDB.onDimensionExist)
39            FXMAPFUNC(self, SEL_COMMAND, self.ID_DimensionDefine, \
40                BeamDimensionDB.onDimensionDefine)
41            # 转换方法,此处的 sel 是消息选择器
42            self.addTransition(form.dimensionKw, AFXTransition.EQ, 1, self, \
43                MKUINT(self.ID_DimensionExist, SEL_COMMAND), None)
44            self.addTransition(form.dimensionKw, AFXTransition.EQ, 2, self, \
45                MKUINT(self.ID_DimensionExist, SEL_COMMAND), None)
46            self.addTransition(form.dimensionKw, AFXTransition.EQ, 3, self, \
47                MKUINT(self.ID_DimensionDefine, SEL_COMMAND), None)
48        # ~~~~~~~~~~~~~~~~~~~~~定义实例方法~~~~~~~~~~~~~~~~~~~~~
49        def onDimensionExist(self, sender, sel, ptr):
50            self.GroupBox_1.disable()
51            self.length.disable()
52            self.width.disable()
53            self.hight.disable()
54            self.note.disable()
55        def onDimensionDefine(self, sender, sel, ptr):
56            self.GroupBox_1.enable()
57            self.length.enable()
58            self.width.enable()
59            self.hight.enable()
60            self.note.enable()
```

9.2.2 转换方法 addTransition()

以上对话框脚本无需用户逐行编写，可以用 RSG 对话框生成器创建出大致的对话框，以 Standard plug-in 格式保存，获得一套完整无误的脚本，然后在此基础上修改代码，能够极大地节省时间。第 8 章已经全面介绍了各种布局和控件的创建过程，之后章节中不再重复阐述相关基础知识，而是着重介绍其他高级内容。以下介绍对话框脚本中的修改内容。

第 8 行和第 9 行创建了两个标识符 ID。标识符 ID 用于映射方法 FXMAPFUNC()，该方法的作用是将标识符 ID 和某个实例方法以某种消息类型（如 SEL_COMMAND）做关联。此外，标识符 ID 还可以与消息类型配合创建消息选择器，这个功能在后面会用到。

第 18 行~第 20 行的 appendItem()为下拉列表项，其中的参数 sel 并不是常见的消息 ID，而是选择器。脚本中设为 1、2 和 3，它们将在接下来的转换方法 addTransition()中使用。

第 37 行~第 40 行的映射方法 FXMAPFUNC()中，开头的两个标识符 ID 分别和后面的两个实例方法通过消息类型 SEL_COMMAND 做了关联，FXMAPFUNC()的用法详见第 8.10.2 节。

第 42 行~第 47 行的 addTransition()是转换方法，也是本脚本的核心。它是 AFXDataDialog

类的实例方法，其作用是向对话框添加一个状态转换。具体语法为：

```
addTransition(keyword, op, value, tgt, sel, ptr=None)
```

它的各个参数见表 9-1。

表 9-1 addTransition 的参数

参 数	类 型	默 认 值	描 述
keyword	AFXIntKeyword		关键字
op	AFXTransition::Operator		运算类型
value	Int		参考值
tgt	FXObject		消息目标
sel	Int		消息选择器
ptr	String	None	消息数据

第一个参数 keyword 是关键字，该参数有整型、浮点型、布尔类型等六种不同类型的关键字。本实例中使用的是 form.dimensionKw，它在注册脚本中对应的是整型关键字。

第二个参数 op 是一种运算类型。运算类型共有六种，见表 9-2，使用时需要由 AFX-Transition 调用。

表 9-2 addTransition 的 op 参数值

参 数 值	描 述	参 数 值	描 述
EQ	等于	LE	小于等于
NE	不等于	GT	大于
LT	小于	GE	大于等于

脚本中使用的是 AFXTransition.EQ，表示将关键字与下拉列表项的 1、2、3 做是否相等的运算。

第三个参数 value 是参考值，表示该值要参与某种运算。

第四个参数 tgt 是消息目标，设为对话框本身 self。

第五个参数 sel 并不是第 8 章中常见的消息 ID，而是消息选择器。消息选择器是由 MKUINT(messageId, messageType)创建的。MKUINT()是专门创建消息选择器的方法，它的参数为标识符 ID 和消息类型。脚本第 43 行的参数 sel 设为 MKUINT（self.ID_DimensionExist, SEL_COMMAND）。

第六个参数 ptr 是消息数据，通常设为默认值 None。

addTransition()中的前三个参数值为一个表达式，将第一个参数值与第三个参数值通过某种运算类型做比较。当表达式为真时，会将本方法中的消息发送给消息目标。

本插件以下拉列表为例，当选择下拉列表的第一项时，表示第 18 行 appenditem 添加的项被选中，该项选择器的值为 1，与第 42 行和第 43 行 addTransition()中的 1 相等，从而会发送标识符 ID ID_DimensionExist 给对话框对象，与 FXMAPFUNC()中与该标识符 ID 关联的实例方法 onDimensionExist()会被激活并执行。类似地，当选择第三项时，参数 sel 为 3，与第 46 行和第 47 行 addTransition()中的 3 相等，标识符 ID ID_DimensionDefine 会发送给对话框，

FXMAPFUNC()中的实例方法 onDimensionDefine()也会被执行，对话框中的文本框等控件会实时转为可用状态。

9.2.3 定义实例方法

第 49 行~第 60 行创建了 FXMAPFUNC()中出现的两个实例方法：onDimensionExist()和 onDimensionDefine()，习惯上 Abaqus GUI 中自定义实例方法的命名以小写 on 开头，并遵循驼峰命名规则。这两个实例方法中有四个参数：self、sender、sel 和 ptr，其中，self 必须作为第一个参数，参数 sender，sel，ptr 表示发送者、选择器和可选数据，前两个容易理解，最后的 ptr 包含对实例方法有用的一些数据（例如单击鼠标时光标的坐标），由于 Abaqus GUI Toolkit 基于 C++开发，而 C++和 Python 存在语言差异，参数 ptr 无法在 Python 脚本中使用。这四个参数是固定格式，无须更改，在实例方法中直接使用即可。

此外，实例方法作为参数用于 FXMAPFUNC()时，不必将自身参数写出，也不需要小括号，FXMAPFUNC()会自动处理。

这两个实例方法的作用是将五个控件同时设置为不可用和可用状态。这五个控件分别是一个分组框、三个文本框和一个便签控件，使用构造函数创建它们时，变量前都由 self 调用，以使它们可以在实例方法中使用。这些控件通过调用 disable()方法设置为不可用状态，文本框不能输入，线框和字体颜色变为灰色；而调用 enable()方法转为可用状态，文本框可以输入，线框和字体颜色也恢复为黑色。

简单来说，当选择下拉列表的第一项时，下方的五个控件会变为灰色不可用状态。此时下拉列表项的参数 sel 为 1，三个转换方法 addTransition()各自通过前三个参数形成的表达式判断出第一个 addTransition()成立，它的消息选择器中标识符 ID 为 ID_DimensionExist。该 ID 通过 FXMAPFUNC()与实例方法 onDimensionExist()做了关联，能实时触发 onDimensionExist()。

9.3 注册脚本

9.3.1 注册脚本代码

注册脚本 beamDimension_plugin.py

```
# -*- coding: UTF-8 -*-
from abaqusGui import *
from abaqusConstants import ALL
class BeamDimension_plugin(AFXForm):
    def __init__(self, owner):
        AFXForm.__init__(self, owner)
        self.cmd = AFXGuiCommand(mode=self, method='beamMethod', \
           objectName='beamDimension', registerQuery=False)
        # 定义各控件的关键字
        self.dimensionKw = AFXIntKeyword(self.cmd, 'dimensionFlag', True, 1, evalExpression = False)
        self.widthKw = AFXFloatKeyword(self.cmd, 'width', True, 40)
        self.hightKw = AFXFloatKeyword(self.cmd, 'height', True,30)
        self.lengthKw = AFXFloatKeyword(self.cmd, 'length', True, 100)
```

```
14            self.hollowKw = AFXBoolKeyword(self.cmd, 'hollow', AFXBoolKeyword.TRUE_FALSE, \
15                True, False)
16        #~~~~~~~~~~~~~~~~~~~~~~~~~~~~~~~~~~~~~~~~~~~~~~~~~~~~~~~~~~~~~~~~~~~~~~~~~~~~
17        # Form 模式中必须定义 getFirstDialog()
18        def getFirstDialog(self):
19            import beamDimensionDB
20            reload(beamDimensionDB)
21            return beamDimensionDB.BeamDimensionDB(self)
22        # 打印内核命令
23        def issueCommands(self):
24            cmdstr = self.getCommandString()
25            getAFXApp().getAFXMainWindow().writeToMessageArea(cmdstr)
26            self.sendCommandString(cmdstr)
27            self.deactivateIfNeeded()
28            return TRUE
29    # 注册插件
30    toolset = getAFXApp().getAFXMainWindow().getPluginToolset()
31    toolset.registerGuiMenuButton(
32        buttonText='第 9 章实例 创建方钢/方管',
33        object=BeamDimension_plugin(toolset),
34        messageId=AFXMode.ID_ACTIVATE,
35        icon=None,
36        kernelInitString='import beamDimension',
37        applicableModules=ALL,
38        version='N/A',
39        author='N/A',
40        description='N/A',
41        helpUrl='N/A'
42    )
```

9.3.2 修改关键字类型

注册脚本也无须手动编写，可以对 RSG 对话框生成器生成的脚本进行修改和利用。

注册脚本

```
7        self.cmd = AFXGuiCommand(mode=self, method='beamMethod', \
8            objectName='beamDimension', registerQuery=False)
```

本章插件实例包含内核脚本，需要在注册脚本中进行一些设置。第 7 行和第 8 行的 AFXGuiCommand()中，参数 method 设为内核脚本中的函数名 'beamMethod'，参数 objectName 则设为内核脚本文件名 'beamDimension'，它们都是字符串。

注册脚本

```
10        self.dimensionKw = AFXIntKeyword(self.cmd, 'dimensionFlag', True, 1, evalExpression
= False)
```

第 10 行的 dimensionKw 是下拉列表控件的关键字，创建时默认为字符串类型。为了与对话框脚本中的 appendItem()参数 sel 的整型赋值 1、2、3 相对应，本例手动将该关键字类型改为整型 AFXIntKeyword。

8.6.2 节介绍过整型关键字，它的最后一个参数 evalExpression 默认为 True，表示支持表达式求值，比如文本框中填写一个数学表达式，提交时该表达式可以自动算出结果。但本例的下拉列表项不表示数值，第10行最后的参数 evalExpression 须设为 False，否则插件将无法正常重复使用。

9.3.3 发送命令方法 issueCommands()

与第8章一样，注册脚本的实例方法 getFirstDialog()第20行添加 reload()，这样即使对话框脚本已修改，也无须重启 Abaqus 即可打开更新后的对话框。

如果更改的是注册脚本，则仍需重启 Abaqus 才能使用更新后的插件。不过，Abaqus 主窗口 GUI 的二次开发技术可以实现修改注册脚本后，不用重启 Abaqus 也能使用更新后的插件程序，该功能会在第14章介绍。

自动生成的注册脚本中通常都有 doCustomChecks()和 okToCancel()，不过这两个实例方法在本实例中没有发挥作用，可以手动删除。

注册脚本

```
22        # 打印内核命令
23        def issueCommands(self):
24            cmdstr = self.getCommandString()
25            getAFXApp().getAFXMainWindow().writeToMessageArea(cmdstr)
26            self.sendCommandString(cmdstr)
27            self.deactivateIfNeeded()
28            return TRUE
```

第23行~第28行是手动添加并重写的实例方法 issueCommands()，它的作用是提交对话框后，将要执行的内核命令输出到消息区域，以便调试，打印语句如图9-3所示。

第24行使用 getCommandString()获取传递给内核的命令，将命令以字符串的形式传给变量 cmdstr。

第25行用 getAFXApp().getAFXMainWindow().writeToMessageArea()将字符串打印在 Abaqus/CAE 下方的消息区域中。

getAFXApp()属于辅助函数，可以直接使用，它的作用是获取整个应用程序，相当于返回 AFXApp 实例对象；getAFXMainWindow()是 AFXApp 的实例方法，作用是指向并返回 AFXMainWindow 对象；writeToMessageArea()是主窗口 AFXMainWindow 的实例方法，作用是在 Abaqus/CAE 下方的消息区域打印字符串。

第26行用 sendCommandString()将命令发送到内核。该方法默认会被自动调用，由于重写了 issueCommands()，需要再显式调用一次。

第27行的 deactivateIfNeeded()表示单击对话框的 OK 按钮、成功执行程序后，会终止注册脚本的运行。

默认情况下，实例方法 issueCommands()会被自动调用，不需要重复定义。本例由于添加了一行打印内核语句，才进行了重写。当插件调试成功后，可以把第23行~第28行改为注释或删除，消息区域便不会打印命令语句。

9.3.4 插件注册方法 registerGuiMenuButton()

插件注册方法 registerGuiMenuButton()由 RSG 对话框生成器自动生成，它的作用是把插件程序注册到 Abaqus 的 Plug-ins 菜单中。registerGuiMenuButton()的语法为：

```
registerGuiMenuButton(buttonText, object, messageId, icon, kernelInitString, applicableMod-
ules, version, author, description, helpUrl )
```

它的参数见表 9-3。

表 9-3 registerGuiMenuButton 的参数

参　数	类　型	默 认 值	描　述
buttonText	String	"	菜单栏中显示的插件名称
object	GUI object		通常为注册脚本类名（toolset）
messageId	Int	AFXMode.ID_ ACTIVATE	消息 ID
icon	FXIcon	None	插件图标
kernelInitString	String	"	以字符串形式导入内核脚本
applicableModules	符号常量或 List	ALL	展示插件的 Abaqus 模块
version	String	'N/A'	插件版本号
author	String	'N/A'	插件制作人
description	String	'N/A'	描述
helpUrl	String	'N/A'	帮助网址

通常来说，registerGuiMenuButton()中自动生成的参数大多无须修改，可以改动的是 icon 和 applicableModules。参数 icon 可以用 afxCreateIcon()创建，详见 8.3.2 节。参数 applicableM-odules 通常设为 ALL，表示插件在 Abaqus 所有模块中都可见，如果加以限定，该参数可设为列表，完整列表为["Part","Property","Assembly","Step","Interaction","Load","Mesh","Job","Visualization","Sketch"]，用户可根据需求自行调整。

9.4 内核脚本

9.4.1 内核脚本代码

内核脚本 beamDimension.py

```
# -*- coding: UTF-8 -*-
from abaqus import *
from abaqusConstants import *
from caeModules import *
def beamMethod(dimensionFlag, length, width, height, hollow):
    # 获取当前视图和模型名称
    vpName = session.currentViewportName
    vp = session.viewports[vpName]
    modelName = session.sessionState[vpName]['modelName']
    m = mdb.models[modelName]
    s = m.ConstrainedSketch(name='__profile__', sheetSize=200.0)
    m.Part(name='Part-beam', dimensionality=THREE_D, type=DEFORMABLE_BODY)
    p = m.parts['Part-beam']
    # 根据选中的下拉列表项生成实体
```

```
15        if dimensionFlag == 1:
16            s.rectangle(point1=(-5, -5), point2=(5, 5))
17            p.BaseSolidExtrude(sketch=s, depth=100)
18        elif dimensionFlag == 2:
19            s.rectangle(point1=(-10, -10), point2=(10, 10))
20            p.BaseSolidExtrude(sketch=s, depth=100)
21        elif dimensionFlag == 3:
22            s.rectangle(point1=(-width/2, -height/2), point2=(width/2, height/2))
23            p.BaseSolidExtrude(sketch=s, depth=length)
24        vp.setValues(displayedObject=p)
25        del m.sketches['__profile__']
26        # 转为空心方管
27        if hollow == True:
28            c, f = p.cells, p.faces
29            p.RemoveCells(cellList = c[0:1])
30            p.RemoveFaces(faceList = f[4:6], deleteCells=False)
```

9.4.2 参数设置

内核脚本

```
5     def beamMethod(dimensionFlag, length, width, height, hollow):
```

在编写内核脚本前，可以先在 Abaqus/CAE 中手动操作一遍，一般可以从 abaqus.rpy 中获取所需的大部分内核代码，然后进行修改。对于对话框中输入的数据，需要在内核脚本中设为形参，比如内核脚本第 5 行定义的形参有方钢三维尺寸 length、width 和 height。此外，控件本身也可以作为内核的形参，例如参数 dimensionFlag 和 hollow。这五个参数全部来自注册脚本中关键字的参数 name。

内核脚本

```
14        # 根据选中的下拉列表项生成实体
15        if dimensionFlag == 1:
16            s.rectangle(point1=(-5, -5), point2=(5, 5))
17            p.BaseSolidExtrude(sketch=s, depth=100)
21        elif dimensionFlag == 3:
22            s.rectangle(point1=(-width/2, -height/2), point2=(width/2, height/2))
23            p.BaseSolidExtrude(sketch=s, depth=length)
```

对话框脚本

```
18            ComboBox_1.appendItem(text='10×10×100', sel = 1)
19            ComboBox_1.appendItem(text='20×20×100', sel = 2)
20            ComboBox_1.appendItem(text='自定义尺寸', sel = 3)
...
```

注册脚本

```
9             # 定义各控件的关键字
10            self.dimensionKw = AFXIntKeyword(self.cmd,'dimensionFlag',True,1,evalExpression = False)
```

第 15 行~第 23 行使用 if-elif 语句判断参数 dimensionFlag 的值。在注册脚本第 10 行，关键字构造函数 AFXIntKeyword()的参数中也有 dimensionFlag，它们必须同名。前者的传入值从对话框脚本第 18 行~第 20 行的下拉列表项 appendItem()参数 sel 中获取。

以内核脚本的第 21 行为例，当下拉列表的第三项被选中时，分组框中的三个文本框被激活，输入的长、宽、高分别被传给参数 length、width 和 height。第 22 行是在草图中生成一个矩形，第 23 行将矩形拉伸为一个立方体。这两行代码是事先手动生成立方体后自动记录到 abaqus.rpy 脚本中的，由于下拉列表中有三个选项，内核脚本中也需要有三个生成模型的语句，而下拉列表每次只能选择一个项，由 if 语句判断哪个项被选中。

第 27 行也使用了 if 语句，判断参数 hollow 是否为布尔值 True。参数 hollow 是复选按钮的选中状态，布尔值为 True 表示勾选，将执行第 28 行~第 30 行语句，先删除 cell 实体，再删除两端的 face。

9.5 本章小结

本章以生成方钢/方管模型的插件为实例，重点介绍如何通过选择下拉列表项实时切换其他控件的可用状态。提交对话框后，会在 Abaqus/CAE 的下方消息区域打印出内核命令。

对话框脚本中着重说明了转换方法 addTransition()，它的作用是在对话框中添加状态转换，配合映射方法 FXMAPFUNC()可以调用自定义的实例方法，从而实时切换控件可用性。

注册脚本中主要介绍如何重写 issueCommands()，以实现消息区域中打印内核命令的目的。此外，还对注册插件方法 registerGuiMenuButton()做了说明。

内核脚本的函数从注册脚本中获取了五个参数值，包括实体三维尺寸、下拉列表项参数和复选按钮的状态参数，配合 if 语句共同实现生成实心方钢和空心方管模型的功能。

第 10 章

实例：创建角钢/圆管插件

10.1 实例演示

本章插件实例的脚本保存于随书配套附件 chapter 10\createProfiles 文件夹中，Abaqus Plus-ins 菜单中的名称为“第 10 章实例 创建角钢/圆管”。

首先介绍插件对话框的功能。为了便于描述，本章将插件生成的模型统称为角钢和圆管。打开 Abaqus，点击插件，弹出的对话框如图 10-1 所示。对话框的左上角是一对单选按钮，左下方分组框中是生成模型的尺寸文本框，右侧的分组框中是截面图。当选中单选按钮“角钢”时，左下方显示为角钢模型的四个尺寸文本框，右侧的分组框标题是“角钢尺寸图”，其中图片也是角钢的截面图。选中“圆管”单选按钮时，尺寸文本框会立即切换成三个不同的文本框，同时右侧的分组框标题变为“圆管尺寸图”，图片也会跟着转换。

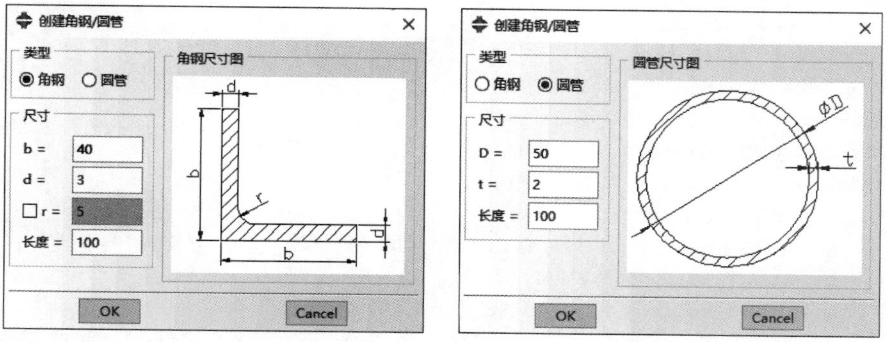

图 10-1　对话框界面

角钢的内圆角 r 是带有复选按钮的文本框，默认为不勾选，生成的角钢没有内圆弧，如图 10-2a 所示；勾选 r 时，文本框会激活，生成的角钢会有内圆弧，如图 10-2b 所示；选中

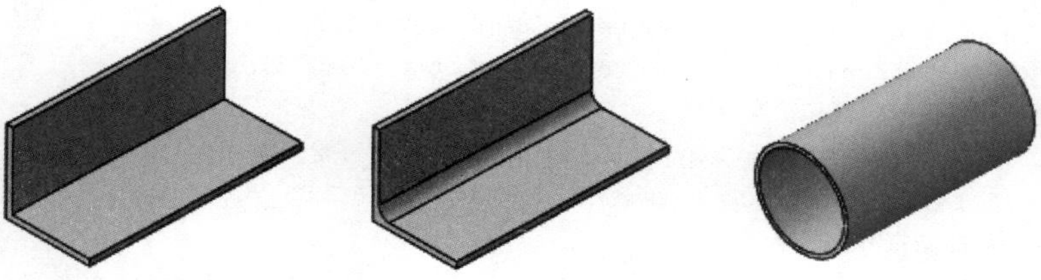

a)　　b)　　c)

图 10-2　创建出的角钢和圆管模型

圆管后，生成的圆管如图 10-2c 所示。

如果用户输入的尺寸不恰当，提交后会自动弹出错误对话框。例如，角钢或圆管的尺寸为负数时，会弹出图 10-3a 所示的对话框；如果角钢的内圆弧 r 过大，弹出的错误对话框如图 10-3b 所示；而圆管的厚度超过半径时，错误对话框如图 10-3c 所示。

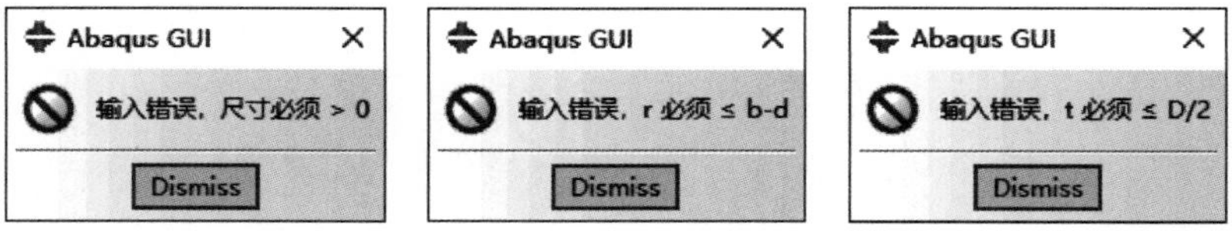

a)　　b)　　c)

图 10-3　尺寸输入不当时弹出的错误对话框

10.2　对话框脚本

本章的插件实例由三个脚本构成，分别是对话框脚本 createProfilesDB.py、注册脚本 createProfiles_plugin.py和内核脚本 createProfiles.py。

10.2.1　对话框脚本代码

对话框脚本 createProfilesDB.py

```
# -*- coding: UTF-8 -*-
from abaqusConstants import *
from abaqusGui import *
import os
thisPath = os.path.abspath(__file__)
thisDir = os.path.dirname(thisPath)
class CreateProfilesDB(AFXDataDialog):
    def __init__(self, form):
        AFXDataDialog.__init__(self, form, '创建角钢/圆管', self.OK |self.CANCEL, \
            DIALOG_ACTIONS_SEPARATOR)
        self.form = form
        HFrame_1 = FXHorizontalFrame(p=self, opts=0, x=0, y=0, w=0, h=0, pl=0, pr=0, pt=0, pb=0)
        # 创建分组框和单选按钮
        VFrame_1 = FXVerticalFrame(p=HFrame_1, opts=0, x=0, y=0, w=0, h=0, pl=0, pr=0, pt=0, pb=0)
        GroupBox_1 = FXGroupBox(p=VFrame_1, text='类型', opts=FRAME_GROOVE |LAYOUT_FILL_X)
        HFrame_2 = FXHorizontalFrame(p=GroupBox_1,opts=0,x=0,y=0,w=0,h=0,pl=0,pr=0,pt=0,pb=0)
        FXRadioButton(p=HFrame_2, text='角钢', tgt=form.flagKw, sel=11)
        FXRadioButton(p=HFrame_2, text='圆管', tgt=form.flagKw, sel=22)
        # 创建左侧分组框和切换器
        GroupBox_2 = FXGroupBox(p=VFrame_1, text='尺寸', opts=FRAME_GROOVE |LAYOUT_FILL_X)
        self.switcher1 = FXSwitcher(GroupBox_2, SWITCHER_VCOLLAPSE)
        # 创建左侧角钢文本框
        VAligner_1 = AFXVerticalAligner(p=self.switcher1,opts=0,x=0,y=0,w=0,h=0,pl=0,pr=0,pt=0,pb=0)
```

```
24          AFXTextField(p=VAligner_1, ncols=8, labelText='b = ', tgt=form.LbKw, sel=0)
25          AFXTextField(p=VAligner_1, ncols=8, labelText='d = ', tgt=form.LdKw, sel=0)
26          TF_check = AFXTextField(p=VAligner_1, ncols=8, labelText='r = ', \
27              tgt=form.LrKw, sel=0, opts = AFXTEXTFIELD_CHECKBUTTON)
28          TF_check.setCheckButtonTarget(form.checkKw, form.checkKw.getValue())
29          AFXTextField(p=VAligner_1, ncols=8, labelText='长度 = ', tgt=form.lengthKw, sel=0)
30          # 创建右侧垂直框架和切换器
31          VFrame_3 = FXVerticalFrame(p=HFrame_1, opts=0, x=0, y=0, w=0, h=0, pl=0, pr=0, pt=0, pb=0)
32          self.switcher2 = FXSwitcher(VFrame_3, 0)
33          # 创建右侧角钢分组框和图片
34          GroupBox_3 = FXGroupBox(p=self.switcher2, text='角钢尺寸图', \
35              opts=FRAME_GROOVE|LAYOUT_FILL_X)
36          fileName1 = os.path.join(thisDir, 'anglePic.PNG')
37          FXLabel(GroupBox_3, text='', ic=afxCreatePNGIcon(fileName1))
38          # 创建左侧圆管文本框
39          VAligner_2 = AFXVerticalAligner(p=self.switcher1, opts=0,x=0,y=0,w=0,h=0,pl=0,pr=0,pt=0,pb=0)
40          AFXTextField(p=VAligner_2, ncols=8, labelText='D = ', tgt=form.DeKw, sel=0)
41          AFXTextField(p=VAligner_2, ncols=8, labelText='t = ', tgt=form.thickKw, sel=0)
42          AFXTextField(p=VAligner_2, ncols=8, labelText='长度 = ', tgt=form.lengthKw, sel=0)
43          # 创建右侧圆管分组框和图片
44          GroupBox_4 = FXGroupBox(p=self.switcher2, text='圆管尺寸图', \
45              opts=FRAME_GROOVE|LAYOUT_FILL_X)
46          fileName2 = os.path.join(thisDir, 'circlePic.PNG')
47          FXLabel(GroupBox_4, text='', ic=afxCreatePNGIcon(fileName2))
48      # ~~~~~~~~~~~~~~~~~~~~~~~定义实例方法~~~~~~~~~~~~~~~~~~~~~~~
49      def processUpdates(self):
50          if self.form.flagKw.getValue() == 11:
51              self.switcher1.setCurrent(0)
52              self.switcher2.setCurrent(0)
53          if self.form.flagKw.getValue() == 22:
54              self.switcher1.setCurrent(1)
55              self.switcher2.setCurrent(1)
```

10.2.2 切换器 FXSwitcher

本对话框的结构较为简单，以水平布局分为左右两个部分，左边部分又包含上、下两个分组框。

对话框脚本

```
17          FXRadioButton(p=HFrame_2, text='角钢', tgt=form.flagKw, sel=11)
18          FXRadioButton(p=HFrame_2, text='圆管', tgt=form.flagKw, sel=22)
```

第 17 行和第 18 行创建了两个单选按钮，为了标识方便，它们的参数 sel 手动设为 11 和 22，也可以改为其他正整数。

对话框脚本

```
20          GroupBox_2 = FXGroupBox(p=VFrame_1, text='尺寸', opts=FRAME_GROOVE|LAYOUT_FILL_X)
21          self.switcher1 = FXSwitcher(GroupBox_2, SWITCHER_VCOLLAPSE)
```

第20行创建标题为“尺寸”的分组框，第21行使用FXSwitcher()创建了一个切换器。

切换器是一种布局方式，可以将属于它的某个子控件放置在最上层，同时隐藏其他子控件。切换器提供了一种节省空间的布局方法，功能与标签页有些相似。FXSwitcher的构造函数为：

```
FXSwitcher(p, opts=0, x=0, y=0, w=0, h=0, pl=DEFAULT_SPACING, pr=DEFAULT_SPACING, pt=DEFAULT_SPACING, pb=DEFAULT_SPACING)
```

它的前两个参数见表10-1。

表10-1　构造函数FXSwitcher的参数

参　数	类　型	默认值	描　述
p	FXComposite		父控件
opts	Int	0	选项

第一个参数p为父控件，脚本中设为分组框。

第二个参数opts是选项，它的选项有两个，见表10-2。

表10-2　FXSwitcher的opts参数值

参数opts	描　述
SWITCHER_HCOLLAPSE	子控件的宽度基于自身而定
SWITCHER_VCOLLAPSE	子控件的高度基于自身而定

当opts的参数值为SWITCHER_HCOLLAPSE或SWITCHER_VCOLLAPSE时，子控件的宽度或高度依自身而定，并不与所有子控件中的最大宽度或高度对齐。

第21行的切换器中，参数p为第20行创建的分组框，表示切换对象是父控件中的所有子控件。参数opts设为SWITCHER_VCOLLAPSE，表示分组框外框的垂直高度依自身的高度而定，分别选中“角钢”和“圆管”时，下方尺寸分组框的外框线高度是变化的。同时，变量switcher1前面用self调用，说明self.switcher1在后面的实例方法中也可以使用。

此外，尺寸分组框对象为GroupBox_2，其子控件包括角钢和圆管的尺寸文本框，只要将GroupBox_2改为切换器self.switcher1，切换器就会取代分组框，成为新的父控件，尺寸分组框中的所有控件都成为self.switcher1的子控件。

对话框脚本

```
23        VAligner_1 = AFXVerticalAligner(p=self.switcher1,opts=0,x=0,y=0,w=0,h=0,pl=0,pr=0,pt=0,pb=0)
...
39        VAligner_2 = AFXVerticalAligner(p=self.switcher1, opts=0,x=0,y=0,w=0,h=0,pl=0,pr=0,pt=0,pb=0)
```

由于切换器已经取代了分组框，后面第23行和第39行创建垂直对齐布局时，都以self.switcher1为父控件。

对话框脚本

```
VFrame_3 = FXVerticalFrame(p=HFrame_1, opts=0, x=0, y=0, w=0, h=0, pl=0, pr=0, pt=0, pb=0)
self.switcher2 = FXSwitcher(VFrame_3, 0)
...
```

```
34        GroupBox_3 = FXGroupBox(p=self.switcher2, text='角钢尺寸图',
35            opts=FRAME_GROOVE|LAYOUT_FILL_X)
...
44        GroupBox_4 = FXGroupBox(p=self.switcher2, text='圆管尺寸图',
45            opts=FRAME_GROOVE|LAYOUT_FILL_X)
```

右侧的分组框和图片也可以随着单选按钮而切换。分组框的父控件是垂直框架，同样只需在第 31 行创建垂直框架后，第 32 行使用 FXSwitcher 创建切换器 self.switcher2，将其父控件参数设为垂直框架，就能代替垂直框架，第 34 行和第 44 行的分组框参数 p 设为 self.switcher2。这样，作为一个外来控件，切换器起到承上启下的作用，完美插入原本的父子控件中。

角钢和圆管的尺寸文本框和图片分属两套控件，但由 RSG 对话框生成器制作对话框时只能创建其中一套，另外一套控件需要手动添加。脚本第 39 行～第 47 行中圆管部分代码参照的是角钢代码，按照实际需求做适当修改，以第 8 章为基础，这些代码修改起来比较容易。

10.2.3 文本框的复选按钮

对话框脚本

```
26        TF_check = AFXTextField(p=VAligner_1, ncols=8, labelText='r = ', \
27            tgt=form.LrKw, sel=0, opts = AFXTEXTFIELD_CHECKBUTTON)
28        TF_check.setCheckButtonTarget(form.checkKw, form.checkKw.getValue())
```

8.4.3 节介绍过如何创建带复选按钮的文本框。第 26 行和第 27 行的文本框控件构造函数中，将选项参数 opts 设为 AFXTEXTFIELD_CHECKBUTTON，即可添加复选按钮。添加过程比较简单，难点是如何使用复选按钮。

注册脚本

```
14        self.checkKw = AFXBoolKeyword(self.cmd, 'check', AFXBoolKeyword.TRUE_FALSE, True, False)
```

既然有复选按钮，注册脚本中就应该有与之对应的关键字，但是自动生成的注册脚本中只有文本框的关键字，这时需要手动创建一个适用于复选按钮的布尔类型关键字，如上方的第 14 行，默认为不勾选。

复选按钮具备关键字后，还需要配合实例方法 setCheckButtonTarget(tgt, checkVal) 才能起作用。它的作用是设置复选按钮的消息目标。参数 tgt 为消息目标，与控件构造函数的常规设置一样，脚本第 28 行中将 tgt 设为 form.checkKw；参数 checkVal 为布尔值，表示复选按钮的选中状态，此布尔值需要由关键字调用 getValue() 获取。这样，当勾选复选框时，后面的文本框可以输入尺寸，内核函数也可接收到复选按钮状态的布尔值为 True。

10.2.4 进程更新方法 processUpdates()

对话框的控件搭建完毕后，接下来需要把切换器运用到单选按钮上。实现这个功能的是进程更新方法 processUpdates()，它属于 AFXDataDialog 类的实例方法。该方法本身是空的，如果有必要使用，则需要对它进行重写。在本实例中，用户每点击一次单选按钮，就会更新一次 GUI 周期，Abaqus GUI 在每个周期都会自动调用 processUpdates()。将切换控件的代码放到这个方法中，随着不同条件的满足可以实时切换不同的控件。对这个方法进行重写时，注意不要放入需要大量计算的代码，否则对话框会有延迟。

对话框脚本
```
48        # ~~~~~~~~~~~~~~~~~~~~~~~定义实例方法~~~~~~~~~~~~~~~~~~~~~~~
49        def processUpdates(self):
50            if self.form.flagKw.getValue() == 11:
51                self.switcher1.setCurrent(0)
52                self.switcher2.setCurrent(0)
53            if self.form.flagKw.getValue() == 22:
54                self.switcher1.setCurrent(1)
55                self.switcher2.setCurrent(1)
```

脚本的 processUpdates() 中使用了 if 语句，判断单选按钮关键字的值。这个值通过关键字对象调用 getValue() 获取，返回的值是第 17 行和第 18 行单选按钮构造函数中参数 sel 的传入值 11 或 22。以选中角钢为例，此时关键字的值为 11，第 50 行的 if 判断为真，则执行第 51 行和第 52 行。这两行语句调用了切换器对象中的实例方法 setCurrent(index)，该方法的作用是以索引值的方式将子控件移到顶部，并隐藏其他索引值的子控件。这些子控件都以切换器为父控件，按照创建的先后顺序，最先创建的索引值为 0，后面依次为 1、2 等。本对话框有两套切换器的子控件，角钢部分是先创建的，它的索引值为 0，圆管的索引值为 1。第 51 行和第 52 行 setCurrent 的参数是 0，会将最先创建的与角钢有关的文本框和右侧分组框置于可见，同时隐藏与圆管有关的控件。

10.3 注册脚本

10.3.1 注册脚本代码

注册脚本 createProfiles_plugin.py
```
# -*- coding: UTF-8 -*-
from abaqusGui import *
from abaqusConstants import ALL
class CreateProfiles_plugin(AFXForm):
    def __init__(self, owner):
        AFXForm.__init__(self, owner)
        self.cmd = AFXGuiCommand(mode=self, method='profileMethod', \
            objectName='createProfiles', registerQuery=False)
        # 定义各控件的关键字
        self.flagKw = AFXIntKeyword(self.cmd, 'flag', True, 11)
        self.LbKw = AFXFloatKeyword(self.cmd, 'Lb', True, 40)
        self.LdKw = AFXFloatKeyword(self.cmd, 'Ld', True, 3.0)
        self.LrKw = AFXFloatKeyword(self.cmd, 'Lr', True, 5.0)
        self.checkKw = AFXBoolKeyword(self.cmd, 'check', AFXBoolKeyword.TRUE_FALSE, True, False)
        self.DeKw = AFXFloatKeyword(self.cmd, 'De', True, 50)
        self.thickKw = AFXFloatKeyword(self.cmd, 'thick', True, 2.0)
        self.lengthKw = AFXFloatKeyword(self.cmd, 'length', True, 100)
    # ~~~~~~~~~~~~~~~~~~~~~~~~~~~~~~~~~~~~~~~~~~~~~~~~~~~~~~~~~~~~~~~~~~~~~~~~~~
    # Form 模式中必须定义 getFirstDialog()
```

```
    def getFirstDialog(self):
        import createProfilesDB
        reload(createProfilesDB)
        return createProfilesDB.CreateProfilesDB(self)
    # 检查关键字的值
    def doCustomChecks(self):
        mw = getAFXApp().getAFXMainWindow()
        # 获取各关键字的值
        flag, b, d, r, length, De, thick = [kw.getValue() for kw in [self.flagKw,
            self.LbKw, self.LdKw, self.LrKw, self.lengthKw, self.DeKw, self.thickKw]]
        if flag == 11:
            if b <= 0 or d <= 0 or length <= 0:
                showAFXErrorDialog(mw, '输入错误,尺寸必须 > 0')
                return FALSE
            if r < 0:
                showAFXErrorDialog(mw, '输入错误,r 必须 ≥ 0')
                return FALSE
            if r > b-d:
                showAFXErrorDialog(mw, '输入错误,r 必须 ≤ b-d')
                return FALSE
            if flag == 22:
                if De <= 0 or thick <= 0 or length <= 0:
                    showAFXErrorDialog(mw, '输入错误,尺寸必须 > 0')
                    return FALSE
                if thick > De/2:
                    showAFXErrorDialog(mw, '输入错误,t 必须 ≤ D/2')
                    return FALSE
            return TRUE
# 注册插件
toolset = getAFXApp().getAFXMainWindow().getPluginToolset()
toolset.registerGuiMenuButton(
    buttonText='第 10 章实例 创建角钢/圆管',
    object=CreateProfiles_plugin(toolset),
    messageId=AFXMode.ID_ACTIVATE,
    icon=None,
    kernelInitString='import createProfiles',
    applicableModules=ALL,
    version='N/A',
    author='N/A',
    description='N/A',
    helpUrl='N/A'
)
```

10.3.2 单选按钮

第 8 章中提到过，如果对话框中有单选按钮，由 RSG 对话框生成器生成的注册脚本中默认会产生很多代码，其中包含 if 语句、字典的创建语句，以及字典的键值对赋值语句等，后面的实例方法 doCustomChecks() 中也有些语句。实际上，单选按钮的关键字并不需要这么复杂。

注册脚本
```
10        self.flagKw = AFXIntKeyword(self.cmd, 'flag', True, 11)
```

本注册脚本中，创建单选按钮关键字仅为第 10 行这一行代码，该行创建了一个整型关键字，变量名为 self.flagKw，第二个参数是 flag，默认值是 11，它们与对话框脚本中的两个单选按钮控件相关联，当选择圆管时，其参数 sel 为 22，关键字的值也转为 22。

第 14 行的布尔类型关键字是手动添加的，对应的是文本框前的复选按钮。

由于对话框脚本中为圆管增添了几个文本框控件，注册脚本中也需要为它们添加相应的关键字，如第 15 行～第 17 行的代码。

10.3.3 自定义检查方法 doCustomChecks()

用户在使用插件过程中，有时会因误操作而输入错误的数值，比如尺寸输成了字母，其数据类型与关键字的浮点型不相符。出现这种情况时，Abaqus GUI 会自动弹出错误对话框。而如果输入的数据类型正确，但数值不符合常理，比如小于 0，也不能顺利生成模型。针对此类错误需要引入防范机制，自定义检查方法 doCustomChecks()可以实现这个功能。

doCustomChecks()是 AFXGuiMode 类的实例方法，作为 Form 模式的子类 AFXForm 也可以调用。它的作用是检查关键字的值是否在某个范围内，或核查几个关键字的值之间的关系是否正确。该方法原本是空的，如果有使用的必要，可以对它进行重写。当用户提交对话框后，该方法会自动被调用并执行。

注册脚本
```
24      # 检查关键字的值
25      def doCustomChecks(self):
26          mw = getAFXApp().getAFXMainWindow()
27          # 获取各关键字的值
28          flag, b, d, r, length, De, thick = [kw.getValue() for kw in [self.flagKw,
29              self.LbKw, self.LdKw, self.LrKw, self.lengthKw, self.DeKw, self.thickKw]]
```

对 doCustomChecks()进行重写，第 28 行和第 29 行使用 for 语句，将该脚本中所有关键字的值逐一提取出来，传给各个变量。

注册脚本
```
26          mw = getAFXApp().getAFXMainWindow()
...
30          if flag == 11:
31              if b <= 0 or d <= 0 or length <= 0:
32                  showAFXErrorDialog(mw, '输入错误,尺寸必须 > 0')
33                  return FALSE
...
47          return TRUE
```

接着定义几个 if 语句，基本形式都一样。以第 30 行～第 33 为例，当单选按钮关键字的值为 11 时，表示选中的是角钢，提交对话框后，doCustomChecks()发挥作用，Abaqus GUI 会对角钢各个文本框的尺寸进行判定，当有尺寸小于等于 0 时，执行 showAFXErrorDialog()弹出错误对话框。

showAFXErrorDialog()属于消息对话框，它可以直接使用，作用是弹出一个错误对话框。它的语法为：

```
showAFXErrorDialog(owner, message, tgt=None, sel=0)
```

参数见表 10-3。

表 10-3　showAFXErrorDialog 的参数

参　数	类　型	默 认 值	描　述
owner	FXWindow		主窗口
message	String		提示信息文本
tgt	FXObject	None	消息目标
sel	Int	0	消息 ID

第一个参数 owner 的类型是 FXWindow，表示 Abaqus/CAE 主窗口，已由第 26 行的 getAFXApp().getAFXMainWindow()获取。

第二个参数 message 表示弹出的提示信息文本。

后两个参数是消息目标和消息 ID，脚本中仅要求弹出对话框，使用默认值即可。

第 33 行返回 FALSE，表示如果尺寸输入错误，弹出错误对话框，此时应终止执行插件，等待用户改错。只有当所有 if 语句都没有触发，Abaqus 接收到第 47 行的返回值 TRUE 时，脚本才得以顺利执行。

10.4　内核脚本

10.4.1　内核脚本代码

内核脚本 createProfiles.py

```
# -*- coding: UTF-8 -*-
from abaqus import *
from abaqusConstants import *
def profileMethod(check = True, flag = 0, Lb = 0, Ld = 0, Lr = 0, De = 0, thick = 0, length = 0):
    # 获取当前视图和模型名称
    vpName = session.currentViewportName
    vp = session.viewports[vpName]
    modelName = session.sessionState[vpName]['modelName']
    m = mdb.models[modelName]
    s = m.ConstrainedSketch(name='__profile__', sheetSize=200.0)
    g = s.geometry
    # 根据单选按钮生成草图
    if flag == 11:
```

```
        s.Line(point1=(Lb, 0.0), point2=(0.0, 0.0))
        s.Line(point1=(0.0, 0.0), point2=(0.0, Lb))
        s.Line(point1=(0.0, Lb), point2=(Ld, Lb))
        s.Line(point1=(Ld, Lb), point2=(Ld, Ld))
        s.Line(point1=(Ld, Ld), point2=(Lb, Ld))
        s.Line(point1=(Lb, Ld), point2=(Lb, 0.0))
        if check == True and Lr > 0:
            s.FilletByRadius(radius=Lr, curve1=g[5], nearPoint1=(Ld, 2*Ld), \
                curve2=g[6], nearPoint2=(2*Ld, Ld))
    elif flag == 22:
        s.CircleByCenterPerimeter(center=(0.0, 0.0), point1=(De/2.0, 0.0))
        s.CircleByCenterPerimeter(center=(0.0, 0.0), point1=(De/2.0-thick, 0.0))
    #拉伸草图
    m.Part(name='Part-profile', dimensionality=THREE_D, type=DEFORMABLE_BODY)
    p = m.parts['Part-profile']
    p.BaseSolidExtrude(sketch=s, depth=length)
    vp.setValues(displayedObject=p)
    del m.sketches['__profile__']
```

10.4.2 默认参数

内核脚本

```
4   def profileMethod(check = True, flag = 0, Lb = 0, Ld = 0, Lr = 0, De = 0, thick = 0, length = 0):
```

注册脚本中同时存在角钢和圆管两套关键字，由于单选按钮的限定，单次只能提交一套给内核脚本。不过内核脚本的第 4 行中，在定义函数 profileMethod()的形参时，需要涵盖注册脚本中所有的关键字，并且还要为它们指定默认值，即默认参数。这是因为无论选中的是角钢还是圆管，都会有一套参数没有数据，而 Python 在调用函数时，如果某个参数没有赋值，即使没有用到，解释器也会抛出异常。为了避免这种情况，需要对每个参数设置一个默认值，比如第 4 行中除了第一个参数 check 为 True 外，其他参数都设默认值为 0。

下方的 if-elif 语句中，判断哪个单选按钮被选中，数值 11 和 22 在对话框脚本中定义，由注册脚本中的关键字获取，最终传递给内核脚本的参数 flag。根据 if 语句的判断结果，生成相应的草图。

通过手动操作生成一个角钢和圆管，即可得到一个完整的原始代码，从 abaqus.rpy 获取这些语句，将一些数值改为参数，接着按照单选按钮的逻辑关系，将这两套模型的草图语句以 if-else 语句编排，便可得到一套内核代码，具体过程此处不做赘述。

10.5 本章小结

本章以生成角钢/圆管的插件为实例，重点介绍了如何通过选中不同的单选按钮，将一些控件实时切换成置顶状态或隐藏状态。此外，如果输入的尺寸不合理，或几个尺寸的关系不正确，提交对话框后，会自动弹出错误对话框，对出现的问题做提示。

对话框脚本中重点介绍了切换器 FXSwitcher。切换器是一种布局方式，可以把属于它的子控件放置在最上层，同时隐藏其他子控件。还阐述了进程更新方法 processUpdates()，它作用于每个 GUI 更新周期，将相应的代码放入该方法中，可以配合切换器实时切换控件。此外，文本框的前面可以增添复选按钮，需要与 setCheckButtonTarget()配合使用。

注册脚本中首先说明了创建单选按钮对应的关键字并不用太复杂，接着主要介绍自定义检查方法 doCustomChecks()，其作用是检查关键字的值是否符合要求，或检查几个关键字的值之间关系是否合理，它会在提交对话框后自动被调用。该方法原本是空的，需要重写来对关键字的值进行判断，可以配合错误对话框给用户必要的提示。

内核脚本的所有形参都使用了默认参数，这是由于内核脚本一次只能获取一套角钢或圆管尺寸，如果另一套参数没有传入值，Python 解释器会抛出异常。因此，尽管总有几个参数用不到，所有参数也都须有初始值。

第 11 章

实例：连续拾取插件

11.1 实例演示

本插件实例的脚本保存于随书配套附件 chapter 11\multiPickup 文件夹中，Abaqus Plus-ins 菜单中的名称为“第 11 章实例 连续拾取”，该文件夹中还有演示模型 fork.cae，Abaqus 版本为 2017。

首先介绍插件的功能。插件可以对模型的几何面进行连续拾取并施加载荷，使用插件前，需要先打开一个具有几何实体的模型，附件提供了一个模型文件做演示，模型如图 11-1 所示。

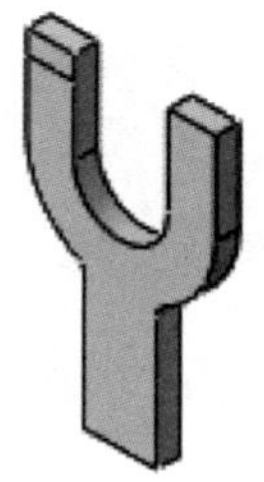

图 11-1 连续拾取插件模型

该模型是一个叉形几何实体，模型已经创建装配体（instance），赋予材料属性，并已划分好单元。由于插件的功能是施加载荷，打开插件后，首先会判断当前视图是否为 Load 模块。如果不是，插件会弹出图 11-2 所示的提示对话框，同时会自动转到 Load 模块；如果当前位于 Load 模块，则会弹出图 11-3 所示的提示对话框。

图 11-2 位于非 Load 模块时的对话框

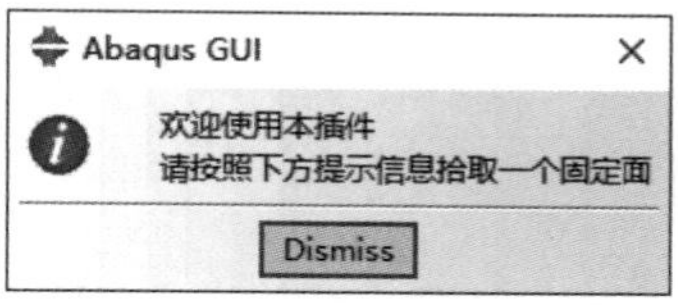

图 11-3 位于 Load 模块时的对话框

弹出提示对话框的同时，主窗口下方的提示区域会出现提示信息，提示用户依次拾取模型的三个面。第一个面用于施加固定约束，如图 11-4a 所示，可选中叉形模型的下端面；接着会出现第二个信息，让用户拾取一个施加正压力的面，如图 11-4b 所示，可以拾取左上角切割出来的面；第三个提示为选取一个剪切力面，如图 11-4c 所示，本次选择右上角顶端的面；由于剪切力有方向，第四次提示如图 11-4d 所示，要求拾取一个起始点或者输入起始点的坐标，此时模型上会显示一些可以选中的点，如图 11-5 所示，作为演示，此处使用默认值（0.0，0.0，0.0）作为剪切力方向的起始点，按〈Enter〉键或鼠标中键提交；最后提示的是拾取或输入方向的终点，如图 11-4e 所示，可以输入（0.0，0.0，1.0），提交后，提示区域会提示在对话框中输入数值，如图 11-4f 所示，此时拾取步骤全部完成。

a)

b)

c)

d)

e)

f)

图 11-4　提示区域的依次提示

图 11-5　选取方向

接着会弹出图 11-6 所示的对话框，要求输入正压力面和剪切力面的载荷。Abaqus 中的 Pressure 和 Shear 都与面积有关，表示压强，在对话框中输入压强值，此处的单位为 MPa。

载荷不做修改，采用默认值，单击 OK 按钮，此时模型载荷如图 11-7 所示。创建 job 后，即可提交计算。计算后的应力云图如图 11-8 所示。

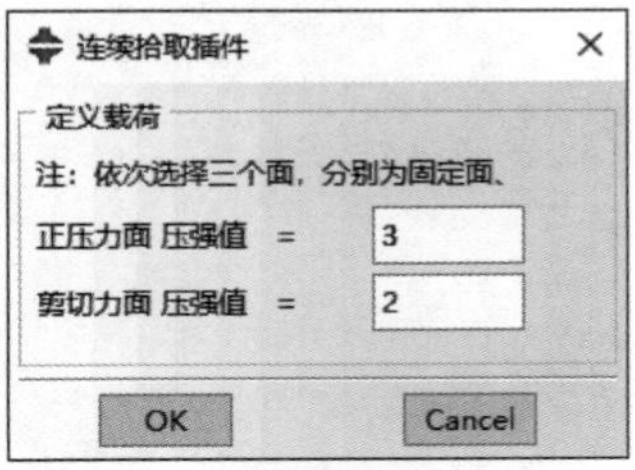

图 11-6　输入压强载荷

图 11-7　施加载荷完毕

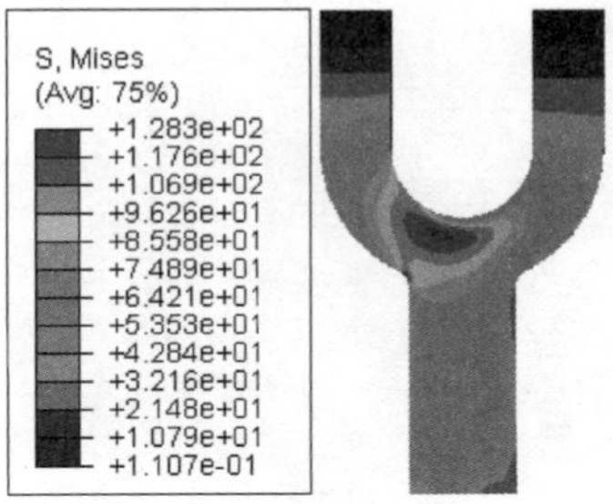

图 11-8　采用默认载荷值的应力云图

为了应对可能出现的误操作，如果后两次拾取的载荷面是同一个面，提交后会弹出图 11-9 所示的提示对话框。如果选择 Yes，已拾取三个面的边界条件和载荷都会删除；选择 No 意味着在一个面上同时施加正压力和剪切力。

图 11-9　两次拾取的载荷面重合

如果本插件做成对话框的形式，对话框中需要有五个拾取控件，每次拾取不但要多单击一次小箭头、操作比较繁复，而且对话框看起来也比较笨拙，不美观。而将插件做成连续拾取的方式，既能解决对话框中反复操作的问题，还能让使用过程更加直观和简洁。以下详细说明该插件的实现过程。

11.2 注册脚本

本章的插件实例由三个脚本构成，分别是注册脚本 multiPickup_plugin.py、对话框脚本 multiPickupDB.py 和内核脚本 multiPickup.py。

11.2.1 注册脚本代码

注册脚本 multiPickup_plugin.py

```
# -*- coding: UTF-8 -*-
from abaqusGui import *
from abaqusConstants import ALL
import osutils, os
class MultiPickup_plugin(AFXProcedure):
    def __init__(self, owner):
        AFXProcedure.__init__(self, owner)
        self.cmd = AFXGuiCommand(mode=self, method='multiMethod', \
            objectName='multiPickup', registerQuery=False)
        self.load_value1Kw = AFXFloatKeyword(self.cmd, 'load_value1', True, 3.0)
        self.load_value2Kw = AFXFloatKeyword(self.cmd, 'load_value2', True, 2.0)
        self.fix_faceKw = AFXObjectKeyword(self.cmd, 'fix_face', True)
        self.load_face1Kw = AFXObjectKeyword(self.cmd, 'load_face1', True)
        self.load_face2Kw = AFXObjectKeyword(self.cmd, 'load_face2', True)
        # 用于拾取 point 和输入坐标
        self.point1_pickKw = AFXObjectKeyword(self.cmd, 'point1_pick', True)
        self.point1_coorKw = AFXTupleKeyword(self.cmd, 'point1_coor', \
            True,3,3,AFXTUPLE_TYPE_FLOAT)
        self.point2_pickKw = AFXObjectKeyword(self.cmd, 'point2_pick', True)
        self.point2_coorKw = AFXTupleKeyword(self.cmd, 'point2_coor', \
            True,3,3,AFXTUPLE_TYPE_FLOAT)
    #~~~~~~~~~~~~~~~~~~~~~~~~~~~~~~~~~~~~~~~~~~~~~~~~~~~~~~~~~~~~~~~~~~~~~~~~~~~~~~~~
    def getFirstStep(self):
        self.fix_face1 = AFXPickStep(self, self.fix_faceKw,
                '依次选择三个面,首先拾取一个固定面', AFXPickStep.FACES, ONE, 2)
        return self.fix_face1
    def getNextStep(self, previousStep):
        import multiPickupDB
        if previousStep == self.fix_face1:
            self.face1 = AFXPickStep(self, self.load_face1Kw, \
                '再拾取一个正压力面', AFXPickStep.FACES, ONE, 3)
            return self.face1
        elif previousStep == self.face1:
            self.face2 = AFXPickStep(self, self.load_face2Kw, \
                '最后拾取一个剪切力面', AFXPickStep.FACES, ONE, 4)
```

```
            return self.face2
        elif previousStep == self.face2:
            self.point1 = AFXPickStep(self, self.point1_pickKw, \
                '选择或输入剪切力方向起始点', AFXPickStep.POINTS, ONE, 2)
            self.point1.addPointKeyIn(self.point1_coorKw)
            return self.point1
        elif previousStep == self.point1:
            self.point2 = AFXPickStep(self, self.point2_pickKw, \
                '选择或输入剪切力方向终点', AFXPickStep.POINTS, ONE, 3)
            self.point2.addPointKeyIn(self.point2_coorKw)
            return self.point2
        elif previousStep == self.point2:
            dialog = multiPickupDB.MultiPickupDB(self)
            return AFXDialogStep(self, dialog, '在对话框中输入数值')
        else:
            return None
    #插件启动时,activate()即被调用
    def activate(self):
        mw = getAFXApp().getAFXMainWindow()
        curModule = getCurrentModuleGui()
        if curModule.getModuleName() != 'Load':
            switchModule('Load')
            showAFXInformationDialog(mw, '    为配合本插件的使用\n' \
                '    Abaqus 已自动转到 Load 模块\n'\
                '    请按照下方提示信息拾取一个固定面')
        else:
            showAFXInformationDialog(mw, '    欢迎使用本插件\n'\
                '    请按照下方提示信息拾取一个固定面')
        AFXProcedure.activate(self)
#注册插件
toolset = getAFXApp().getAFXMainWindow().getPluginToolset()
toolset.registerGuiMenuButton(
    buttonText='第 11 章实例 连续拾取',
    object=MultiPickup_plugin(toolset),
    messageId=AFXMode.ID_ACTIVATE,
    icon=None,
    kernelInitString='import multiPickup',
    applicableModules=ALL,
    version='N/A',
    author='N/A',
    description='N/A',
    helpUrl='N/A'
)
```

11.2.2 Procedure 模式和拾取关键字

与前两章的插件实例有所不同，本插件的注册脚本继承的父类不是 AfxForm，而是 AFXProcedure。第 8 章提到过，Abaqus GUI 有两种模式，分别是 Form 模式和 Procedure 模式。模式是指对来自用户数据的收集和处理，以及向内核发出命令的一种机制。Form 模式是对话框的一个接口，例如第 8~10 章的插件实例都以对话框的形式呈现，采用的都是 Form

模式。Procedure 模式也称为过程模式，它也是一种接口，表现为通过 Abaqus/CAE 窗口下方提示区域中的信息提示引导用户进行一系列操作来收集数据。拾取行为是 Procedure 模式的一个典型应用。

注册脚本
```
5    class MultiPickup_plugin(AFXProcedure):
```

从实例演示可知，本插件通过提示区域的信息引导，一步步地拾取模型的几何实体，所以第 5 行继承的父类为 AFXProcedure。

注册脚本
```
10        self.load_value1Kw = AFXFloatKeyword(self.cmd, 'load_value1', True, 3.0)
11        self.load_value2Kw = AFXFloatKeyword(self.cmd, 'load_value2', True, 2.0)
12        self.fix_faceKw = AFXObjectKeyword(self.cmd, 'fix_face', True)
13        self.load_face1Kw = AFXObjectKeyword(self.cmd, 'load_face1', True)
14        self.load_face2Kw = AFXObjectKeyword(self.cmd, 'load_face2', True)
```

第 10 行和第 11 行的浮点类型关键字用于收集两个载荷值。第 12 行~第 14 行需要创建的是对象类型关键字。第 8 章介绍过，拾取控件使用对象类型关键字收集数据，尽管本插件并没有对话框，但使用的仍是拾取控件。

注册脚本
```
16        self.point1_pickKw = AFXObjectKeyword(self.cmd, 'point1_pick', True)
17        self.point1_coorKw = AFXTupleKeyword(self.cmd, 'point1_coor', \
18            True,3,3,AFXTUPLE_TYPE_FLOAT)
19        self.point2_pickKw = AFXObjectKeyword(self.cmd, 'point2_pick', True)
20        self.point2_coorKw = AFXTupleKeyword(self.cmd, 'point2_coor', \
21            True,3,3,AFXTUPLE_TYPE_FLOAT)
```

拾取三个面后，还要收集剪切力方向的数据。方向可通过选取两个几何点或输入两个坐标值来获取，因此需要创建对象类型关键字和元组类型关键字，共两组，分别对应方向的前后两个点，如第 16 行~第 18 行为第一个点，第 19 行~第 21 行为第二个点。由于坐标值是三个浮点数构成的序列，所以需要元组类型的关键字，并且参数 opts 要设为浮点类型，如第 18 行和第 21 行的 AFXTUPLE_TYPE_FLOAT。

11.2.3 getFirstStep 和 getNextStep

Procedure 模式中必须要创建 getFirstStep()，在其中定义要执行的第一步操作。getFirstStep()会被自动调用，自身没有参数。需要注意，Procedure 模式使用的是 getFirstStep()，而 AfxForm 模式为 getFirstDialog()，这两个方法不能混用。

注册脚本
```
23        def getFirstStep(self):
24            self.fix_face1 = AFXPickStep(self, self.fix_faceKw, \
25                '依次选择三个面,首先拾取一个固定面',  AFXPickStep.FACES, ONE, 2)
26            return self.fix_face1
```

getFirstStep()中定义了拾取构造函数 AFXPickStep()，如果用 RSG 对话框生成器创建带小箭头的拾取控件，对话框脚本中会产生一个类，其中的核心就是 AFXPickStep()，第 8 章中介绍过它的参数和使用方法，本章不再赘述。

由于要求拾取一个几何面，第 24、25 行 AFXPickStep() 中使用参数 AFXPickStep.FACES，紧接着用 ONE 来限定只能选择一个，将实例对象传入变量 self.fix_face1，并用 return 语句返回该变量。

如果 Procedure 模式中不只一个步骤，比如本插件需要连续几次拾取实体，则必须要定义 getNextStep()。getNextStep(previousStep)可以执行下一步操作任务，直到返回 None 或者 0 时终止。参数 previousStep 不需要手动赋值，Abaqus GUI 会自动传入上一步 getFirstStep()返回的对象。

注册脚本

```
27      def getNextStep(self, previousStep):
28          import multiPickupDB
29          if previousStep == self.fix_face1:
30              self.face1 = AFXPickStep(self, self.load_face1Kw, \
31                  '再拾取一个正压力面', AFXPickStep.FACES, ONE, 3)
32              return self.face1
```

脚本的 getNextStep() 中，第 29 行使用了 if 语句，判断参数 previousStep 是否等于 self.fix_face1。参数 previousStep 会自动接收 getFirstStep() 返回的内容。判断成立后，执行相应语句拾取下一个几何面，拾取的对象传给变量 self.face1，并返回该变量。

注册脚本

```
33          elif previousStep == self.face1:
34              self.face2 = AFXPickStep(self, self.load_face2Kw, \
35                  '最后拾取一个剪切力面', AFXPickStep.FACES, ONE, 4)
36              return self.face2
```

接下来还要继续拾取，不过无须再次定义 getNextStep()，用 if-elif 语句接着判断参数 previousStep 中的内容，例如脚本第 33 行，判断 previousStep 是否为上一步拾取的面对象 self.face1，为真时则继续选择第三个几何面。

注册脚本

```
37          elif previousStep == self.face2:
38              self.point1 = AFXPickStep(self, self.point1_pickKw, \
39                  '选择或输入剪切力方向起始点', AFXPickStep.POINTS, ONE, 2)
40              self.point1.addPointKeyIn(self.point1_coorKw)
41              return self.point1
```

完成三个面的拾取后，还要设置剪切力的方向。除了拾取两个点构成矢量外，还可以手动输入两个坐标。

判断上一步骤拾取的是第三个面后，第 38 行和第 39 行使用参数 AFXPickStep.POINTS 拾取一个点。同时，如果还想在提示区域输入坐标值，则通过拾取的点对象调用实例方法 addPointKeyIn(keyword)便可添加坐标文本框。参数 keyword 的类型为元组类型关键字，该关键字可以设置输入数值的个数，以及数值是浮点数还是整数。例如第 40 行使用的参数 self.point1_coorKw 来自第 17 行和第 18 行创建的元组类型关键字。定义该关键字时，明确了元组的元素数量最少和最多都是三个，且都为浮点型。如果输入的元素不是三个或数值为其他数据类型，Abaqus 都会弹出错误对话框。

注册脚本

```
28          import multiPickupDB
...
47          elif previousStep == self.point2:
```

```
48            dialog = multiPickupDB.MultiPickupDB(self)
49            return AFXDialogStep(self, dialog, '在对话框中输入数值')
50        else:
51            return None
```

三个面和两个点的拾取步骤都完成后，插件会弹出对话框，用来输入载荷。

首先在第 28 行导入对话框脚本 multiPickupDB，并在第 48 行把对话框脚本中的类 MultiPickupDB 实例化，将实例对象传给变量 dialog。仅实例化还不够，还需要第 49 行的 AFXDialogStep () 弹出对话框。AFXDialogStep () 能够让用户在 Procedure 模式中发布对话框。它的语法为：

```
AFXDialogStep(owner, dialog, prompt)
```

它的参数见表 11-1。

表 11-1　AFXDialogStep 的参数

参　数	类　型	描　述
owner	AFXProcedure	Procedure 模式
dialog	AFXDataDialog	要发布的对话框
prompt	String	提示区域的文本

第一个参数 owner 是 Procedure 模式本身，此处可用 self。

第二个参数 dialog 是要发布的对话框，设为对话框的实例对象。

第三个参数 prompt 是提示区域中的文本。

完成所有步骤后，getNextStep () 最后的 else 语句中需要返回 None，表示 Procedure 模式中的拾取步骤已全部结束。

11.2.4　激活方法 activate ()

注册脚本的主体已经完成，接下来可以让插件更完善，Abaqus 打开.cae 文件后，默认所处的视图往往是 Part 模块，但 Abaqus 并不能对 Part 施加载荷和边界条件，这时运行插件尽管可以选择面和输入数值，但提交对话框时会报错。

使用激活方法 activate () 可以解决这个问题，它可以在用户收集数据前就自动执行。activate () 默认是空的，使用时需要重写，Form 模式和 Procedure 模式下都可用。比如打开本实例插件后，需要立刻对当前是否在 Load 模块中进行判断，如果判断为假，则立即切换到 Load 模块。

注册脚本

```
    # 插件启动时,activate()即被调用
    def activate(self):
        mw = getAFXApp().getAFXMainWindow()
        curModule = getCurrentModuleGui()
        if curModule.getModuleName() != 'Load':
            switchModule('Load')
            showAFXInformationDialog(mw, '    为配合本插件的使用\n'\
                '    Abaqus 已自动转到 Load 模块\n'\
                '    请按照下方提示信息拾取一个固定面')
        else:
            showAFXInformationDialog(mw, '    欢迎使用本插件\n'\
```

```
63                    '    请按照下方提示信息拾取一个固定面')
64            AFXProcedure.activate(self)
```

第 55 行的 getCurrentModuleGui() 可以获取当前视图的所在模块对象。它是一个独立方法，和第 54 行的 getAFXApp() 一样，不需要调用某类或对象便可直接使用。

第 56 行，getCurrentModuleGui() 调用 getModuleName()，可返回模块对象的名称。如果返回的并不是 Load 字符串，则会执行 if 中的语句。

第 57 行使用独立方法 switchModule() 切换到 Load 模块。

第 58 行～第 62 行用 showAFXInformationDialog() 弹出提示对话框，告知用户模块已切换，接下来要拾取一个固定面。如果目前位于 Load 模块，也会弹出一个对话框做提示。

第 63 行，由于重写了 activate()，所以需要由父类 AFXProcedure 显式地调用 activate()，否则插件无法正确运行。

激活方法 activate() 与第 10 章的自定义检查方法 doCustomChecks() 有些相似，它们都会被自动调用，且原本都是空的，使用时需要重写，也都可以进行某些检查。区别在于 activate() 在插件刚运行时就会执行，而 doCustomChecks() 则是在对话框提交后才会被调用。

11.3 对话框脚本

对话框脚本 multiPickupDB.py

```
# -*- coding: UTF-8 -*-
from abaqusConstants import *
from abaqusGui import *
class MultiPickupDB(AFXDataDialog):
    def __init__(self, form):
        AFXDataDialog.__init__(self, form, '连续拾取插件', \
            self.OK|self.CANCEL, DIALOG_ACTIONS_SEPARATOR)
        GroupBox_1 = FXGroupBox(p=self, text='定义载荷', opts=FRAME_GROOVE)
        FXLabel(p=GroupBox_1, text='注:依次选择三个面,分别为固定面、\
            \n 正压力面和剪切力面。\n', opts=JUSTIFY_LEFT)
        VAligner_1 = AFXVerticalAligner(p = GroupBox_1, opts=0, x=0, y=0, w=0, h=0, pl=0, pr=0, pt=0, pb=0)
        AFXTextField(p=VAligner_1, ncols=8, labelText='正压力面 压强值  =      ', \
            tgt=form.load_value1Kw, sel=0)
        AFXTextField(p=VAligner_1, ncols=8, labelText='剪切力面 压强值  =', \
            tgt=form.load_value2Kw, sel=0)
        FXLabel(p=VAligner_1, text='', opts=JUSTIFY_LEFT)
```

本章的核心内容是注册脚本，对话框脚本则较为简单，其中的布局、标签控件和文本框控件都是较为基础的知识，第 8 章已有详细介绍，此处不再讲述对话框脚本。

11.4 内核脚本

11.4.1 内核脚本代码

内核脚本 multiPickup.py

```
# -*- coding: UTF-8 -*-
```

```
from abaqus import *
from abaqusConstants import *
from caeModules import *
def multiMethod(load_value1, load_value2, fix_face, load_face1, load_face2, point1_pick = ", \
        point2_pick = ", point1_coor = (0,0,0), point2_coor = (0,0,0)):
    # 获取当前视图和模型名称
    vpName = session.currentViewportName
    vp = session.viewports[vpName]
    modelName = session.sessionState[vpName]['modelName']
    m = mdb.models[modelName]
    # 获取装配件的 face
    a = m.rootAssembly
    insName = a.instances.keys()[0]
    ins = a.instances[insName]
    f = ins.faces
    # 创建 step
    m.StaticStep(name='Step-1', previous='Initial', initialInc=0.1, nlgeom=ON)
    vp.assemblyDisplay.setValues(step='Step-1')
    # 获取拾取 face 对象,创建几何序列 GeomSequence
    faceId1 = load_face1.index
    pickSurf1 = f[faceId1:faceId1+1]
    region1 = regionToolset.Region(side1Faces=pickSurf1)
    # 施加 pressure 载荷
    m.Pressure(name='Load-pressure', createStepName='Step-1', region=region1, \
        distributionType=UNIFORM, field=", magnitude=load_value1, amplitude=UNSET)
    # 拾取 face 对象,创建几何序列 GeomSequence
    faceId2 = load_face2.index
    pickSurf2 = f[faceId2:faceId2+1]
    region2 = regionToolset.Region(side1Faces=pickSurf2)
    # 根据方向的选取方式,施加 shear 载荷
    if point1_pick == " and point2_pick == ":
        dvect1, dvect2 = point1_coor, point2_coor
    elif point1_pick != " and point2_pick != ":
        dvect1, dvect2 = point1_pick, point2_pick
    elif point1_pick == " and point2_pick != ":
        dvect1, dvect2 = point1_coor, point2_pick
    elif point1_pick != " and point2_pick == ":
        dvect1, dvect2 = point1_pick, point2_coor
    m.SurfaceTraction(name='Load-shear', createStepName='Step-1', region=region2, \
        magnitude=load_value2, directionVector=(dvect1, dvect2), \
        distributionType=UNIFORM, field=", localCsys=None)
    # 创建固定面
    m.EncastreBC(name='BC-fix', createStepName='Step-1', region=(fix_face,), localCsys=None)
    # 判断正压力面和剪切力面是否重合
    if load_face1 == load_face2:
        reply = getWarningReply('正压力面和剪切力面重合,是否重新选择?', (YES,NO))
        if reply == YES:
            del m.loads['Load-pressure']
            del m.loads['Load-shear']
            del m.boundaryConditions['BC-fix']
        elif reply == NO:
            return
```

11.4.2 内核脚本要点

第 8 行~第 11 行是获取当前视图和模型名称的通用语句。

第 13 行~第 16 行，获取当前装配体的所有 face 对象。本模型中只有一个部件实例（instance），可在第 14 行用仓库 instances 调用 keys()[0]来获取它的名称。

第 18 行创建静力学分析步。由于插件可以自动转到 Load 模块，创建好分析步后，第 19 行可以将视图转到新建的分析步，以便立刻查看施加的载荷和边界条件。

第 21 行~第 26 行，施加正压载荷。视图中拾取的 face 对象不能直接作为参数用于第 25 行的 Pressure()，须先转为几何序列。第 21 行获取 face 对象的索引值后，通过第 22 行可以转为几何序列。

第 32 行~第 42 行，施加剪切载荷。习惯上剪切力的方向由两个拾取点或两个坐标构成，但实际上这四个变量可以混合搭配。这几行使用 if-elif 语句列了全部的四种组合，获取实际用到的两个变量，将它们用于第 41 行的方向参数 directionVector 中。

第 44 行，对固定面施加边界条件。EncastreBC()中的参数 region 无须传入几何序列，可直接使用面对象。

第 46 行~第 53 行，判断拾取的两个载荷面是否重合。如果重合，第 47 行的 getWarningReply()会弹出一个警告对话框，询问用户是否要重新选取。getWarningReply(message, buttons)有两个参数，message 是信息文本，buttons 是标准按钮，后者可用值为 YES、NO、YES_TO_ALL 和 CANCEL，使用时应以序列形式出现，即使只有一个 YES，也应为(YES,)。在接下来的 if-elif 语句中，设定如果单击警告对话框的 Yes 按钮，则会将已创建好的载荷和边界条件全部删除，选择 No 则会保留。本实例中只判断两个载荷面是否重合，还可以添加是否与固定面重合的判断。

11.5 本章小结

本章的实例是连续拾取插件，用户可以根据提示区域的信息依次对模型进行拾取，拾取完毕后会自动弹出对话框，用户可以输入载荷值，内核脚本会对模型施加载荷和边界条件。

注册脚本详细介绍了 getFirstStep()和 getNextStep()的使用方式。getFirstStep()是 Procedure 模式中必须具备的方法，如果要多次拾取，还需定义 getNextStep()。拾取点的同时，调用 addPointKeyIn()可以在提示区域添加输入坐标的文本框。AFXDialogStep()可以在Procedure模式中发布对话框，起到对接 Form 模式的作用。

activate()具有插件刚启动时就自动执行的特点，例如本实例需要在打开插件时检查当前所处的模块，getCurrentModuleGui()可以获取当前的模块对象，switchModule()则可以切换模块。将检查和切换模块以及弹出信息对话框的语句重写在 activate()中，可以避免由于模块原因产生的错误。

内核脚本中，剪切载荷的方向由拾取的两个点或输入的两个坐标决定。它们也可以两两混合搭配，通过列出四种组合，以 if-elif 语句的方式正确获取方向参数。此外，如果两次拾取同一个面，会自动弹出警告对话框，单击 Yes 按钮可一键删除已施加的载荷和边界条件。

第 12 章

实例：连续对话框插件

12.1 实例演示

本插件实例的脚本保存于随书配套附件 chapter 12\multiDialog 文件夹中，使用前需要将文件夹 multiDialog 复制到工作目录\abaqus_plugins\中，还要确保文件夹 abaqus_plugins 中包含脚本__init__.py。打开 Abaqus 后，插件在 Abaqus Plus-ins 菜单中的名称为“第 12 章实例连续对话框”。

使用该插件时，除了粘贴插件文件夹 multiDialog 外，还需要把该文件夹中的__init__.py 一起粘贴到 abaqus_plugins 中。打开 Abaqus，单击插件，首先弹出图 12-1a 所示的对话框，在宽、高、长三个尺寸文本框中输入数值或采用默认值后，单击“下一步”按钮，接着会弹出图 12-1b 所示的对话框，提示定义材料，输入材料名称和数值后，单击“下一步”按钮，再次弹出图 12-1c 所示定义分析步的对话框。对该对话框进行修改后，单击“默认值”按钮，便可恢复为初始值。单击“确定”按钮提交，插件会创建一个图 12-2 所示的立方体模型，同时还会弹出图 12-3 所示的提示对话框，告知插件运行完毕。此时创建出的立方体已具备材料属性，并已创建分析步，同时 Abaqus/CAE 会转为 Step 模块。

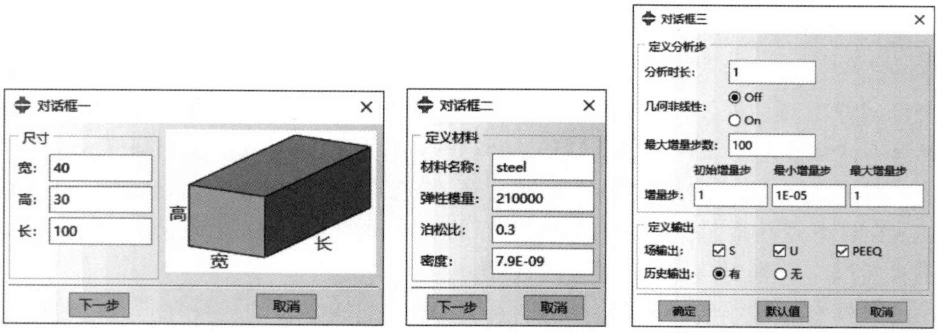

a) b) c)

图 12-1 连续对话框

图 12-2 创建的模型

图 12-3 创建完毕后的提示

作为误操作的防范机制，在任意一个对话框中，如果文本框中输入的数值为负数或 0（不包括材料名称，例如第一个对话框中高度输入的是-30），单击“下一步”按钮，插件并不会进入第二个对话框，而是立刻弹出错误对话框，提示用户错误之处，要求返回重新输入，如图 12-4 所示。单击 Dismiss 按钮后，错误文本框中的数值为选中状态，以方便用户修改，如图 12-5 所示。

图 12-4　尺寸有误时弹出错误对话框

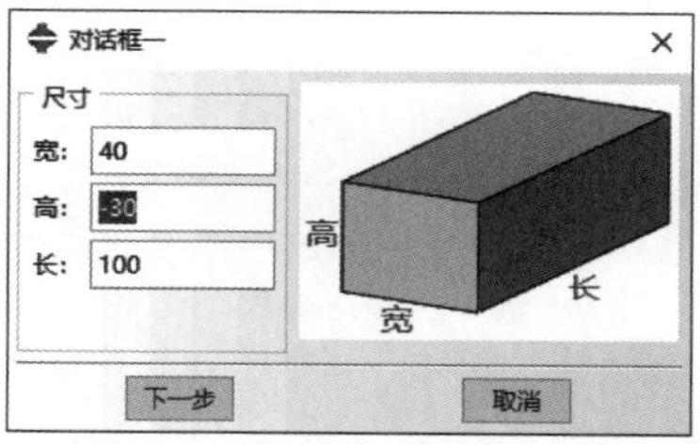

图 12-5　错误尺寸被自动选中

如果 Abaqus 中已经存在第二个对话框中的材料名称，提交对话框时会弹出一个图 12-6 所示的对话框，询问用户是否覆盖已有材料。单击 Yes 按钮，新材料会覆盖旧的同名材料。

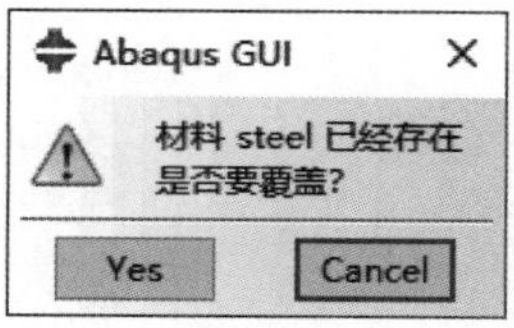

图 12-6　提示材料已经存在

本章插件不再采用通常的单一对话框，而以连续弹出多个对话框的方式，将原本众多的控件分散在几个较小的对话框中，这样的分类方式可以使插件不再大而杂。只要用户愿意，可以继续增加对话框的数量。此外，在子对话框中，插件能实时检查用户输入是否有误，通过弹出错误对话框中断程序，提示用户及时更改，而不用等最后提交对话框时才进行检查。

12.2　对话框脚本

本章的插件实例由三个脚本构成，分别是对话框脚本 multiDialogDB.py、注册脚本 multiDialog_plugin.py 和内核脚本 multiDialog.py。

12.2.1　对话框脚本代码

对话框脚本 multiDialogDB.py

```
# -*- coding: UTF-8 -*-
from abaqusConstants import *
from abaqusGui import *
import os
thisPath = os.path.abspath(__file__)
thisDir = os.path.dirname(thisPath)
# 对话框一
class Dialog1DB(AFXDataDialog):
    def __init__(self, form):
        AFXDataDialog.__init__(self, form, '对话框一', self.CONTINUE|self.CANCEL, \
            DIALOG_ACTIONS_SEPARATOR)
        continueBtn1 = self.getActionButton(self.ID_CLICKED_CONTINUE)
```

```
        continueBtn1.setText('下一步')
        cancelBtn1 = self.getActionButton(self.ID_CLICKED_CANCEL)
        cancelBtn1.setText('取消')
        HFrame_1 = FXHorizontalFrame(p=self, opts=0, x=0, y=0, w=0, h=0, pl=0, pr=0, pt=0, pb=0)
        GroupBox_1 = FXGroupBox(p=HFrame_1, text='尺寸', opts=FRAME_GROOVE)
        VAligner_1 = AFXVerticalAligner(p=GroupBox_1,opts=0,x=0,y=0,w=0,h=0,pl=0,pr=0,pt=0,pb=0)
        AFXTextField(p=VAligner_1, ncols=12, labelText='宽:', tgt=form.widthKw, sel=0)
        AFXTextField(p=VAligner_1, ncols=12, labelText='高:', tgt=form.heightKw, sel=0)
        AFXTextField(p=VAligner_1, ncols=12, labelText='长:', tgt=form.lengthKw, sel=0)
        FXLabel(p=VAligner_1, text='', ic=None)
        fileName = os.path.join(thisDir, 'beam.png')
        icon = afxCreatePNGIcon(fileName)
        FXLabel(p=HFrame_1, text='', ic=icon)
# 对话框二
class Dialog2DB(AFXDataDialog):
    def __init__(self, form):
        AFXDataDialog.__init__(self, form, '对话框二', self.CONTINUE|self.CANCEL, \
                DIALOG_ACTIONS_SEPARATOR)
        continueBtn2 = self.getActionButton(self.ID_CLICKED_CONTINUE)
        continueBtn2.setText('下一步')
        cancelBtn2 = self.getActionButton(self.ID_CLICKED_CANCEL)
        cancelBtn2.setText('取消')
        GroupBox_1 = FXGroupBox(p=self, text='定义材料', opts=FRAME_GROOVE)
        VAligner_1 = AFXVerticalAligner(p=GroupBox_1,opts=0,x=0,y=0,w=0,h=0,pl=0,pr=0,pt=0,pb=0)
        AFXTextField(p=VAligner_1,ncols=12,labelText='材料名称:',tgt=form.matNameKw, sel=0)
        AFXTextField(p=VAligner_1, ncols=12, labelText='弹性模量:', tgt=form.EKw, sel=0)
        AFXTextField(p=VAligner_1, ncols=12, labelText='泊松比:', tgt=form.NuKw, sel=0)
        AFXTextField(p=VAligner_1, ncols=12, labelText='密度:', tgt=form.densityKw, sel=0)
# 对话框三
class Dialog3DB(AFXDataDialog):
    def __init__(self, form):
        AFXDataDialog.__init__(self, form, '对话框三', \
            self.OK|self.DEFAULTS|self.CANCEL, DIALOG_ACTIONS_SEPARATOR)
        okBtn = self.getActionButton(self.ID_CLICKED_OK)
        okBtn.setText('确定')
        defaultBtn = self.getActionButton(self.ID_CLICKED_DEFAULTS)
        defaultBtn.setText('默认值')
        cancelBtn3 = self.getActionButton(self.ID_CLICKED_CANCEL)
        cancelBtn3.setText('取消')
        VFrame_1 = FXVerticalFrame(p=self, opts=0, x=0, y=0, w=0, h=0, pl=0, pr=0, pt=0, pb=0)
        GroupBox_3 = FXGroupBox(p=VFrame_1, text='定义分析步        ', opts=FRAME_GROOVE)
        VAligner_2 = AFXVerticalAligner(p=GroupBox_3,opts=0,x=0,y=0,w=0,h=0,pl=0,pr=0,pt=0,pb=0)
        AFXTextField(p=VAligner_2,ncols=12,labelText='分析时长:        ',tgt=form.timePeriodKw, sel=0)
        HFrame_2 = FXHorizontalFrame(p=GroupBox_3,opts=0,x=0,y=0,w=0,h=0,pl=0,pr=0,pt=0,pb=0)
```

```
        VFrame_2 = FXVerticalFrame(p=HFrame_2, opts=0, x=0, y=0, w=0, h=0, pl=0, pr=0, pt=10, pb=0)
        FXLabel(p=VFrame_2, text='几何非线性:', opts=JUSTIFY_LEFT)
        VFrame_3 = FXVerticalFrame(p=HFrame_2, opts=0, x=0, y=0, w=0, h=0, pl=0, pr=0, pt=0, pb=0)
        FXRadioButton(p=VFrame_3, text='Off', tgt=form.radioNlgKw, sel=11)
        FXRadioButton(p=VFrame_3, text='On', tgt=form.radioNlgKw, sel=22)
        AFXTextField(p=GroupBox_3,ncols=12,labelText='最大增量步数:',tgt=form.maxNumIncKw,sel=0)
        FXLabel(p=GroupBox_3, text='  初始增量步      最小增量步      最大增量步', \
            opts=JUSTIFY_LEFT)
        HFrame_3 = FXHorizontalFrame(p=GroupBox_3,,opts=0,x=0,y=0,w=0,h=0,pl=0,pr=0,pt=0,pb=0)
        AFXTextField(p=HFrame_3, ncols=10, labelText='增量步:', tgt=form.initialIncKw, sel=0)
        AFXTextField(p=HFrame_3, ncols=10, labelText='', tgt=form.minIncKw, sel=0)
        AFXTextField(p=HFrame_3, ncols=10, labelText='', tgt=form.maxIncKw, sel=0)
        GroupBox_2=FXGroupBox(p=VFrame_1,text='定义输出',opts=FRAME_GROOVE|LAYOUT_FILL_X)
        HFrame_4 = FXHorizontalFrame(p=GroupBox_2,opts=0,x=0,y=0,w=0,h=0,pl=0,pr=0,pt=0,pb=0)
        FXLabel(p=HFrame_4, text='场输出:', opts=JUSTIFY_LEFT)
        FXCheckButton(p=HFrame_4, text='S', tgt=form.stressKw, sel=0)
        FXCheckButton(p=HFrame_4, text='U', tgt=form.displaymentKw, sel=0)
        FXCheckButton(p=HFrame_4, text='PEEQ', tgt=form.peeqKw, sel=0)
        HFrame_5 = FXHorizontalFrame(p=GroupBox_2,opts=0,x=0,y=0,w=0,h=0,pl=0,pr=0,pt=0,pb=0)
        FXLabel(p=HFrame_5, text='历史输出:', opts=JUSTIFY_LEFT)
        FXRadioButton(p=HFrame_5, text='有  ', tgt=form.radioHistoryKw, sel=33)
        FXRadioButton(p=HFrame_5, text='无', tgt=form.radioHistoryKw, sel=44)
```

12.2.2 对话框脚本要点

插件共有三个对话框，它们原本分别由三个脚本制成，本插件把它们整合成一个对话框脚本 multiDialogDB.py。在该脚本中，三个对话框分别对应类名 Dialog1DB、Dialog2DB 和Dialog3DB。

对话框脚本

```
# 对话框一
class Dialog1DB(AFXDataDialog):
    def __init__(self, form):
        AFXDataDialog.__init__(self, form, '对话框一', self.CONTINUE|self.CANCEL, \
            DIALOG_ACTIONS_SEPARATOR)
        continueBtn1 = self.getActionButton(self.ID_CLICKED_CONTINUE)
        continueBtn1.setText('下一步')
...
# 对话框三
class Dialog3DB(AFXDataDialog):
    def __init__(self, form):
        AFXDataDialog.__init__(self, form, '对话框三',
            self.OK|self.DEFAULTS|self.CANCEL, DIALOG_ACTIONS_SEPARATOR)
        okBtn = self.getActionButton(self.ID_CLICKED_OK)
```

```
47          okBtn.setText('确定')
48          defaultBtn = self.getActionButton(self.ID_CLICKED_DEFAULTS)
49          defaultBtn.setText('默认值')
```

如果插件只有单一对话框，对话框下方的确定按钮通常是用于提交的 OK，而本实例有三个对话框，前两个对话框下方按钮应为“下一步”。以第一个对话框为例，相应的代码在第 10 行，应将默认的 self.OK 改为 self.CONTINUE，并将第 12 行的 ID 设为 ID_CLICKED_CONTINUE，它的作用是收集控件的数据后隐藏当前对话框，打开下一个对话框继续收集数据，起到两个对话框之间的衔接功能。第二个对话框也用同样的设置。第三个对话框则使用默认的 self.OK 和self.ID_CLICKED_OK。

如果想添加默认值按钮，可以增加参数值 DEFAULTS，例如第 45 行的 self.DEFAULTS，其 ID 是第 48 行的 self.ID_CLICKED_DEFAULTS。

对话框脚本

```
56          HFrame_2 = FXHorizontalFrame(p=GroupBox_3,opts=0,x=0,y=0,w=0,h=0,pl=0,pr=0,
            pt=0,pb=0)
57          VFrame_2 = FXVerticalFrame(p=HFrame_2, opts=0, x=0, y=0, w=0, h=0, pl=0, pr=0,
            pt=10, pb=0)
58          FXLabel(p=VFrame_2, text='几何非线性: ', opts=JUSTIFY_LEFT)
59          VFrame_3 = FXVerticalFrame(p=HFrame_2, opts=0, x=0, y=0, w=0, h=0, pl=0, pr=0, pt=0,
pb=0)
```

图 12-7 中，标签“几何非线性:”与旁边的两个单选按钮 Off 和 On 呈左右水平排列，标签处于两个单选按钮之间，这种布局方式用 RSG 做不出来，需要手动修改代码。制作方法是先创建垂直布局 VFrame_2(第 57 行)，参数 pt 设为 10，这样第 58 行的标签会与顶部保持 10 像素的间隔。右侧的两个单选按钮以第 59 行的垂直布局为父控件。这两个垂直布局的父控件都是第 56 行的水平布局 HFrame_2。

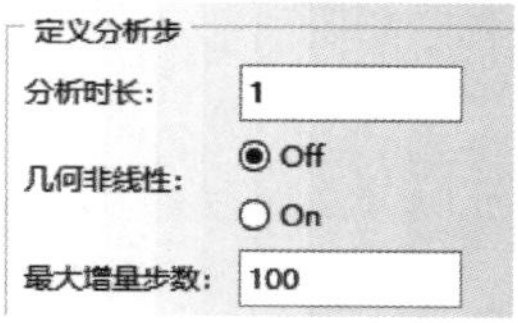

图 12-7 控件布局

为了对齐和美观，有些标签中的文本字符前后需要用空格隔开。

对话框脚本

```
60          FXRadioButton(p=VFrame_3, text='Off', tgt=form.radioNlgKw, sel=11)
61          FXRadioButton(p=VFrame_3, text='On', tgt=form.radioNlgKw, sel=22)
...
77          FXRadioButton(p=HFrame_5, text='有      ', tgt=form.radioHistoryKw, sel=33)
78          FXRadioButton(p=HFrame_5, text='无', tgt=form.radioHistoryKw, sel=44)
```

三个对话框中的控件比较简单，大多都是文本框，它们对应的主要是浮点类型关键字。第一个对话框中的文本框控件用来收集立方体的三维尺寸；第二个对话框中，首行的文本框收集材料名称，使用的是字符串类型关键字，下面三个文本框收集弹性模量、泊松比和密度的数值，使用浮点类型关键字。第三个对话框除了文本框，还有单选按钮和复选按钮，第 60 行、第 61 行、第 77 行、第 78 行单选按钮的参数 tgt 指向同一个关键字 form.radioHistoryKw，但参数 sel 的赋值并不相同。

对话框脚本

```
72          FXCheckButton(p=HFrame_4, text='S       ', tgt=form.stressKw, sel=0)
73          FXCheckButton(p=HFrame_4, text='U       ', tgt=form.displaymentKw, sel=0)
74          FXCheckButton(p=HFrame_4, text='PEEQ', tgt=form.peeqKw, sel=0)
```

复选按钮则相反。第 72 行~第 74 行中，参数 tgt 分别指向不同的关键字，而参数 sel 都为 0。这些对话框都可以用 RSG 对话框生成器制作出来。

12.3 注册脚本

12.3.1 注册脚本代码

注册脚本 multiDialog_plugin.py

```
# -*- coding: UTF-8 -*-
from abaqusGui import *
from abaqusConstants import ALL
from multiDialogDB import Dialog1DB, Dialog2DB, Dialog3DB
class MultiDialog_plugin(AFXForm):
    # 自定义标识符 ID
    ID_OVERWRITE = AFXForm.ID_LAST
    def __init__(self, owner):
        AFXForm.__init__(self, owner)
        # 对话框一
        self.cmd1 = AFXGuiCommand(mode=self, method='dialog1Method', objectName='multiDialog')
        self.widthKw = AFXFloatKeyword(self.cmd1, 'width', True, 40)
        self.heightKw = AFXFloatKeyword(self.cmd1, 'height', True, 30)
        self.lengthKw = AFXFloatKeyword(self.cmd1, 'length', True, 100)
        # 对话框二
        self.cmd2 = AFXGuiCommand(mode=self, method='dialog2Method', objectName='multiDialog')
        self.matNameKw = AFXStringKeyword(self.cmd2, 'matName', True, 'steel')
        self.EKw = AFXFloatKeyword(self.cmd2, 'E', True, 210000)
        self.NuKw = AFXFloatKeyword(self.cmd2, 'Nu', True, 0.3)
        self.densityKw = AFXFloatKeyword(self.cmd2, 'density', True, 7.9e-9)
        # 对话框三
        self.cmd3 = AFXGuiCommand(mode=self, method='dialog3Method', objectName='multiDialog')
        self.timePeriodKw = AFXFloatKeyword(self.cmd3, 'timePeriod', True, 1)
        self.radioNlgKw = AFXIntKeyword(self.cmd3, 'radioNlg', True, 11)
        self.maxNumIncKw = AFXIntKeyword(self.cmd3, 'maxNumInc', True, 100)
        self.initialIncKw = AFXFloatKeyword(self.cmd3, 'initialInc', True, 1.0)
        self.minIncKw = AFXFloatKeyword(self.cmd3, 'minInc', True, 1e-05)
        self.maxIncKw = AFXFloatKeyword(self.cmd3, 'maxInc', True, 1.0)
        self.stressKw = AFXBoolKeyword(self.cmd3, 'stress', AFXBoolKeyword.TRUE_FALSE, True, True)
        self.displaymentKw = AFXBoolKeyword(self.cmd3, 'displayment', \
            AFXBoolKeyword.TRUE_FALSE, True, True)
        self.peeqKw = AFXBoolKeyword(self.cmd3, 'peeq', AFXBoolKeyword.TRUE_FALSE, True, True)
        self.radioHistoryKw = AFXIntKeyword(self.cmd3, 'radioHistory', True, 33)
        # 映射方法
        FXMAPFUNC(self, SEL_COMMAND, self.ID_OVERWRITE, MultiDialog_plugin.onOverwrite)
    #~~~~~~~~~~~~~~~~~~~~~~~~~~~~~~~~~~~~~~~~~~~~~~~~~~~~~~~~~~~~~~~~~~~~~~~~
    def getFirstDialog(self):
        self.dialog1 = Dialog1DB(self)
        return self.dialog1
    # 打开后续的对话框
```

```
    def getNextDialog(self, previousDialog):
        if previousDialog == self.dialog1:
            self.dialog2 = Dialog2DB(self)
            return self.dialog2
        if previousDialog == self.dialog2:
            self.dialog3 = Dialog3DB(self)
            return self.dialog3
        return None
    # 检查关键字的值
    def doCustomChecks(self):
        db = self.getCurrentDialog()
        keyList = [self.widthKw, self.heightKw, self.lengthKw, self.EKw, self.NuKw, self.densityKw,
            self.timePeriodKw, self.maxNumIncKw, self.initialIncKw, self.minIncKw, self.maxIncKw]
        for key in keyList:
            if key.getValue() <= 0:
                showAFXErrorDialog(db,' 输入值 {0} <= 0  \n  请返回重新输入  '\
                    .format(key.getValue()))
                # 选中文本框中的错误值
                db.onKeywordError(key)
                return False
        return True
    # 检查材料名称是否存在
    def verifyKeywordValues(self):
        matNameExist = self.matNameKw.getValue()
        mw = getAFXApp().getAFXMainWindow()
        if mdb.models['Model-1'].materials.has_key(matNameExist):
            showAFXWarningDialog(mw,'  材料 {0} 已经存在  \n  是否要覆盖?  '\
            .format(matNameExist), AFXDialog.YES |AFXDialog.CANCEL, self, self.ID_OVERWRITE)
            return False
        return True
    # 执行覆盖材料
    def onOverwrite(self, sender, sel, ptr):
        if sender.getPressedButtonId() == AFXDialog.ID_CLICKED_YES:
            self.issueCommands()
        return True
    # 转为 Step 模块,弹出提示对话框
    def doCustomTasks(self):
        switchModule('Step')
        mw = getAFXApp().getAFXMainWindow()
        showAFXInformationDialog(mw, '插件运行完毕')
# 注册插件
toolset = getAFXApp().getAFXMainWindow().getPluginToolset()
toolset.registerGuiMenuButton(
    buttonText='第 12 章实例 连续对话框',
    object=MultiDialog_plugin(toolset),
    messageId=AFXMode.ID_ACTIVATE,
    icon=None,
    kernelInitString='import abaqus_plugins.multiDialog.multiDialog as multiDialog',
```

```
        applicableModules=ALL,
        version='N/A',
        author='N/A',
        description='N/A',
        helpUrl='N/A'
    )
```

12.3.2 创建多对话框的关键字

注册脚本

```
11          self.cmd1 = AFXGuiCommand(mode=self, method='dialog1Method', objectName='multiDialog')
...
16          self.cmd2 = AFXGuiCommand(mode=self, method='dialog2Method', objectName='multiDialog')
...
22          self.cmd3 = AFXGuiCommand(mode=self, method='dialog3Method', objectName='multiDialog')
...
88      kernelInitString='import abaqus_plugins.multiDialog.multiDialog as multiDialog',
```

由于插件共有三套对话框和内核，因此注册脚本中的第 11 行、第 16 行和第 22 行分别创建了 AFXGuiCommand()，以便关联内核中的不同函数。参数 objectName 是对象名称，实际上是模块名称，它与第 88 行有关。第 88 中导入了名为 multiDialog 的模块，该模块的名称需要传给参数objectName；参数 method 的赋值分别是模块 multiDialog 中的三个函数名，其实就是内核脚本multiDialog.py中的三个函数 dialog1Method、dialog2Method 和 dialog3Method。创建好后，分别传给变量 self.cmd1、self.cmd2 和 self.cmd3。

需要注意的是，在不同对话框中创建关键字时，关键字构造函数的第一个参数并不相同，比如第一个对话框应使用 self.cmd1，后两个对话框分别使用 self.cmd2 和 self.cmd3。

12.3.3 getFirstDialog 和 getNextDialog

关键字创建完毕，接下来定义 getFirstDialog() 和 getNextDialog()，它们用于 Form 模式。第 11 章的插件实例为 Procedure 模式，使用的是 getFirstStep() 和 getNextStep()，不同模式中的方法不一样，不能混用。

注册脚本

```
4     from multiDialogDB import Dialog1DB, Dialog2DB, Dialog3DB
...
37        def getFirstDialog(self):
38            self.dialog1 = Dialog1DB(self)
39            return self.dialog1
```

通常，注册脚本中只需导入一个对话框。但本插件有三个对话框，第 4 行需要从对话框脚本中导入三个对话框的类。

Form 模式中必须定义 getFirstDialog()，其中语句为要打开的第一个对话框，它会被自动调用。第 38 行把 Dialog1DB 作为第一个要调用的对话框，将它实例化后传给变量 self.dialog1，并在第 39 行返回该变量。return 语句不可缺少，否则打不开对话框。

注册脚本

```
        # 打开后续的对话框
```

```
41        def getNextDialog(self, previousDialog):
42            if previousDialog == self.dialog1:
43                self.dialog2 = Dialog2DB(self)
44                return self.dialog2
45            if previousDialog == self.dialog2:
46                self.dialog3 = Dialog3DB(self)
47                return self.dialog3
48            return None
```

当插件包含多个对话框时，需要定义 getNextDialog()。它的完整格式为 getNextDialog(previousDialog)，参数 previousDialog 能够自动获取上一步返回的对话框实例对象，与 Procedure 模式中的 getNextStep(previousStep)有些类似。脚本第 42 行用 if 语句判断当前获取的是否为第一个对话框，如果为真，则将第二个对话框实例化，赋值给变量 self.dialog2，并再次返回。接着第 45 行继续判断参数 previousDialog 是否为第二个对话框，如果为真，则执行并返回第三个对话框。所有对话框都实例化后，最后必须在第 48 行返回 None，表示接下来没有要运行的对话框。

12.3.4 自定义检查方法 doCustomChecks()

接下来针对潜在的错误输入设置防范机制。比如这三个文本框中输入的浮点数或整数都须大于 0，可以在自定义检查方法 doCustomChecks()中检查错误和定义错误提示。第 10 章中介绍过 doCustomChecks()的作用，本章不再赘述。

注册脚本

```
49        # 检查关键字的值
50        def doCustomChecks(self):
51            db = self.getCurrentDialog()
52            keyList = [self.widthKw, self.heightKw, self.lengthKw, self.EKw, self.NuKw, self.densityKw,
53                self.timePeriodKw, self.maxNumIncKw, self.initialIncKw, self.minIncKw, self.maxIncKw]
54            for key in keyList:
55                if key.getValue() <= 0:
56                    showAFXErrorDialog(db, ' 输入值 {0} <= 0  \n  请返回重新输入  '\
57                        .format(key.getValue()))
58                    # 选中文本框中的错误值
59                    db.onKeywordError(key)
60                    return False
61            return True
```

第 51 行，self.getCurrentDialog()获取当前所在的对话框，以它为参数用在 showAFXErrorDialog()中，如果输入有误，在提交当前对话框时即可弹出错误提示，无须等到三个对话框都执行完毕后再判断数值是否出错。弹出的错误对话框如图 12-4 所示。

第 52 行~第 60 行，本插件要检查的关键字值都是判断是否大于 0，可以将这些关键字做成列表，在 for 循环中用 getValue()依次获取各自的值，如果测得某值小于 0，则执行 showAFXErrorDialog()，并在第 59 行调用 onKeywordError()。该方法的完整格式为 onKeywordError(kwd)，如果用户在文本框中输入错误值，这个值将自动选中，处于待改状态，如图 12-5 所示。用户无须逐一检查即可知道何处有误，当文本框较多时该方法比较实用。

如果输入出现错误，程序不能继续执行下去，就需要用户及时更改，第 60 行返回 False

即为中止进程。doCustomChecks () 最后一行须返回 True，表示没有发生错误，程序继续执行。

12.3.5 验证关键字值方法 verifyKeywordValues()

本插件还具有一个功能，如果用户在第二个对话框中输入的材料名称已经存在，提交时会弹出图 12-6 所示的提示对话框，告知该材料名已存在，让用户选择是否覆盖。如果选 Yes 则会替换掉同名材料，程序继续运行，否则对话框中止执行。

注册脚本

```
62        #检查材料名称是否存在
63        def verifyKeywordValues(self):
64            matNameExist = self.matNameKw.getValue()
65            mw = getAFXApp().getAFXMainWindow()
66            if mdb.models['Model-1'].materials.has_key(matNameExist):
67                showAFXWarningDialog(mw,' 材料 {0} 已经存在  \n  是否要覆盖?  '\
68                    .format(matNameExist), AFXDialog.YES |AFXDialog.CANCEL, self, self.ID_OVERWRITE)
69                return False
70            return True
71        #执行覆盖材料
72        def onOverwrite(self, sender, sel, ptr):
73            if sender.getPressedButtonId() == AFXDialog.ID_CLICKED_YES:
74                self.issueCommands()
75            return True
```

这个功能需要用到验证关键字值方法 verifyKeywordValues ()，它和自定义检查方法 doCustomChecks () 有些类似，都是对可能出现的错误进行检查。doCustomChecks () 在提交当前对话框时即被自动调用，其中语句为对关键字的值进行范围上的判断，比如第 55 行判断是否小于等于 0；或对关键字值之间关系做判断，比如第 10 章注册脚本的第 37 行~第 39 行，判断内圆弧与另外两个数值之差的关系。而验证关键字值方法 verifyKeywordValues () 有所不同，它在提交最后一个对话框时才被自动调用，它原本也是空的，使用时需要重写。相比之下，verifyKeywordValues () 的适用性更加广泛，比如本插件中判断输入的材料名称是否存在，检查关键字的值是否在某个范围内。这时不能用 doCustomChecks ()，否则要么会出错，要么实现不了预期的作用。

第 64 行获取文本框中输入的材料名称后，第 66 行判断当前模型中是否含有该材料。如果为真，则执行警告对话框 showAFXWarningDialog ()，它的完整格式为：

```
showAFXWarningDialog(owner, message,buttonIds=YES |NO |CANCEL, tgt=None, sel=0)
```

与错误对话框 showAFXErrorDialog (owner, message, tgt = None, sel = 0) 相比，警告对话框多了参数 buttonIds，取值可以是 YES、NO 和 CANCEL，这意味着可以利用这些按钮执行自定义的实例方法。第 68 行，参数 buttonIds 设为 YES 和 CANCEL，它们都需要 AFXDialog 调用，此时警告对话框中会有 Yes 和 Cancel 按钮。

注册脚本

```
    # 自定义标识符 ID
```

```
7       ID_OVERWRITE = AFXForm.ID_LAST
...
34          # 映射方法
35          FXMAPFUNC(self, SEL_COMMAND, self.ID_OVERWRITE, MultiDialog_plugin.onOverwrite)
...
72      def onOverwrite(self, sender, sel, ptr):
...
```

第 7 行创建了标识符 ID ID_OVERWRITE，它将用于第 35 行的映射方法 FXMAPFUNC()中。前几章的标识符 ID 都由 AFXDataDialog.ID_LAST 创建于对话框脚本中，而本章的标识符 ID 在注册脚本中通过 AFXForm.ID_LAST 定义。

映射方法 FXMAPFUNC()也可用于注册脚本。第 35 行，FXMAPFUNC()将第 7 行的标识符 ID 与第 72 行的实例方法 onOverwrite()做关联。这意味着一旦使用了此标识符 ID，便会触发onOverwrite()。

第 67 行，showAFXWarningDialog()中最后两个参数是 tgt 和 sel，分别设为 self 和 ID_OVERWRITE，这也是第 8 章介绍的三种设置方式之一。接着第 69 行返回 False，表示中止当前程序。如果没有触发 if 语句，与 doCustomChecks()一样，也需要在最后一行，即第 70 行返回 True。

第 72 行创建实例方法 onOverwrite()，定义了如何触发 Yes 按钮。第 73 行的 getPressedButtonId()能够返回当前对话框中被单击按钮的 ID，该方法需要由发送者 sender 调用。按钮 Yes 对应的 ID 是 ID_CLICKED_YES，通过 if 语句判断，如果为真，便执行第 74 行的 self.issueCommands()，然后返回 True。

issueCommands()负责构造命令字符串，将它发布到内核，同时也能处理命令中的异常，并在必要时取消。单击 Yes 按钮后，它的作用是让内核程序继续执行，内核脚本会创建重名的材料，覆盖原有材料。一般情况下，issueCommands()会被自动调用，由于警告对话框中断了进程，所以必须重新执行 issueCommands()，让程序继续运行下去。

12.3.6 自定义任务方法 doCustomTasks()

注册脚本

```
76      # 转为 Step 模块,弹出提示对话框
77      def doCustomTasks(self):
78          switchModule('Step')
79          mw = getAFXApp().getAFXMainWindow()
80          showAFXInformationDialog(mw, ' 插件运行完毕 ')
```

自定义任务方法 doCustomTasks()与自定义检查方法 doCustomChecks()和验证关键字值方法 verifyKeywordValues()又有所不同，当整个插件顺利执行后，doCustomTasks()才会被自动调用。它原本也是空的，使用时重写，可以设置提示或用于子插件，子插件在下一章中介绍。例如本插件成功运行完毕后，脚本第 78 行用 switchModule('Step')将视图转到 Step 模块，第 80 行弹出提示对话框，告知插件运行完毕。doCustomTasks()中还可以添加其他命令，比如在消息区域打印出一些语句等。

12.4 内核脚本

12.4.1 内核脚本代码

内核脚本 multiDialog.py

```
# -*- coding: UTF-8 -*-
from abaqus import *
from abaqusConstants import *
from caeModules import *
# 获取视图和 mdb 对象
vpName = session.currentViewportName
vp = session.viewports[vpName]
modelName = session.sessionState[vpName]['modelName']
m = mdb.models[modelName]
a = m.rootAssembly
# 对话框一的内核函数
def dialog1Method(length, width, height):
    global vp, m
    s = m.ConstrainedSketch(name='__profile__', sheetSize=200.0)
    s.rectangle(point1=(-width/2, -height/2), point2=(width/2, height/2))
    m.Part(name='Part-1', dimensionality=THREE_D, type=DEFORMABLE_BODY)
    p = m.parts['Part-1']
    p.BaseSolidExtrude(sketch=s, depth=length)
    vp.setValues(displayedObject=p)
    del m.sketches['__profile__']
# 对话框二的内核函数
def dialog2Method(matName, E, Nu, density):
    global m, a
    m.Material(name= matName)
    m.materials[matName].Elastic(table=((E, Nu), ))
    m.materials[matName].Density(table=((density, ), ))
    m.HomogeneousSolidSection(name='Section'+ matName, material=matName , thickness=None)
    p = m.parts['Part-1']
    c = p.cells
    region = regionToolset.Region(cells=c)
    p.SectionAssignment(region=region, sectionName='Section'+ matName, offset=0.0, \
        offsetType=MIDDLE_SURFACE, offsetField='', thicknessAssignment=FROM_SECTION)
    a.Instance(name='Part-1-1', part=p, dependent=ON)
# 对话框三的内核函数
def dialog3Method(timePeriod, radioNlg, maxNumInc, initialInc, minInc, maxInc, \
        stress, displayment, peeq, radioHistory):
    global vp, m, a
    if radioNlg == 11:
        m.StaticStep(name='Step-1', previous='Initial', nlgeom=OFF)
    elif radioNlg == 22:
        m.StaticStep(name='Step-1', previous='Initial', nlgeom=ON)
    m.steps['Step-1'].setValues(timePeriod=timePeriod, maxNumInc=maxNumInc, \
        initialInc=initialInc, minInc=minInc, maxInc=maxInc)
```

```
44        field = []
45        if stress == True:
46            field.append('S')
47        if displayment == True:
48            field.append('U')
49        if peeq == True:
50            field.append('PEEQ')
51        m.fieldOutputRequests['F-Output-1'].setValues(variables=field)
52        if radioHistory == 44:
53            del m.historyOutputRequests['H-Output-1']
54        vp.setValues(displayedObject=a)
55        vp.assemblyDisplay.setValues(step='Step-1')
56        vp.view.setValues(session.views['Iso'])
```

12.4.2 内核脚本要点

与对话框脚本一样，可以将三个内核脚本也整合为一个脚本，这样避免了插件文件夹中文件过多的问题。

内核脚本

```
6    vpName = session.currentViewportName
7    vp = session.viewports[vpName]
8    modelName = session.sessionState[vpName]['modelName']
9    m = mdb.models[modelName]
10   a = m.rootAssembly
...
12   def dialog1Method(length, width, height):
13       global vp, m
...
22   def dialog2Method(matName, E, Nu, density):
23       global m, a
...
35   def dialog3Method(timePeriod, radioNlg, maxNumInc, initialInc, minInc, maxInc, \
36           stress, displayment, peeq, radioHistory):
37       global vp, m, a
```

为了避免重复定义，将第 6 行~第 10 行的通用语句定义在三个内核函数体之外，其变量由全局变量关键字 global 在函数内部引用。

前两个对话框的内核代码比较简单，在 Abaqus/CAE 中手动操作一遍，适当修改 abaqus.rpy 即可。第三个对话框中包含单选按钮和复选按钮，需要配合 if 语句使用。

内核脚本

```
38       if radioNlg == 11:
39           m.StaticStep(name='Step-1', previous='Initial', nlgeom=OFF)
40       elif radioNlg == 22:
41           m.StaticStep(name='Step-1', previous='Initial', nlgeom=ON)
```

对话框脚本

```
60           FXRadioButton(p=VFrame_1, text='Off', tgt=form.radioNlgKw, sel=11)
61           FXRadioButton(p=VFrame_1, text='On', tgt=form.radioNlgKw, sel=22)
```

注册脚本

```
24           self.radioNlgKw = AFXIntKeyword(self.cmd3, 'radioNlg', True, 11)
```

内核脚本的第 38 行~第 41 行，判断表示单选按钮的 radioNlg 是 11 还是 22，以此设定创建静力学分析步时是否开启几何非线性，如图 12-8 所示。同一组单选按钮须共用同一个变量，radioNlg 的传入值 11 或 22 来自对话框脚本的第 60 行和第 61 行，创建单选按钮时，参数 sel 分别设为 11 和 22。注册脚本第 24 行中，创建了整型关键字 radioNlgKw，选择不同的单选按钮，参数 radioNlg 会获取 11 或 22，并发送到内核脚本的同名参数 radioNlg 中。

图 12-8　单选按钮的使用

内核脚本

```
44        field = []
45        if stress == True:
46            field.append('S')
47        if displayment == True:
48            field.append('U')
49        if peeq == True:
50            field.append('PEEQ')
51        m.fieldOutputRequests['F-Output-1'].setValues(variables=field)
```

第 44 行~第 51 行将三个复选按钮里选中的项用于场输出的定义，如图 12-9 所示。复选按钮的每个项都有各自的变量，这些变量的赋值都是布尔值。首先定义一个空列表 field，接着分别判断这三个变量的布尔值，若为真则把场输出相应的字符串添加到列表 field 中。由于新建分析步时会自动创建名为 F-Output-1 的场输出，只需在第 51 行用 setValues()将 field 列表设为场输出变量，即可替换原有默认的场输出。使用插件时，三个复选按钮至少要选择一个，保证场输出变量不为空，否则 Abaqus 会弹出错误对话框。

图 12-9　复选按钮的使用

内核脚本

```
52        if radioHistory == 44:
53            del m.historyOutputRequests['H-Output-1']
```

对话框脚本

```
77            FXRadioButton(p=HFrame_5, text='有      ', tgt=form.radioHistoryKw, sel=33)
78            FXRadioButton(p=HFrame_5, text='无', tgt=form.radioHistoryKw, sel=44)
```

注册脚本

```
33            self.radioHistoryKw = AFXIntKeyword(self.cmd3, 'radioHistory', True, 33)
```

第 52 行和第 53 行用于历史输出的单选按钮，由于创建分析步时也会默认创建历史输出，但有时并不需要，对话框中的单选按钮如果选择“无”，内核脚本中的变量 radioHistory 的传入值为 44，第 52 行判断为真，会执行 del 语句删除已创建的历史输出。此处单选按钮的用法与上面开启非线性的语句类似，不再赘述。

12.5　本章小结

本章的实例是连续对话框插件，插件一共有三个对话框，用户单击对话框的“下一步”按钮后，会自动弹出下一个对话框。执行完毕后，内核脚本除了插件一个立方体模型，还定义了材料和赋予材料属性，并创建了静力学分析步。

三个对话框就有三个对话框脚本，为了不让脚本数量过多，本插件将三个对话框合并成一个脚本。对话框脚本较为简单，重点是标准按钮的设定，想要打开下一个对话框，标准按钮应采用 CONTINUE，其 ID 为 ID_CLICKED_CONTINUE。如果想添加默认值的按钮，可以增加 DEFAULTS，ID 是 ID_CLICKED_DEFAULTS。

注册脚本中，首先介绍如何创建多对话框的关键字，不同的对话框都需要使用 AFXGuiCommand()，在它们的基础上分别创建关键字。

接着介绍了 getFirstDialog() 和 getNextDialog() 的使用方法。getFirstDialog() 是 Form 模式必须具备的方法，如有多个对话框，须再定义 getNextDialog()。

自定义检查方法 doCustomChecks() 可对文本框中输入的数值进行大小或范围判断。如果输入有误，可在提交当前对话框时弹出错误提示，避免等到所有对话框都执行完毕再做检查。弹出错误对话框的同时，输入错误的文字可设为选中状态，以便用户快速修改。

验证关键字值方法 verifyKeywordValues() 在提交最后一个对话框后被自动调用，它的适用性比 doCustomChecks() 更广。

警告对话框 showAFXWarningDialog() 可设三个标准按钮，利用 Yes 按钮可以执行自定义的实例方法。标识符 ID 和映射方法 FXMAPFUNC() 也可以用于注册脚本，但标识符 ID 的定义方式与在对话框脚本中不一样。

自定义任务方法 doCustomTasks() 在整个插件成功执行后才会被调用，通常用于对话框弹出提示消息、在消息区域打印提示信息以及子插件。

内核脚本中包含了三个内核函数，有些共用的变量可以在函数体外部定义，由全局变量关键字 global 引用到函数体内。同一组的单选按钮共用一个变量，而同一组中每个复选按钮都有一个变量，在内核脚本中往往需要配合 if 语句使用。

第 13 章

实例：悬臂梁一键前处理插件升级

13.1 实例升级介绍

第 7 章中列举了一个悬臂梁受力分析的前处理插件实例，该插件用 RSG 对话框生成器做出，对话框如图 13-1 所示。此外，第 7 章还对此插件程序提出九个可以完善之处，它们只能用修改脚本的方式解决。为了便于读者进行修改和调试，该插件脚本也以 Standard plug-in 格式保存在随书配套附件 chapter 7\autoBeam_Standard 中。

在第 8 章~第 12 章中，随着 Abaqus GUI Toolkit 内容的逐步展开，这九个不足之处大多已经有了解决方法。本章仍然以第 7 章的插件程序为例，结合前几章所介绍的知识点，逐一解决这 9 个问题。此外，本章还会介绍子插件的概念和使用方法。

本插件实例的脚本保存于随书配套附件 chapter 13\ autoBeam_Standard_Modify 文件夹中，Abaqus Plus-ins 菜单中的名称为“第 13 章实例 悬臂梁一键前处理 Standard 升级版”。相比图 13-1，升级后的插件对话框界面略有变化，如图 13-2 所示。

图 13-1　原始对话框

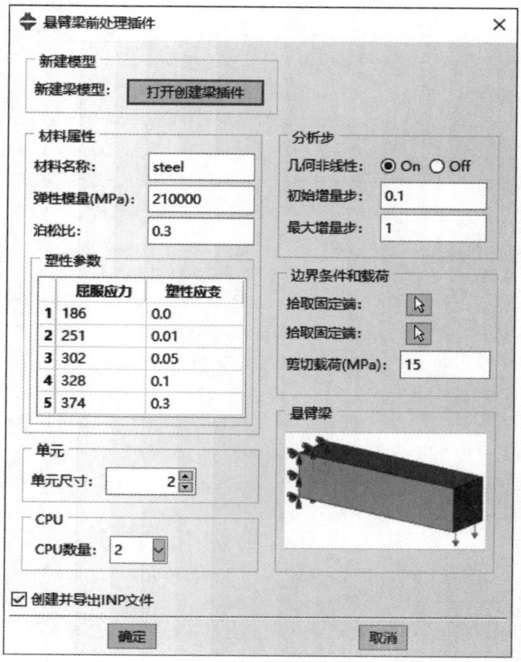

图 13-2　升级后的对话框界面

13.2 脚本代码

本章的插件分为主插件和子插件，共六个脚本。其中，主插件由三个脚本构成，分别是对话框脚本 autoBeam_Standard_ModifyDB.py、注册脚本 autoBeam_Standard_Modify_plugin.py 和内核脚本 autoBeam_Standard_Modify.py。

13.2.1 主插件对话框脚本代码

主插件的对话框脚本 autoBeam_Standard_ModifyDB.py

```
# -*- coding: UTF-8 -*-
from abaqusGui import *
from abaqusConstants import *
import os
from beamCreate_plugin import BeamCreate_plugin
thisPath = os.path.abspath(__file__)
thisDir = os.path.dirname(thisPath)
class AutoBeam_Standard_ModifyDB(AFXDataDialog):
    ID_IMPORT = AFXDataDialog.ID_LAST
    def __init__(self, form):
        AFXDataDialog.__init__(self, form, '悬臂梁前处理插件', \
            self.OK|self.CANCEL, DIALOG_ACTIONS_SEPARATOR)
        okBtn = self.getActionButton(self.ID_CLICKED_OK)
        okBtn.setText('确定')
        cancelBtn = self.getActionButton(self.ID_CLICKED_CANCEL)
        cancelBtn.setText('取消')
        VFrame_3 = FXVerticalFrame(p=self, opts=0, x=0, y=0, w=0, h=0, \
            pl=0, pr=0, pt=0, pb=10)
        VFrame_4 = FXVerticalFrame(p=VFrame_3, opts=0, x=0, y=0, w=0, h=0, \
            pl=10, pr=10, pt=5, pb=0)
        GroupBox_0 = FXGroupBox(p=VFrame_4, text='新建模型', opts=FRAME_GROOVE)
        fileTextHf = FXHorizontalFrame(p=GroupBox_0, opts=0, x=0, y=0, w=0, h=0, \
            pl=0, pr=5, pt=0, pb=0, hs=DEFAULT_SPACING, vs=DEFAULT_SPACING)
        l = FXLabel(p=fileTextHf, text='新建梁模型:', opts=JUSTIFY_LEFT)
        # 执行子插件
        self.beamCreate = BeamCreate_plugin(form.getOwner())
        FXButton(fileTextHf, '打开创建梁插件', None, self, self.ID_IMPORT, \
            BUTTON_NORMAL|LAYOUT_CENTER_X|LAYOUT_FIX_WIDTH, 0,0,120,0)
        HFrame_1 = FXHorizontalFrame(p=VFrame_3, opts=0, x=0, y=0, w=0, h=0, \
            pl=10, pr=10, pt=5, pb=0)
        VFrame_2 = FXVerticalFrame(p=HFrame_1, opts=LAYOUT_FILL_Y, x=0, y=0, w=0, h=0, \
            pl=0, pr=5, pt=0, pb=0)
        GroupBox_1=FXGroupBox(p=VFrame_2,text='材料属性',opts=FRAME_GROOVE|LAYOUT_FILL_X)
        VAligner_2 = AFXVerticalAligner(p=GroupBox_1, opts=0, x=0, y=0, w=0, h=0, \
            pl=0, pr=0, pt=0, pb=0)
        AFXTextField(p=VAligner_2, ncols=12, labelText='材料名称:    ',tgt=form.matNameKw,sel=0)
        AFXTextField(p=VAligner_2, ncols=12, labelText='弹性模量(MPa):', tgt=form.EKw, sel=0)
        AFXTextField(p=VAligner_2, ncols=12, labelText='泊松比:', tgt=form.NuKw, sel=0)
        GroupBox_6 = FXGroupBox(p=GroupBox_1, text='塑性参数', \
```

```
                opts=FRAME_GROOVE|LAYOUT_FILL_X)
            vf = FXVerticalFrame(GroupBox_6, FRAME_SUNKEN|FRAME_THICK|LAYOUT_FILL_X, \
                0,0,0,0, 0,0,0,0)
            table = AFXTable(vf, 6, 3, 6, 3, form.plasticTableKw, 0, AFXTABLE_EDITABLE|LAYOUT_FILL_X)
            table.setPopupOptions(AFXTable.POPUP_ALL)
            table.setLeadingRows(1)
            table.setLeadingColumns(1)
            table.setColumnWidth(1, 77)
            table.setDefaultType(AFXTable.FLOAT)
            table.setColumnWidth(2, 77)
            table.setLeadingRowLabels(' 屈服应力\t 塑性应变')
            table.setStretchableColumn( table.getNumColumns()-1 )
            table.showHorizontalGrid(True)
            table.showVerticalGrid(True)
            GroupBox_7 = FXGroupBox(p=VFrame_2, text='单元', \
                opts=FRAME_GROOVE|LAYOUT_FILL_X|LAYOUT_FILL_Y)
            spinner = AFXFloatSpinner(GroupBox_7, 8, '单元尺寸:', form.meshSizeKw, 0)
            spinner.setRange(1, 4)
            spinner.setIncrement(0.1)
            GroupBox_9 = FXGroupBox(p=VFrame_2, text='CPU', opts=FRAME_GROOVE|LAYOUT_FILL_X)
            ComboBox_1 = AFXComboBox(p=GroupBox_9, ncols=0, nvis=1, text='CPU 数量:', \
                tgt=form.cpusKw, sel=0, opts=LAYOUT_FIX_WIDTH, w=120)
            ComboBox_1.setMaxVisible(10)
            ComboBox_1.setEditable(True)
            ComboBox_1.appendItem(text='2')
            ComboBox_1.appendItem(text='4')
            ComboBox_1.appendItem(text='8')
            ComboBox_1.appendItem(text='16')
            ComboBox_1.appendItem(text='32')
            VFrame_1 = FXVerticalFrame(p=HFrame_1, opts=LAYOUT_FILL_Y, x=0, y=0, w=0, h=0, \
                pl=5, pr=0, pt=0, pb=0)
            GroupBox_5 = FXGroupBox(p=VFrame_1, text='分析步', \
                opts=FRAME_GROOVE|LAYOUT_FILL_X|LAYOUT_FILL_Y)
            HFrame_2 = FXHorizontalFrame(p=GroupBox_5, opts=0, x=0, y=0, w=0, h=0, \
                pl=0, pr=0, pt=0, pb=0)
            l = FXLabel(p=HFrame_2, text='几何非线性:', opts=JUSTIFY_LEFT)
            # 单选按钮设置几何非线性
            FXRadioButton(p=HFrame_2, text='On', tgt=form.radioNlgKw, sel=11)
            FXRadioButton(p=HFrame_2, text='Off', tgt=form.radioNlgKw, sel=22)
            AFXTextField(p=GroupBox_5, ncols=12, labelText='初始增量步:', tgt=form.initialIncKw, sel=0)
            AFXTextField(p=GroupBox_5, ncols=12, labelText='最大增量步:', tgt=form.maxIncKw, sel=0)
            GroupBox_4 = FXGroupBox(p=VFrame_1, text='边界条件和载荷', \
                opts=FRAME_GROOVE|LAYOUT_FILL_X|LAYOUT_FILL_Y)
            pickHf = FXHorizontalFrame(p=GroupBox_4, opts=0, x=0, y=0, w=0, h=0, \
                pl=0, pr=0, pt=0, pb=0, hs=DEFAULT_SPACING, vs=DEFAULT_SPACING)
            label = FXLabel(p = pickHf, text = '拾取固定端:  ', ic = None, opts = LAYOUT_CENTER_Y|JUSTIFY_LEFT)
            pickHandler = PickHandler(form, form.pickFixSurfKw, '选择一个固定端', FACES, ONE, label)
            icon = afxGetIcon('select', AFX_ICON_SMALL )
```

```
        FXButton(p=pickHf, text='\tPick Items in Viewport', ic=icon, tgt=pickHandler, \
            sel=AFXMode.ID_ACTIVATE, opts=BUTTON_NORMAL|LAYOUT_CENTER_Y, \
            x=0, y=0, w=0, h=0, pl=2, pr=2, pt=1, pb=1)
        pickHf = FXHorizontalFrame(p=GroupBox_4, opts=0, x=0, y=0, w=0, h=0, \
            pl=0, pr=0, pt=0, pb=0, hs=DEFAULT_SPACING, vs=DEFAULT_SPACING)
        label=FXLabel(p=pickHf,text='拾取固定端:  ',ic=None,opts=LAYOUT_CENTER_Y|JUSTIFY_LEFT)
        pickHandler = PickHandler(form, form.pickLoadSurfKw, '选择一个载荷端', FACES, ONE, label)
        icon = afxGetIcon('select', AFX_ICON_SMALL )
        FXButton(p=pickHf, text='\tPick Items in Viewport', ic=icon, tgt=pickHandler, \
            sel=AFXMode.ID_ACTIVATE, opts=BUTTON_NORMAL|LAYOUT_CENTER_Y, \
            x=0, y=0, w=0, h=0, pl=2, pr=2, pt=1, pb=1)
        AFXTextField(p=GroupBox_4,ncols=10,labelText='剪切载荷(MPa):',tgt=form.shearLoadKw,sel=0)
        GroupBox_2 = FXGroupBox(p=VFrame_1, text='悬臂梁', opts=FRAME_GROOVE|LAYOUT_FILL_Y)
        pic = os.path.join(thisDir, 'autoBeam-pic.png')
        icon = afxCreatePNGIcon(pic)
        FXLabel(p=GroupBox_2, text='', ic=icon)
        # 复选按钮设置是否导出 INP 文件
        FXCheckButton(p=self, text='创建并导出 INP 文件', tgt=form.inpKw, sel=0)
        # 映射方法
        FXMAPFUNC(self, SEL_COMMAND, self.ID_IMPORT, \
            AutoBeam_Standard_ModifyDB.onBeamCreate)
    # 激活子插件
    def onBeamCreate(self, sender, sel, ptr):
        self.beamCreate.activate()
        return True
##########################################################################
class PickHandler(AFXProcedure):
    count = 0
    def__init__(self, form, keyword, prompt, entitiesToPick, numberToPick, label):
        self.form = form
        self.keyword = keyword
        self.prompt = prompt
        self.entitiesToPick = entitiesToPick        # Enum value
        self.numberToPick = numberToPick            # Enum value
        self.label = label
        self.labelText = label.getText()
        AFXProcedure.__init__(self, form.getOwner())
        PickHandler.count += 1
        self.setModeName('PickHandler%d'% (PickHandler.count) )
    def getFirstStep(self):
        return  AFXPickStep(self, self.keyword, self.prompt, \
            self.entitiesToPick, self.numberToPick, sequenceStyle=TUPLE)
    def deactivate(self):
        AFXProcedure.deactivate(self)
        if self.numberToPick == ONE and self.keyword.getValue() and \
            self.keyword.getValue()[0]!='<':
            sendCommand(self.keyword.getSetupCommands() +'\nhighlight(%s)' \
                %self.keyword.getValue())
```

13.2.2 主插件注册脚本代码

主插件的注册脚本 autoBeam_Standard_Modify_plugin.py

```
# -*- coding: UTF-8 -*-
from abaqusGui import *
from abaqusConstants import ALL
class AutoBeam_Standard_Modify_plugin(AFXForm):
    ID_OVERWRITE = AFXForm.ID_LAST
    def __init__(self, owner):
        AFXForm.__init__(self, owner)
        self.cmd = AFXGuiCommand(mode=self, method='beam', \
            objectName='autoBeam_Standard_Modify', registerQuery=False)
        pickedDefault = ''
        self.fileNameKw = AFXStringKeyword(self.cmd, 'fileName', True, '')
        self.matNameKw = AFXStringKeyword(self.cmd, 'matName', True, 'steel')
        self.EKw = AFXIntKeyword(self.cmd, 'E', True, 210000)
        self.NuKw = AFXFloatKeyword(self.cmd, 'Nu', True, 0.3)
        self.plasticTableKw = AFXTableKeyword(self.cmd, 'plasticTable', True)
        self.plasticTableKw.setDefaultType(AFXTABLE_TYPE_FLOAT)
        # 设置单元格默认值
        self.plasticTableKw.setValue(0, 0, '186')
        self.plasticTableKw.setValue(0, 1, '0.0')
        self.plasticTableKw.setValue(1, 0, '251')
        self.plasticTableKw.setValue(1, 1, '0.01')
        self.plasticTableKw.setValue(2, 0, '302')
        self.plasticTableKw.setValue(2, 1, '0.05')
        self.plasticTableKw.setValue(3, 0, '328')
        self.plasticTableKw.setValue(3, 1, '0.1')
        self.plasticTableKw.setValue(4, 0, '374')
        self.plasticTableKw.setValue(4, 1, '0.3')
        self.meshSizeKw = AFXFloatKeyword(self.cmd, 'meshSize', True, 2.0)
        self.cpusKw = AFXStringKeyword(self.cmd, 'cpus', True, '2')
        self.radioNlgKw = AFXIntKeyword(self.cmd, 'radioNlg', True, 11)
        self.initialIncKw = AFXFloatKeyword(self.cmd, 'initialInc', True, 0.1)
        self.maxIncKw = AFXFloatKeyword(self.cmd, 'maxInc', True, 1)
        self.pickFixSurfKw = AFXObjectKeyword(self.cmd, 'pickFixSurf', TRUE, pickedDefault)
        self.pickLoadSurfKw = AFXObjectKeyword(self.cmd, 'pickLoadSurf', TRUE, pickedDefault)
        self.shearLoadKw = AFXFloatKeyword(self.cmd, 'shearLoad', True, 15)
        self.inpKw = AFXBoolKeyword(self.cmd, 'inp', AFXBoolKeyword.TRUE_FALSE, True, True)
        # 映射方法
        FXMAPFUNC(self, SEL_COMMAND, self.ID_OVERWRITE, \
            AutoBeam_Standard_Modify_plugin.onOverwrite)
    #~~~~~~~~~~~~~~~~~~~~~~~~~~~~~~~~~~~~~~~~~~~~~~~~~~~~~~~~~~~~~~~~~~~~~~~~~~~~~~~~
    # Form 模式必须定义 getFirstDialog()
    def getFirstDialog(self):
        import autoBeam_Standard_ModifyDB
        reload(autoBeam_Standard_ModifyDB)
        return autoBeam_Standard_ModifyDB.AutoBeam_Standard_ModifyDB(self)
    # 激活方法
    def activate(self):
```

```
        switchModule('Step')
        AFXForm.activate(self)
    # 自定义检查方法
    def doCustomChecks(self):
        db = self.getCurrentDialog()
        if self.EKw.getValue() <= 0:
            showAFXErrorDialog(db, '弹性模量须大于0\n请返回重新输入')
            db.onKeywordError(self.EKw)
            return False
        if self.NuKw.getValue() < 0 or self.NuKw.getValue() > 0.5:
            showAFXErrorDialog(db, '泊松比应在0~0.5之间\n请返回重新输入')
            db.onKeywordError(self.NuKw)
            return False
        if self.meshSizeKw.getValue() <= 0:
            showAFXErrorDialog(db, '单元尺寸须大于0\n请返回重新输入')
            db.onKeywordError(self.meshSizeKw)
            return False
        if int(self.cpusKw.getValue()) <= 0:
            showAFXErrorDialog(db, 'CPU数量须大于0\n请返回重新输入')
            return False
        # 获取本机CPU数量
        from multiprocessing import cpu_count
        if int(self.cpusKw.getValue()) > cpu_count():
            showAFXErrorDialog(db, 'CPU数量不得超过本机的{0}核\n请返回重新输入'\
                    .format(cpu_count()))
            return False
        if self.initialIncKw.getValue() <= 0 or self.initialIncKw.getValue() > 1:
            showAFXErrorDialog(db, '初始增量步应在0~1之间\n请返回重新输入')
            db.onKeywordError(self.initialIncKw)
            return False
        if self.maxIncKw.getValue() <= 0 or self.maxIncKw.getValue() > 1:
            showAFXErrorDialog(db, '最大增量步应在0~1之间\n请返回重新输入')
            db.onKeywordError(self.maxIncKw)
            return False
        if self.initialIncKw.getValue() > self.maxIncKw.getValue():
            showAFXErrorDialog(db, '初始增量步应≤最大增量步\n请返回重新输入')
            db.onKeywordError(self.maxIncKw)
            return False
        if self.shearLoadKw.getValue() == 0:
            showAFXErrorDialog(db, '载荷不能为0\n请返回重新输入')
            db.onKeywordError(self.pickFixSurfKw)
            return False
        if self.pickFixSurfKw.getValue() == '':
            showAFXErrorDialog(db, '固定端尚未拾取\n请返回重新选择')
            return False
        if self.pickLoadSurfKw.getValue() == '':
            showAFXErrorDialog(db, '载荷端尚未拾取\n请返回重新选择')
            return False
        return True
    # 验证关键字值方法
    def verifyKeywordValues(self):
```

```
        matNameExist = self.matNameKw.getValue()
        mw = getAFXApp().getAFXMainWindow()
        if mdb.models['Model-1'].materials.has_key(matNameExist):
            showAFXWarningDialog(mw,' 材料 {0} 已经存在  \n  是否要覆盖?  '\
                .format(matNameExist), AFXDialog.YES|AFXDialog.CANCEL, self, self.ID_OVERWRITE)
            return False
        return True
    # 执行覆盖材料
    def onOverwrite(self, sender, sel, ptr):
        if sender.getPressedButtonId() == AFXDialog.ID_CLICKED_YES:
            self.issueCommands()
        return True
    # 自定义任务方法
    def doCustomTasks(self):
        switchModule('Load')
        mw = getAFXApp().getAFXMainWindow()
        showAFXInformationDialog(mw,'  插件运行完毕  ')
# 注册插件
toolset = getAFXApp().getAFXMainWindow().getPluginToolset()
toolset.registerGuiMenuButton(
    buttonText='第 13 章实例 悬臂梁一键前处理 Standard 升级版',
    object=AutoBeam_Standard_Modify_plugin(toolset),
    messageId=AFXMode.ID_ACTIVATE,
    icon=None,
    kernelInitString='import autoBeam_Standard_Modify \nimport beamCreate',
    applicableModules=ALL,
    version='N/A',
    author='N/A',
    description='N/A',
    helpUrl='N/A'
)
```

13.2.3 主插件内核脚本代码

主插件的内核脚本 autoBeam_Standard_Modify.py

```
# -*- coding: UTF-8 -*-
from abaqus import *
from abaqusConstants import *
from caeModules import *
from driverUtils import executeOnCaeStartup
def beam(fileName, matName, E, Nu, plasticTable, radioNlg, initialInc, maxInc, pickFixSurf, \
        pickLoadSurf, shearLoad, meshSize, cpus, inp):
    vpName = session.currentViewportName
    vp = session.viewports[vpName]
    modelName = session.sessionState[vpName]['modelName']
    m = mdb.models[modelName]
    a = m.rootAssembly
    a.unlock()
    # 定义材料和属性
    m.Material(name = matName)
```

```
    m.materials[matName].Elastic(table=((E, Nu),))
    m.materials[matName].Plastic(table = plasticTable)
    m.HomogeneousSolidSection(name='Section-' + matName, material=matName, thickness=None)
    partName = m.parts.keys()[0]
    p = m.parts[partName]
    c = p.cells
    cells = c[:]
    region = regionToolset.Region(cells=cells)
    p.SectionAssignment(region=region, sectionName='Section-' + matName, offset=0.0, \
        offsetType=MIDDLE_SURFACE, offsetField='',thicknessAssignment=FROM_SECTION)
    # 定义分析步
    if radioNlg == 11:
        m.StaticStep(name='Step-1', previous='Initial', maxNumInc=1000, \
            initialInc = initialInc, maxInc = maxInc, nlgeom=ON)
    elif radioNlg == 22:
        m.StaticStep(name='Step-1', previous='Initial', maxNumInc=1000, \
            initialInc = initialInc, maxInc = maxInc, nlgeom=OFF)
    vp.assemblyDisplay.setValues(step='Step-1')
    # 定义边界条件和载荷
    m.EncastreBC(name='BC-fix', createStepName='Step-1', region=(pickFixSurf,) ,
    localCsys=None)
    insName = a.instances.keys()[0]
    ins = a.instances[insName]
    f = ins.faces
    faceId = pickLoadSurf.index
    pickSurf = f[faceId:faceId+1]
    region = regionToolset.Region(side1Faces=pickSurf)
    m.SurfaceTraction(name='Load-1', createStepName='Step-1', region=region,
        magnitude = shearLoad, directionVector=((0.0, 0.0, 0.0), (0.0, -1.0, 0.0)),
        distributionType=UNIFORM, field='', localCsys=None)
    a.regenerate()
    # 划分单元
    p.seedPart(size = meshSize, deviationFactor=0.1, minSizeFactor=0.1)
    p.generateMesh()
    a.regenerate()
    # 定义 job
    mdb.Job(name='Job-beam', model = modelName, description='', type=ANALYSIS, \
        atTime=None, waitMinutes=0, waitHours=0, queue=None, memory=90, \
        memoryUnits=PERCENTAGE, getMemoryFromAnalysis=True, \
        explicitPrecision=SINGLE, nodalOutputPrecision=SINGLE, echoPrint=OFF, \
        modelPrint=OFF, contactPrint=OFF, historyPrint=OFF, userSubroutine='', \
        scratch='', resultsFormat=ODB, multiprocessingMode=DEFAULT, numCpus = int(cpus), \
        numDomains = int(cpus), numGPUs=0)
    # 导出 INP 文件
    if inp == True:
        mdb.jobs['Job-beam'].writeInput(consistencyChecking=OFF)
```

13.3 增加八个功能

主插件包含三个脚本，它们大部分是基础代码，比如对话框脚本中的控件和布局、注册脚本中的关键字，以及内核脚本中的前处理语句。本章不会详细介绍这些内容，而是会介绍九个增加功能的语句，这些语句多数利用了前几章中插件实例的知识点，是综合性的实例应用。

13.3.1 检查输入数值

主插件的注册脚本

```
50        # 自定义检查方法
51        def doCustomChecks(self):
52            db = self.getCurrentDialog()
53            if self.EKw.getValue() <= 0:
54                showAFXErrorDialog(db, '弹性模量须大于 0  \n  请返回重新输入')
55                db.onKeywordError(self.EKw)
56                return False
...
```

用户提交对话框后，自定义检查方法 doCustomChecks()会被自动调用，使用时需要进行重写。其内容为检查关键字的值是否在某个范围内，或查看几个关键字值之间的关系是否正确。以第 51 行~第 56 行为例，使用 if 语句检查弹性模量的输入值是否小于等于 0，如果判断为真，则用 showAFXErrorDialog() 弹出错误对话框做提示，并运用第 55 行的 onKeywordError()方法将错误文字选中，方便用户更改。

13.3.2 检查 CPU 数量

主插件的注册脚本

```
68            # 获取本机 CPU 数量
69            from multiprocessing import cpu_count
70            if int(self.cpusKw.getValue()) > cpu_count():
71                showAFXErrorDialog(db, 'CPU 数量不得超过本机的 {0} 核  \n  请返回重新输入'\
72                    .format(cpu_count()))
73                return False
```

如果选择的 CPU 数量大于本机 CPU 数量，提交计算时 Abaqus 会报错。第 69 行从 multiprocessing 模块导入 cpu_count，该方法可以获取本机的 CPU 数量。同样采用 if 判断语句，如果超出本机核数，则弹出错误对话框提示用户修改。

13.3.3 检查是否拾取

主插件的注册脚本

```
        if self.pickFixSurfKw.getValue() == '':
            showAFXErrorDialog(db, ' 固定端尚未拾取  \n  请返回重新选择 ')
            return False
        if self.pickLoadSurfKw.getValue() == '':
            showAFXErrorDialog(db, ' 载荷端尚未拾取  \n  请返回重新选择 ')
            return False
```

本插件的作用是对悬臂梁做前处理，需要选择梁的前后端面。如果用户没有执行拾取操作，那么注册脚本中拾取控件对应的关键字 pickFixSurfKw 和 pickLoadSurfKw 的值为空字符串。如果 if 语句判断为真，表明用户尚未拾取，同样用 showAFXErrorDialog()弹出错误对话框。

13.3.4 切换模块

```
主插件的注册脚本
46        # 激活方法
47        def activate(self):
48            switchModule('Step')
49            AFXForm.activate(self)
子插件的注册脚本
27        # 自定义任务方法
28        def doCustomTasks(self):
29            switchModule('Load')
```

在 Abaqus/CAE 的 Part 模块时，不能对模型定义边界条件和载荷。如果运行插件时没有加以注意，在 Part 模块中进行拾取端面、施加边界条件和载荷的操作，则不可避免地会发生错误。为了规避这个风险，插件需要具备自动切换模块的功能。

本插件实例中，模型分为两种，分别是使用已有的模型和用子插件生成的模型。当用户使用现有模型时（须手动生成装配体），为了防止忽略当前所处的模块，需要刚启动插件时就进行模块的切换。这时可以使用激活方法 activate()，把切换模块语句重写到 activate() 中。比如主插件的注册脚本第 47~49 行，重写 activate() 时用辅助函数 switchModule(' Step ') 转到 Step 模块，然后 AFXForm 调用 activate()，便可在刚执行插件时就调用 activate()，从而达到自动转换模块的目的。

如果模型由子插件生成，此时主插件已经将模块转到了 Step 中，为了防止手动调到 Part 模块的误操作，可以用自定义任务方法 doCustomTasks() 切换模块。

插件程序顺利执行后，doCustomTasks() 才会被自动调用。如子插件的注册脚本第 28 行和第 29 行，将转换模块的语句重写到 doCustomTasks() 中，当子插件成功生成一个梁模型后，便会执行 doCustomTasks() 中的语句，从而实现切换到 Load 模块的过程。13.4 节将会介绍子插件的相关内容。

13.3.5 添加默认塑性参数

```
主插件的注册脚本
17            # 设置单元格默认值
18            self.plasticTableKw.setValue(0, 0, '186')
19            self.plasticTableKw.setValue(0, 1, '0.0')
...
26            self.plasticTableKw.setValue(4, 0, '374')
27            self.plasticTableKw.setValue(4, 1, '0.3')
```

用 RSG 对话框生成器制作表格时，单元格中并不能创建默认值。体现在本插件实例中，即每次都需要在材料表格里手动输入塑性参数，比较麻烦。要解决这个问题，注册脚本中创建表格类型关键字后，通过关键字调用 setValue()，可以为单元格一一设置默认值，例如第 18 行~第 27 行。该方法的完整格式是 setValue(row, column, value)，前两个参数是行和列的索引值，注册脚本中表格的索引值并不包含行抬头和列抬头，这与对话框脚本中的表格设置有所不同；第三个参数是表格中的文字，即使是数字，也须以字符串的形式用于此参数中。

13.3.6 覆盖已有材料

主插件的注册脚本

```
class AutoBeam_Standard_Modify_plugin(AFXForm):
    ID_OVERWRITE = AFXForm.ID_LAST
...
        # 映射方法
        FXMAPFUNC(self, SEL_COMMAND, self.ID_OVERWRITE, \
            AutoBeam_Standard_Modify_plugin.onOverwrite)
...
    # 验证关键字值方法
    def verifyKeywordValues(self):
        matNameExist = self.matNameKw.getValue()
        mw = getAFXApp().getAFXMainWindow()
        if mdb.models['Model-1'].materials.has_key(matNameExist):
            showAFXWarningDialog(mw,' 材料 {0} 已经存在  \n  是否要覆盖?  '\
                .format(matNameExist), AFXDialog.YES|AFXDialog.CANCEL, self, self.ID_OVERWRITE)
            return False
        return True
    # 执行覆盖材料
    def onOverwrite(self, sender, sel, ptr):
        if sender.getPressedButtonId() == AFXDialog.ID_CLICKED_YES:
            self.issueCommands()
        return True
```

如果提交对话框时 Abaqus 已经有了同名材料，则需要提示是否覆盖已有材料，或者改名创建一个新材料。这些代码取自 12.3.5 节，其中对该功能的实现过程做了详细介绍，本节不再赘述。

13.3.7 打开非线性

主插件的对话框脚本

```
        # 单选按钮设置几何非线性
        FXRadioButton(p=HFrame_2, text='On', tgt=form.radioNlgKw, sel=11)
        FXRadioButton(p=HFrame_2, text='Off', tgt=form.radioNlgKw, sel=22)
```

主插件的注册脚本

```
        self.radioNlgKw = AFXIntKeyword(self.cmd, 'radioNlg', True, 11)
```

主插件的内核脚本

```
    # 定义分析步
    if radioNlg == 11:
        m.StaticStep(name='Step-1', previous='Initial', maxNumInc=1000, \
            initialInc = initialInc, maxInc = maxInc, nlgeom=ON)
    elif radioNlg == 22:
        m.StaticStep(name='Step-1', previous='Initial', maxNumInc=1000, \
            initialInc = initialInc, maxInc = maxInc, nlgeom=OFF)
```

如果模型在受力后不会发生几何大变形，可以关闭大变形功能以减少计算量。在对话框中添加两个单选按钮来控制开启和关闭大变形功能。创建和使用单选按钮的流程如下：首先在对话框脚本中使用 FXRadioButton()创建单选按钮控件，同一组单选按钮需要设置不同的

sel 值，例如第 77 行、第 78 行中的 sel 分别为 11 和 22；接着在注册脚本中创建一个整型关键字，同一组单选按钮共用一个关键字，并设置一个默认值，例如第 30 行的 11，表示“开启”单选按钮被选中；最后在内核脚本中使用 if 语句判断单选按钮的值是 11 还是 22，创建分析步时，StaticStep 的参数 nlgeom 设为相应的 ON 或 OFF。

13.3.8 导出 INP 文件

主插件的对话框脚本

```
104             # 复选按钮设置是否导出 INP 文件
105             FXCheckButton(p=self, text='创建并导出 INP 文件', tgt=form.inpKw, sel=0)
```

主插件的注册脚本

```
36             self.inpKw = AFXBoolKeyword(self.cmd, 'inp', AFXBoolKeyword.TRUE_FALSE, True, True)
```

主插件的内核脚本

```
58      # 导出 INP 文件
59      if inp == True:
60          mdb.jobs['Job-beam'].writeInput(consistencyChecking=OFF)
```

当需要批量计算多个 INP 文件时，插件中具备导出 INP 计算文件的功能会非常实用。创建并使用复选框的流程如下：在对话框的合适位置添加一个或多个复选按钮，对话框脚本中体现为 FXCheckButton()创建复选按钮控件；接着在注册脚本中创建布尔类型关键字，同一组中的每个复选按钮都要创建关键字；最后，在内核脚本中使用 if 语句对每个复选框关键字的值进行判断，当值为 True 时表示该复选框被选中。例如，如果第 59 行复选框关键字的值为 True，则在第 60 行调用 writeInput()输出用于计算的 INP 文件。

13.4 添加子插件

与未修改的插件相比，对话框升级后的最大改动是在首行增加了一个“打开创建梁插件”按钮，如图 13-3 所示，单击按钮会弹出图 13-4 所示的子插件对话框。

在子插件中输入尺寸，单击“创建”按钮即可生成一个图 13-5 所示的梁模型。这个插件来自第 12 章，它作为一个子插件移植到本插件程序中。它可以单独生成一个梁，弥补了使用本插件前必须先打开一个梁模型的不足。

图 13-3 主插件的按钮

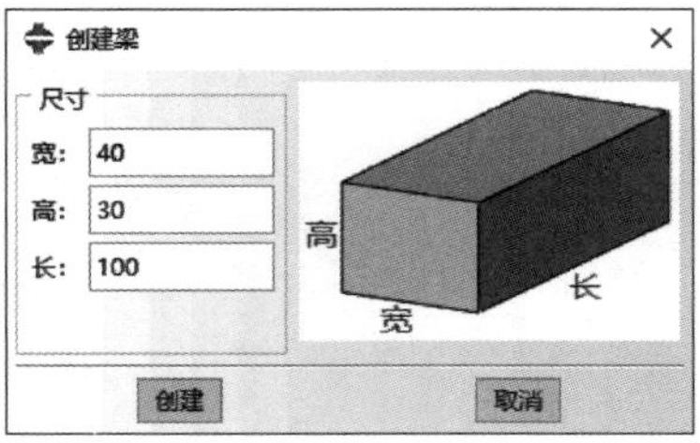

图 13-4 子插件对话框

图 13-5 子插件生成的梁模型

子插件同样也有对话框脚本、注册脚本和内核脚本。本插件中，这三个脚本分别是对话框脚本 beamCreateDB.py、注册脚本 beamCreate_plugin.py 和内核脚本 beamCreate.py，它们和主插件的脚本都保存在 chapter 13\autoBeam_Standard_Modify 文件夹中。

13.4.1 子插件的对话框脚本代码

子插件的对话框脚本 beamCreateDB.py

```
# -*- coding: UTF-8 -*-
# 子插件的对话框脚本
from abaqusGui import *
from abaqusConstants import *
import os
thisPath = os.path.abspath(__file__)
thisDir = os.path.dirname(thisPath)
class SubDB(AFXDataDialog):
    def __init__(self, form):
        AFXDataDialog.__init__(self, form, '创建梁', self.OK|self.CANCEL, DIALOG_ACTIONS_SEPARATOR)
        continueBtn1 = self.getActionButton(self.ID_CLICKED_OK)
        continueBtn1.setText('创建')
        cancelBtn1 = self.getActionButton(self.ID_CLICKED_CANCEL)
        cancelBtn1.setText('取消')
        HFrame_1 = FXHorizontalFrame(p=self, opts=0, x=0, y=0, w=0, h=0, pl=0, pr=0, pt=0, pb=0)
        GroupBox_1 = FXGroupBox(p=HFrame_1, text='尺寸', opts=FRAME_GROOVE)
        VAligner_1 = AFXVerticalAligner(p=GroupBox_1, opts=0, x=0, y=0, w=0,h=0,pl=0, pr=0,pt=0,pb=0)
        AFXTextField(p=VAligner_1, ncols=12, labelText='宽:', tgt=form.widthKw, sel=0)
        AFXTextField(p=VAligner_1, ncols=12, labelText='高:', tgt=form.heightKw, sel=0)
        AFXTextField(p=VAligner_1, ncols=12, labelText='长:', tgt=form.lengthKw, sel=0)
        FXLabel(p=VAligner_1, text='', ic=None)
        fileName = os.path.join(thisDir, 'beamPic.png')
        icon = afxCreatePNGIcon(fileName)
        FXLabel(p=HFrame_1, text='', ic=icon)
```

13.4.2 子插件的注册脚本代码

子插件的注册脚本 beamCreate_plugin.py

```
# -*- coding: UTF-8 -*-
# 子插件的注册脚本
from abaqusGui import *
from abaqusConstants import ALL
class BeamCreate_plugin(AFXForm):
    def __init__(self, owner):
        AFXForm.__init__(self, owner)
        self.cmd = AFXGuiCommand(mode=self, method='subMethod', objectName='beamCreate')
        self.widthKw = AFXFloatKeyword(self.cmd, 'width', True, 40)
        self.heightKw = AFXFloatKeyword(self.cmd, 'height', True, 30)
        self.lengthKw = AFXFloatKeyword(self.cmd, 'length', True, 100)
    def getFirstDialog(self):
        import beamCreateDB
        reload(beamCreateDB)
        return beamCreateDB.SubDB(self)
    # 自定义检查方法
    def doCustomChecks(self):
```

```
        db = self.getCurrentDialog()
        keyList = [self.widthKw, self.heightKw, self.lengthKw]
        for key in keyList:
            if key.getValue() <= 0:
                showAFXErrorDialog(db, ' 输入值 {0} <= 0  \n  请返回重新输入  '\
                    .format(key.getValue()))
                db.onKeywordError(key)
                return False
        return True
    # 自定义任务方法
    def doCustomTasks(self):
        switchModule('Load')
```

13.4.3 子插件的内核脚本代码

子插件的内核脚本 beamCreate.py

```
# -*- coding: UTF-8 -*-
# 子插件的内核脚本
from abaqus import *
from abaqusConstants import *
from caeModules import *
def subMethod(length, width, height):
    vpName = session.currentViewportName
    vp = session.viewports[vpName]
    modelName = session.sessionState[vpName]['modelName']
    m = mdb.models[modelName]
    s = m.ConstrainedSketch(name='__profile__', sheetSize=200.0)
    s.rectangle(point1=(-width/2, -height/2), point2=(width/2, height/2))
    m.Part(name='Part-1', dimensionality=THREE_D, type=DEFORMABLE_BODY)
    p = m.parts['Part-1']
    p.BaseSolidExtrude(sketch=s, depth=length)
    vp.setValues(displayedObject=p)
    del m.sketches['__profile__']
    a = m.rootAssembly
    a.Instance(name='Part-1-1', part=p, dependent=ON)
    vp.setValues(displayedObject=a)
    vp.view.setValues(session.views['Iso'])
```

13.4.4 子插件的设置要点

子插件的三个脚本取自第 12 章的对话框一，改动并不多，主要是在对话框脚本中把按钮和 ID 改为 self.OK 和 self.ID_CLICKED_OK，更改了类名和函数名。尤其要注意，子插件无须在菜单中注册，注册脚本中需要删除 registerGuiMenuButton()。为了导入方便，可以把子插件和主插件的所有脚本放在同一个文件夹中。

子插件作为一个独立的插件，想要嵌入主插件中，需要对主插件进行修改。首先修改主插件的对话框脚本。

主插件的对话框脚本

```
from beamCreate_plugin import BeamCreate_plugin
```

```
...
8    class AutoBeam_Standard_ModifyDB(AFXDataDialog):
9        ID_IMPORT = AFXDataDialog.ID_LAST
...
25               # 执行子插件
26               self.beamCreate = BeamCreate_plugin(form.getOwner())
27               FXButton(fileTextHf, '打开创建梁插件', None, self, self.ID_IMPORT,
28                   BUTTON_NORMAL |LAYOUT_CENTER_X |LAYOUT_FIX_WIDTH, 0,0,120,0)
...
106              # 映射方法
107              FXMAPFUNC(self, SEL_COMMAND, self.ID_IMPORT, \
108                  AutoBeam_Standard_ModifyDB.onBeamCreate)
109          # 激活子插件
110          def onBeamCreate(self, sender, sel, ptr):
111              self.beamCreate.activate()
112              return True
```

第 5 行，首先要导入子插件的注册脚本。

第 9 行，创建一个标识符 ID ID_IMPORT，它将与按钮做关联。

第 26 行，将第 5 行导入的子插件注册脚本的 BeamCreate_plugin 实例化，把实例对象传给self.BeamCreate。插件的运行顺序是先执行注册脚本，通过注册脚本中的 getFirstDialog() 执行对话框脚本，从而打开对话框，用户输入数据后提交对话框，Abaqus 把数据传递给内核脚本。在主插件的对话框脚本中执行子插件的注册脚本，相当于运行了子插件。第 26 行将子插件的注册脚本实例化时，第一个参数不是通常的 self，而是 form.getOwner()，这是因为注册脚本继承的是AFXForm，而不是对话框脚本中的 AFXDataDialog，因此并不能用代表 AFXDataDialog 的 self，而要通过 form.getOwner() 获取注册脚本中的 form 模式本身（相当于注册脚本中的 self），才能够顺利调用子插件的注册脚本。此外，实例对象传给变量 self.beamCreate，意味着该变量在整个类中都可以使用。

第 27 行和第 28 行创建了一个按钮控件，其中，参数 tgt 设为 self，参数 sel 为第 5 行定义的标识符 ID，这种设置方式是参数 tgt 和 sel 的三种设置方式之一。

第 107 行和第 108 行，使用映射方法 FXMAPFUNC() 将标识符 ID 和实例方法 onBeamCreate() 以点击的方式做关联，其中作为参数的实例方法只能用类名 AutoBeam_Standard_ModifyDB 调用，且无须加小括号。

第 110 行~第 112 行，定义实例方法 onBeamCreate()。第 111 行用子插件注册脚本的实例对象调用激活方法 activate()。第 11 章介绍过该方法，除了重写之外，也可以直接调用，用来激活实例对象，执行必要的任务。

主插件的注册脚本

```
118  toolset.registerGuiMenuButton(
...
123      kernelInitString='import autoBeam_Standard_Modify \nimport beamCreate',
...
```

创建按钮控件后，还需要在主插件的注册脚本中导入子插件的内核脚本。子插件的内核脚本并不由 AFXGuiCommand() 导入，而是通过注册方法 registerGuiMenuButton() 导入。本注册脚本的第 118 行使用了该方法，第 123 行的参数 kernelInitString 赋值为一个字符串，这个字符串即为导入内核脚本。在此插件中，需要同时导入主插件和子插件的内核，两个 import 语句之间用\n 隔开，表示换行。

通过以上几个步骤，可以在主插件中创建一个按钮，单击后可以打开另一个插件。子插件是主插件的分支，它与第 12 章的连续弹出对话框不太一样，如果善加利用，可以将原本较为复杂的插件做得十分灵活。

13.5 本章小结

第 7 章中用 RSG 对话框生成器制作了悬臂梁一键前处理的插件，并提出了九个需要改进的地方，这些不足之处只能通过修改脚本的方式解决。本章的主要内容就是解决这些问题的方法。

前几章的插件实例中已经陆续介绍了八个问题的解决方法，本章将它们做了汇总，大多数问题都可以通过重写四个实例方法来解决，这四个方法分别是激活方法 activate()、自定义检查方法 doCustomChecks()、验证关键字值方法 verifyKeywordValues()和自定义任务方法 doCustomTasks()。这些方法都会自动运行，但是它们各自调用的时机不同，恰当地利用它们可以解决插件在执行前期、中期和后期潜在的各种问题。

本章还介绍了一个重点，即如何在对话框中添加一个按钮，以打开一个子插件。灵活运用子插件可以让插件的功能更加丰富强大。

第 14 章

Abaqus主窗口GUI的二次开发

本书至此介绍的 Abaqus GUI 二次开发都是关于插件程序的。插件开发完成后，Abaqus 通常会把它们注册在主菜单 Plug-ins 中。随着插件的增多，Plug-ins 的下拉菜单也越来越长，很容易混淆。因此，有必要对插件进行分类和管理，这时候主窗口 GUI 的二次开发就派上用场了。Abaqus GUI 二次开发并不局限于插件的对话框界面，还可以对 Abaqus/CAE 主窗口进行开发。Abaqus 主窗口 GUI 的二次开发通常包括对主菜单、模块（Module）、工具条（Toolbar）、左侧工具箱（Toolbox）和模型树进行个性化定制。通过开发，可以将各种插件以图标的形式放置在需要的地方，以方便管理。

14.1 Abaqus 个性化定制实例介绍

本章脚本保存于随书配套附件 chapter 14\Abaqus MainWindow GUI\，双击其中的 startup.bat 即可打开一个个性化定制的 Abaqus。运行前，请确保 Abaqus 为英文版，如为汉化版，恢复成英文版后即可重新运行，不然将会报错，其原因将在 14.7.2 节中介绍。

作为演示，本章提供了四个插件，各自的作用是生成梁模型、施加载荷、划分网格和后处理提取最大值。这几个插件比较简单，可以直接使用。此外，还提供了一个无内核的欢迎插件，各个插件对话框如图 14-1～图 14-5 所示。

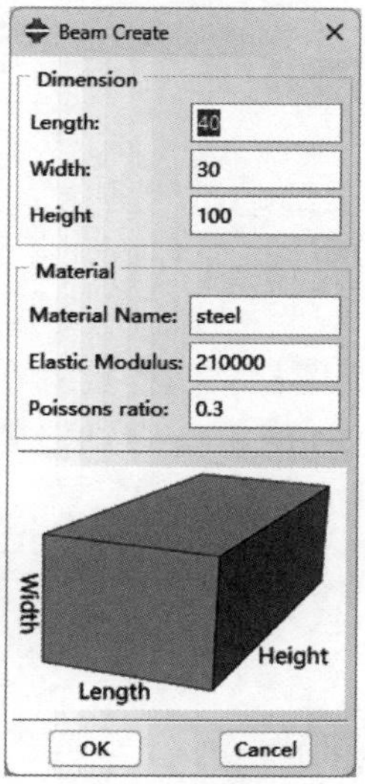

图 14-1 生成梁模型插件

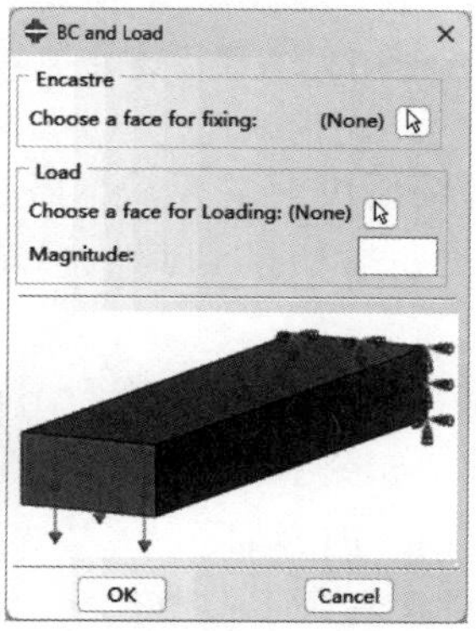

图 14-2 施加载荷插件

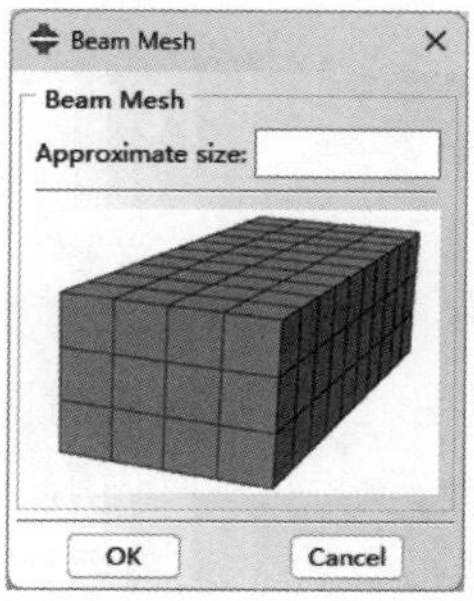

图 14-3 划分网格插件

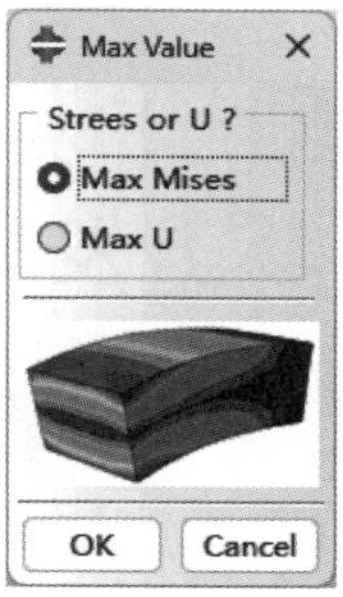

图 14-4　后处理插件

图 14-5　欢迎插件

本章将定制一个个性化的 Abaqus/CAE 主窗口，并会设计三个使用场景，每个场景都会用到这些插件，目的是将它们放置在主窗口的各个位置。为了有所区别，在不同的使用场景中，这些插件会采用不同的图标。这些图标分别为天气图标、梁图标和球类图标，欢迎插件单独使用图标，此外还有一个重新加载插件的图标。

三个使用场景的内容如下：

场景一：使用天气图标的四个插件分别放置在主菜单、工具条和工具箱中，它们始终存在，并不会随着模块（Module）的切换而隐藏，如图 14-6 中的①②③所示。

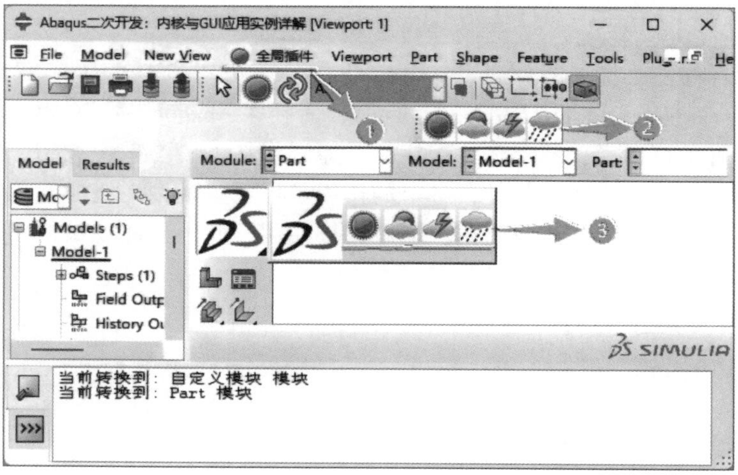

图 14-6　使用场景一

场景二：创建一个名为“自定义模块”的模块，各插件采用梁图标，同样放置在该模块的主菜单、工具条和工具箱中，如果切换到其他模块，这些插件图标会自动隐藏，如图 14-7 中的①②③所示。

场景三：在 Step 模块中，把采用球类图标的第三组插件放在主菜单、工具条和工具箱中，切换到其他模块时同样会隐藏，如图 14-8 中的①②③所示。

此外，主窗口还有一些局部定制，内容如下。

1）修改主菜单名称，并将插件放置到下拉菜单中，如图 14-9 所示。

2）将工具箱中的图标做成飞出按钮，如图 14-10 所示。

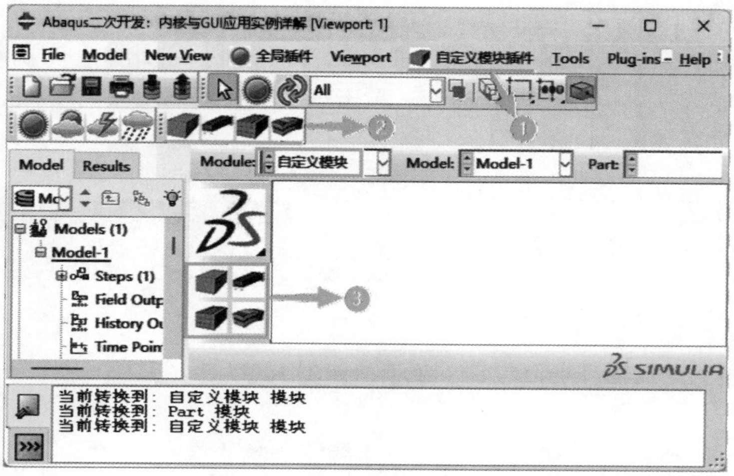

图 14-7　使用场景二

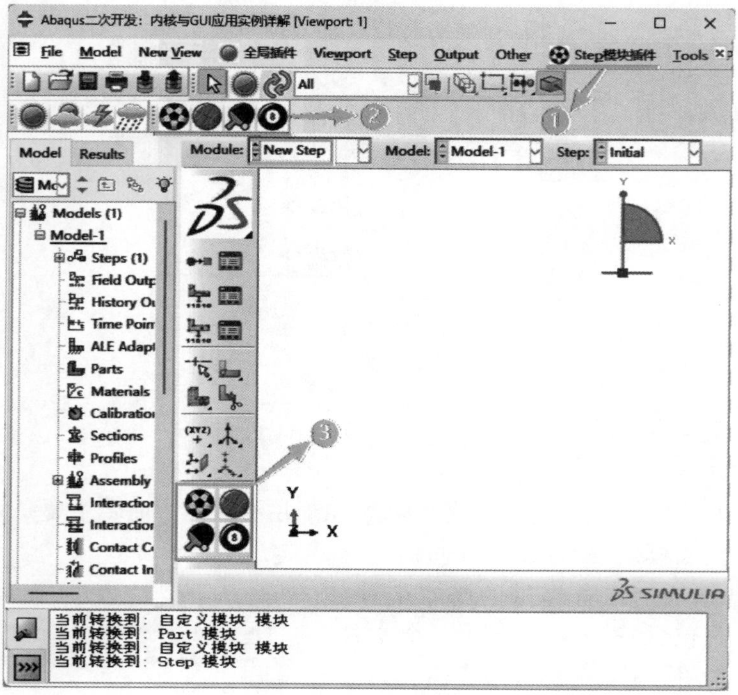

图 14-8　使用场景三

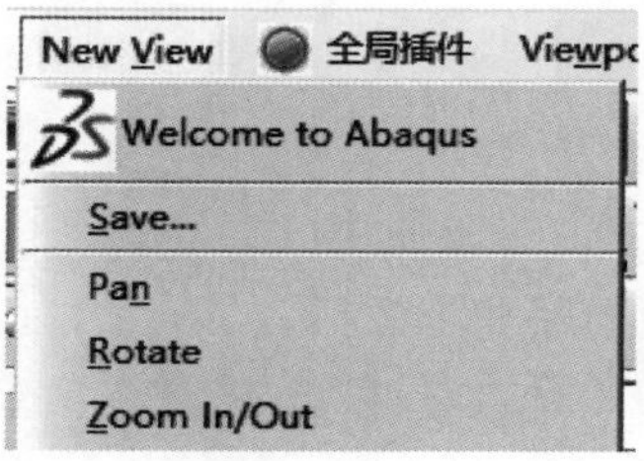

图 14-9　定制菜单

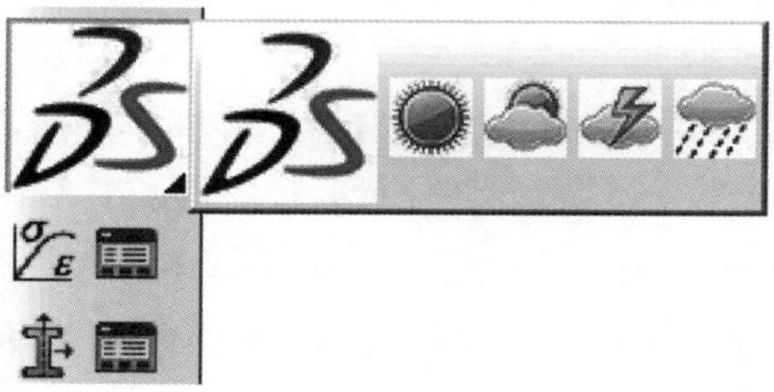

图 14-10　制作飞出按钮

3）每当切换模块时，在消息区域打印提示信息，如图 14-11 所示。

4）将单个插件（太阳图标）放置在 Selection 工具条中，并增加一个刷新按钮。当调试该插件的注册脚本时，可以使用刷新按钮。单击该按钮，不需要重启 Abaqus，就能够立即打开修改后的插件，如图 14-12 所示。

图 14-11　切换模块的提示

图 14-12　定制已有工具条

5）放置在主菜单的插件可以包含子菜单，如图 14-13 所示。

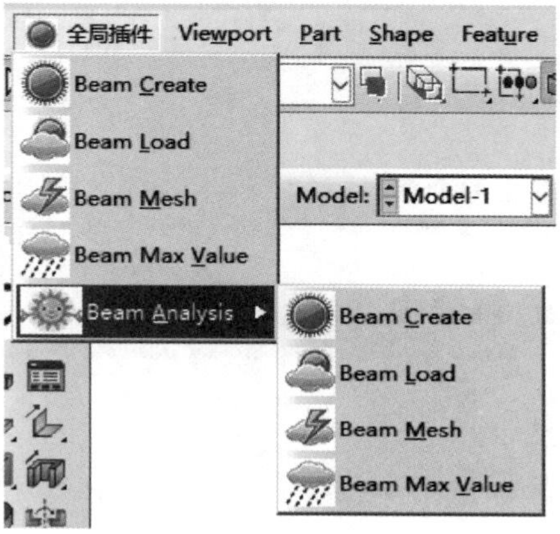

图 14-13　下拉菜单和子菜单

14.2　主窗口定制化脚本介绍

Abaqus 主窗口 GUI 二次开发的方式和插件 GUI 并不一样，前者主要是搭建和注册各个工具集（Toolset）和模块（Module）的过程，由一系列脚本组合而成。本章提供的脚本文件如图 14-14 所示，共包含三个文件夹和九个文件，它们都有各自的作用，下面先做大致介绍。

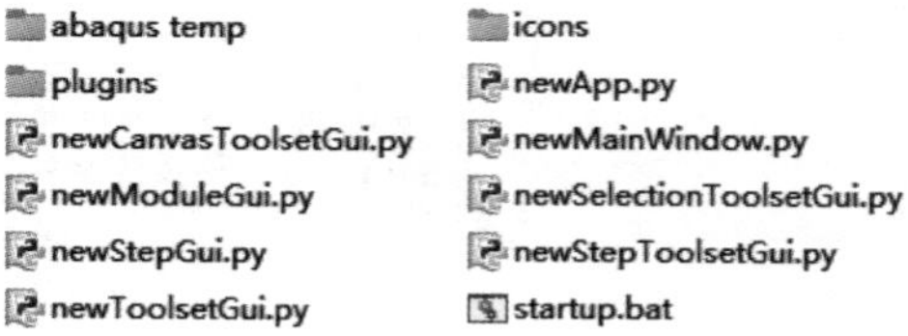

图 14-14　主窗口 GUI 二次开发脚本

文件夹 abaqus temp 是 Abaqus 工作目录，用于放置插件和计算文件，其中插件在主菜单 Plug-ins 中显示。

文件夹 icons 中存放着为插件提供的所有图标。

文件夹 plugins 中包含本章提供的五个插件，定制主窗口所使用的插件都来自该文件夹。

newApp.py 是应用程序启动脚本，作用是创建应用程序和主窗口。

newCanvasToolsetGui.py 的作用是在已有主菜单项中添加插件，插件在所有模块都可显示。

newMainWindow.py 的作用是把 Abaqus 自带的和用户自定义的工具集（Toolset）、模块（Module）注册到应用程序中。

newModuleGui.py 的作用是创建一个模块，在该模块的主菜单、工具条和工具箱中添加插件，这些插件只在该自定义模块中显示。

newSelectionToolsetGui.py 的作用是在 Abaqus 自有的 Selection 工具条中添加插件，该插件在所有模块都可显示。

newStepToolsetGui.py 和 newStepGui.py 需要配合使用，它们的作用是切换到 Step 模块时，在主窗口的主菜单、工具条和工具箱中添加插件，这些插件只在 Step 模块中显示。

newToolsetGui.py 可以在主菜单、工具条和工具箱中添加插件，其中工具箱的插件设为飞出按钮，这些插件可在所有模块中显示。

startup.bat 是执行文件，负责打开定制化的 Abaqus/CAE。

按照实际执行和调用的顺序，接下来将逐一介绍以上各个脚本。

14.3 修改插件脚本

介绍脚本之前，首先说明一下插件的改动。想要在个性化主窗口中放置用户的插件，需要对插件做一些设置或修改，以本章提供的生成梁模型的插件 beamCreate 为例，改动如下：

1）插件如果由 RSG 对话框生成器制作，需要保存为 Standard plug-in 格式，这样可以得到 Abaqus GUI Toolkit 格式的脚本。

2）打开插件的注册脚本，修改 AFXGuiCommand() 中的参数，以 plugins\beamCreate\beamCreate_plugin.py 为例：

```
plugins\beamCreate\beamCreate_plugin.py
        self.cmd = AFXGuiCommand(mode=self, method='beamCreate',
            objectName='plugins.beamCreate.beamCreate', registerQuery=False)
```

原始注册脚本中，AFXGuiCommand() 方法的参数 objectName 默认值为 beamCreate，此处需改为 plugins.beamCreate.beamCreate，即脚本在文件夹中的相对路径。注意以包的形式导入，各个文件夹中都要有脚本__init__.py，如图 14-15 所示。该脚本中的内容可以为空，有了它，Python不再把文件夹当成普通的文件夹，而是一个包。

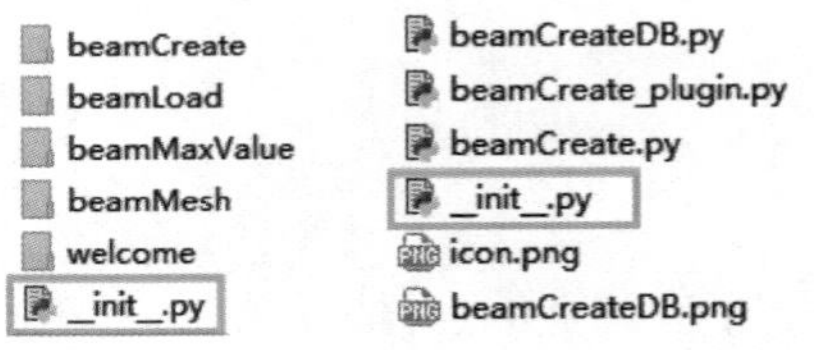

图 14-15　插件各级文件夹中添加__init__.py

3）删除或注释掉注册脚本最后几行的注册方法 registerGuiMenuButton()，例如以下把第 61 行至最后一行全部变为注释。

```
plugins\beamCreate\beamCreate_plugin.py
61 #thisPath = os.path.abspath(__file__)
62 #thisDir = os.path.dirname(thisPath)
63
```

```
#toolset = getAFXApp().getAFXMainWindow().getPluginToolset()
#toolset.registerGuiMenuButton(
#    buttonText='Beam Create',
...
#    helpUrl='N/A'
#)
```

14.4 执行文件

用户平时双击打开软件的 Abaqus 图标指向的并不是一个 exe 可执行文件，而是格式为 bat 的批处理文件，它可以用记事本直接打开并编辑。附件文件夹中的批处理文件为 startup.bat。

```
startup.bat
abaqus cae -custom newApp.py noStartupDialog
```

用于个性化定制的批处理文件也称为执行文件，打开后只有一行代码。

abaqus cae 是固定格式，表示要打开 Abaqus/CAE。如果计算机中装有多个版本的 Abaqus，比如同时装有 2017 版和 2021 版，则可以改为 abq2017 cae 和 abq2021 cae，例如：

```
abq2017 cae -custom newApp.py noStartupDialog
```

或

```
abq2021 cae -custom newApp.py noStartupDialog
```

-custom 表示执行的是一个自定义版本的 Abaqus。后面的文件必须是包含 ABAQUS GUI Toolkit 命令的脚本。

newApp.py 是含有 ABAQUS GUI Toolkit 命令的脚本，.py 可以省略。

noStartupDialog 是可选项，表示不会打开启动 Abaqus 后的 Start Session 对话框，该参数还可以写成 noStartup。如果没有这个参数，启动 Abaqus 会自动打开 Start Session 对话框。

14.5 启动脚本

14.5.1 脚本代码

```
newApp.py
# -*- coding: UTF-8 -*-
import sys
#不生成 pyc 文件
sys.dont_write_bytecode = True
#导入 abaqusGui 模块,可以使用 Abaqus GUI Toolkit
from abaqusGui import *
#导入主窗口文件
from newMainWindow import NewMainWindow
#创建应用程序
app = AFXApp('Abaqus/CAE', '', 'Abaqus 二次开发:内核与 GUI 应用实例详解', 1, 1, 1)
```

```
11    #初始化刚创建的应用程序
12    app.init(sys.argv)
13    #创建主窗口
14    mw = NewMainWindow(app)
15    #创建应用程序
16    app.create()
17    #启动应用程序
18    app.run()
```

14.5.2 脚本要点

newApp.py 是应用程序的启动脚本，作用是创建主窗口和应用程序。

第 2 行导入 sys 模块后，第 4 行将其属性 dont_write_bytecode 设为 True。Python 为了提高解析速度，对被调用的 py 文件做编译，会产生同名的 pyc 文件。过多的文件会显得比较乱，该行的作用是不会产生 pyc 文件。

第 6 行导入 abaqusGui 模块。与插件 GUI 的二次开发一样，主窗口 GUI 也要用到 abaqusGui 模块，导入后可以使用 Abaqus GUI Toolkit。

第 8 行，从主窗口模块导入 NewMainWindow，下一节会介绍这个模块。

第 10 行，执行 AFXApp()，创建一个应用程序的实例对象，并传给变量 app。这个对象不可见，负责管理最高级别的功能。它的语法为：

```
AFXApp(appName=Abaqus/CAE, vendorName=SIMULIA, productName='', majorNumber=-1, minorNumber=-1, updateNumber=-1, prerelease=False)
```

其中，appName 是程序名称、vendorName 是供应商名称、productName 是产品名称、majorNumber 是版本号、minorNumber 是发行号、updateNumber 是升级号、prerelease 为布尔值，表示正式版还是预发版。

第 12 行，AFXApp 实例对象调用 init()，它能够初始化应用程序并连接到内核。sys.argv 返回一个列表，列表中包含当前脚本文件的路径等信息。此行是固定格式，无须更改。

第 14 行，调用第 8 行导入的 NewMainWindow，以 app 为参数，构建 Abaqus 主窗口。

第 16 行，为应用程序创建一个窗口。

第 18 行，启动应用程序。打开应用程序后，程序实际上进入一个“事件”的循环。“事件”的状态由用户决定，比如点击关闭窗口，该循环就停止了。

本启动脚本中，除了第 10 行构造函数 AFXApp 中的参数可以随实际情况改动后，后面的四行语句都是固定格式。

14.6 主窗口脚本

14.6.1 脚本代码

newMainWindow.py

```
# -*- coding: UTF-8 -*-
import sys
```

```
sys.dont_write_bytecode = True
from abaqusGui import *
# 导入自定义工具集
from newToolsetGui import NewToolsetGui
from newCanvasToolsetGui import NewCanvasToolsetGui
from newSelectionToolsetGui import NewSelectionToolsetGui
import os.path, os
class NewMainWindow(AFXMainWindow):
    def __init__(self, app, title = 'Abaqus 二次开发:内核与 GUI 应用实例详解'):
        AFXMainWindow.__init__(self, app, title)
        # 注册 Abaqus/CAE 标准工具集
        self.registerToolset(FileToolsetGui(),          GUI_IN_MENUBAR|GUI_IN_TOOLBAR)
        self.registerToolset(ModelToolsetGui(),         GUI_IN_MENUBAR)
        self.registerToolset(ViewManipToolsetGui(),     GUI_IN_MENUBAR|GUI_IN_TOOLBAR)
        self.registerToolset(AnnotationToolsetGui(),    GUI_IN_MENUBAR|GUI_IN_TOOLBAR)
        self.registerToolset(DatumToolsetGui(),         GUI_IN_TOOLBOX|GUI_IN_TOOL_PANE)
        self.registerToolset(EditMeshToolsetGui(),      GUI_IN_TOOLBOX|GUI_IN_TOOL_PANE)
        self.registerToolset(TreeToolsetGui(),          GUI_IN_MENUBAR)
        self.registerToolset(CustomizeToolsetGui(),     GUI_IN_TOOL_PANE)
        self.registerToolset(QueryToolsetGui(),         GUI_IN_TOOLBAR|GUI_IN_TOOL_PANE)
        # 注册帮助工具集
        self.registerHelpToolset(HelpToolsetGui(),      GUI_IN_MENUBAR|GUI_IN_TOOLBAR)
        # 注册插件程序,不用加 self.
        registerPluginToolset()
        # 注册自定义的工具集
        self.registerToolset(NewToolsetGui(),           GUI_IN_MENUBAR |GUI_IN_TOOLBAR|\
                                                        GUI_IN_TOOLBOX)
        # self.registerToolset(CanvasToolsetGui(),      GUI_IN_MENUBAR)
        self.registerToolset(NewCanvasToolsetGui(),     GUI_IN_MENUBAR)
        # self.registerToolset(SelectionToolsetGui(),   GUI_IN_TOOLBAR)
        self.registerToolset(NewSelectionToolsetGui(),  GUI_IN_TOOLBAR)
        #~~~~~~~~~~~~~~~~~~~~~~~~~~~~~~~~~~~~~~~~~~~~~~~~~~~~~~~~~~~~~
        # 注册标准模块、自定义模块和'New Step'模块
        self.registerModule('自定义模块',           'newModuleGui')
        self.registerModule('Part',                 'Part')
        self.registerModule('Property',             'Property')
        self.registerModule('Assembly',             'Assembly')
        # self.registerModule('Step',               'Step')
        self.registerModule('New Step',             'newStepGui')
        self.registerModule('Interaction',          'Interaction')
        self.registerModule('Load',                 'Load')
        self.registerModule('Mesh',                 'Mesh')
        self.registerModule('Optimization',         'Optimization')
        self.registerModule('Job',                  'Job')
        self.registerModule('Visualization',        'Visualization')
        self.registerModule('Sketch',               'Sketch')
        # 更改工作目录
        workDir = os.getcwd()
        newWorkDir = os.path.abspath(os.path.join(workDir, 'abaqus temp'))
        mainWindow = getAFXApp().getAFXMainWindow()
        mainWindow.setWorkDirectory(newWorkDir)
```

14.6.2 脚本要点

主窗口脚本 newMainWindow.py 的作用是把工具集 Toolset 和模块 Module 在主窗口（AFXMainWidnow）中注册，包括 Abaqus 自有的和用户自定义的工具集和模块。工具集包含 Abaqus 的主菜单、工具条和左侧的工具箱，位于工具集的插件在任何模块中都是可见的，而定义在模块中的插件会随着模块的切换而变为不可见。

第 6 行~第 8 行，导入三个模块，这些模块都是用户自定义的工具集，有各自的作用。正是有了这些模块，才能在主窗口的各个位置放置插件图标。后面几个小节会介绍这三个脚本。

第 10 行，创建名为 NewMainWindow 的类，继承自 AFXMainWindow，该父类负责构造主窗口的各类组件。

第 11 行，定义初始化方法，必选参数是 app 和 title。app 是应用程序对象本身 FXApp()，在启动脚本 newApp.py 的第 14 行中用到。参数 title 定义 Abaqus 的标题栏，该参数会覆盖启动脚本第 10 行中定义的标题。如果此处的字符串设为空，则会显示启动脚本中的标题。

第 12 行，由于第 11 行定义了__ init__ ()，所以不能直接使用父类的属性，而需要通过该行重新使用。

第 14 行~第 22 行，用 registerToolset()依次注册 Abaqus 自有的工具集。由该方法注册的工具集可以一直显示在 Abaqus 主窗口中，它的完整格式为：

```
registerToolset(tool, opts)
```

其中包含两个参数，见表 14-1。

表 14-1 registerToolset 的参数

参数	类型	描述
tool	AFXGuiObjectManager	待注册的工具集
opts	Int	选项

第一个参数为要注册的工具集，常用的工具集见表 14-2。

表 14-2 常用工具集的名称及注册位置

工具集	名称	注册位置
AmplitudeToolsetGui	Amplitude	GUI_IN_TOOL_PANE
AnnotationToolsetGui	Annotation	GUI_IN_MENUBAR | GUI_IN_TOOLBAR
CanvasToolsetGui	Canvas	GUI_IN_MENUBAR
CustomizeToolsetGui	Customize	GUI_IN_TOOL_PANE
DatumToolsetGui	Datum	GUI_IN_TOOLBOX | GUI_IN_TOOL_PANE
EditMeshToolsetGui	Mesh Editor	GUI_IN_TOOLBOX | GUI_IN_TOOL_PANE
FileToolsetGui	File	GUI_IN_MENUBAR | GUI_IN_TOOLBAR
HelpToolsetGui	Help	GUI_IN_MENUBAR | GUI_IN_TOOLBAR
ModelToolsetGui	Model	GUI_IN_MENUBAR

（续）

工具集	名称	注册位置
PartitionToolsetGui	Partition	GUI_IN_TOOLBOX | GUI_IN_TOOL_PANE
QueryToolsetGui	Query	GUI_IN_TOOLBAR | GUI_IN_TOOL_PANE
RegionToolsetGui	Region	GUI_IN_TOOL_PANE
RepairToolsetGui	Repair	GUI_IN_TOOLBOX | GUI_IN_TOOL_PANE
SelectionToolsetGui	Selection	GUI_IN_TOOLBAR
TreeToolsetGui	Tree	GUI_IN_MENUBAR
ViewManipToolsetGui	View Manipulation	GUI_IN_MENUBAR | GUI_IN_TOOLBAR

第二个参数是工具集注册的位置，共有五个值，见表 14-3 所示。如同时选中几个值，须以“|”隔开。

表 14-3　工具集的注册位置

注册位置选项	描述
GUI_IN_NONE	不注册
GUI_IN_MENUBAR	注册在菜单栏中
GUI_IN_TOOL_PANE	注册在主菜单 Tools 中
GUI_IN_TOOLBAR	注册在工具条中
GUI_IN_TOOLBOX	注册在工具箱中

第 24 行，注册帮助工具集。使用的方法是 registerHelpToolset()，与上几行不一样。

第 26 行，注册用户的插件。它是一个独立的方法，无须由 self 调用，也不需要加参数。

第 28 行和第 29 行，注册自定义的工具集 NewToolsetGui()，该工具集中的插件安插在主菜单、工具条和工具箱中。

第 30 行和第 31 行，注册自定义的 NewCanvasToolsetGui()，原有的 CanvasToolsetGui() 在第 30 行被注释掉了。

第 32 行和第 33 行，注册自定义的 NewSelectionToolsetGui()，原有的 SelectionToolsetGui() 在第 32 行也被注释掉了。

工具集注册完毕，接下来注册模块。

第 36 行～第 48 行都是注册模块的语句，方法是 registerModule()。它的完整格式为：

```
registerModule(displayedName, moduleImportName)
```

其中包含两个参数，见表 14-4。

表 14-4　registerModule 的参数

参数	类型	描述
displayedName	String	显示在模块下拉列表中的名称
moduleImportName	String	导入模块的名称

除了第 36 行和第 41 行是自定义的模块外，脚本中注册的大多都是标准模块。这两行自定义的模块以第一个参数值命名，显示在模块的下拉列表中，如图 14-16 所示。第二个参数

是导入的模块名称，即脚本名称，这两行导入了两个自定义的模块，文件夹中须有两个同名脚本，否则会报错。后面小节中会介绍这两个脚本。

图 14-16　自定义模块

注册模块时要注意以下几点。

1）注册模块的代码顺序决定了主窗口中模块（Module）的顺序。

2）用于注册的自定义工具集需要在脚本开头导入，而自定义的模块却无须导入。

3）注册自定义的模块时，registerModule 方法的第二个参数值为模块的脚本名称。比如第 36 行，第二个参数值是字符串'newModuleGui'，表示文件夹中应有名为 newModuleGui.py 的脚本；以及第 41 行，代表要有名为 newStepGui.py 的脚本。

第 50 行～第 53 行，设置 Abaqus 的工作目录。需要先创建名为 abaqus temp 的文件夹，由第 50 行、第 51 行生成路径后，通过第 53 行更改工作目录。这几行语句还可以将 abaqus temp\abaqus_plugins 中的插件在主菜单 Plug-ins 中显示出来。

14.7　定制 View 菜单

14.7.1　脚本代码

newCanvasToolsetGui.py

```
# -*- coding: UTF-8 -*-
import sys
sys.dont_write_bytecode = True
from abaqusGui import *
from plugins.welcome.welcome_plugin import Welcome_plugin
class NewCanvasToolsetGui(CanvasToolsetGui):
    def __init__(self):
        CanvasToolsetGui.__init__(self)
        # 获取菜单对象
        menubar = getAFXApp().getAFXMainWindow().getMenubar()
        # 获取菜单标题对象
        viewTitle = getWidgetFromText(menubar, 'View')
        # 获取下拉菜单对象
        viewMenu = viewTitle.getMenu()
        # 创建图标
        icon =afxCreatePNGIcon(r"icons\logoIcon.PNG")
        # 创建菜单项
        welcomeItem = AFXMenuCommand(self, viewMenu, 'Welcome to Abaqus', icon, \
            Welcome_plugin(self),AFXMode.ID_ACTIVATE)
        # 获取指定菜单项对象
        refItem = getWidgetFromText(viewMenu, 'Save...')
        # 放置新的菜单项
        welcomeItem.linkBefore(refItem)
        # 创建分隔线
        newSep = FXMenuSeparator(viewMenu)
```

```
26        # 放置分隔线
27        newSep.linkAfter(welcomeItem)
28        # 修改菜单名称
29        viewTitle.setText('New &View')
```

14.7.2 脚本要点

脚本名为 newCanvasToolsetGui.py，它的作用是修改主菜单的 View 菜单，在它的下拉菜单中增添一个插件，效果如图 14-9 所示。该脚本需要导入主窗口脚本中，注册时替代原始的 CanvasToolsetGui。

第 5 行，导入要安装的插件，从该插件的注册脚本中导入 Welcome_plugin，调用它可以打开对话框。

第 6 行，新建名为 NewCanvasToolsetGui 的类，父类是 CanvasToolsetGui，它负责 View 和 Viewport 这两个主菜单项。

第 7 行和第 8 行，定义子类的初始化方法，以及显式地调用父类的初始化方法，作用和主窗口脚本中的相似。

第 10 行，获取菜单对象。菜单对象经过三个步骤才能获取，第一步运行 getAFXApp() 获得主程序对象，它是独立的方法，不需要由 self 调用；随后由主程序对象调用 getAFXMainWindow() 获取主窗口对象；接着用主窗口对象调用 getMenubar() 返回主菜单对象，传给变量 menubar。

第 12 行，获取 View 菜单的标题对象。这一行代码中的 getWidgetFromText() 也是独立方法，作用是通过控件名称获得并返回该控件。它的完整语法为 getWidgetFromText(parent, text)，参数分别是父控件和要查找的控件名称。该行代码中的父控件是主菜单对象 menubar，在其中查找名为 View 的菜单项对象，找到后传给变量 viewTitle。

注意，此时 viewTitle 是 AFXMenuTitle 类型的控件，是 View 菜单的标题对象，并不是整个 View 菜单对象。

此外，本章开头提示过，如果 Abaqus 为汉化版，将不能正常使用本套脚本，出错的原因之一就出自本行。由于汉化的缘故，菜单中的 View 已经换成了中文，第 12 行查找不到名为 View 的菜单项，因此传给变量 viewTitle 实际上是 NoneType 类型的对象，从而导致无法执行接下来的语句。

第 14 行，使用 getMenu() 获得 View 下拉菜单对象。如为汉化版，NoneType 对象不能执行 getMenu()，从而会报错。

由此可见，获得下拉菜单需要一系列语句，首先获取主程序，接着是主窗口，然后是主菜单，又查找主菜单中的标题 View，最后才获得 View 下拉菜单，一共经过五个步骤。虽然看似复杂，但实际是有严密的层次和逻辑关系。

第 16 行，主菜单项中一般没有图标，为了醒目，此处创建了图标。

第 18 行和第 19 行，使用构造函数 AFXMenuCommand 创建一个菜单项。它的完整语法为：

```
AFXMenuCommand(owner, p, label, ic=None, tgt=None, sel=0)
```

该构造函数包含六个参数，见表 14-5。

表 14-5　构造函数 AFXMenuCommand 的参数

参　数	类　型	默 认 值	描　述
owner	AFXGuiObjectManager		创建者
p	FXComposite		父控件
label	String		菜单项标签
ic	FXIcon	None	菜单图标
tgt	FXObject	None	消息目标
sel	Int	0	消息 ID

这些参数比较容易理解，重点是参数 tgt 和 sel 的设置。第 8 章中介绍过这两个参数的三种设置方式，此处的设置是三种方式之一，前几章的插件实例也用到过，此处不做赘述。

第 20 行~第 23 行，为创建出的菜单项指定一个位置。本实例将它放在下拉菜单的第一行，如图 14-17 所示。第 21 行先获取原本第一行的 Save 项对象，接着由新建的菜单项 welcomeItem 调用 linkBefore()，将新的菜单项放在原本第一项的前面。

图 14-17　插件放在第一行

第 24 行~第 27 行，由于分类不同，可以创建分隔线把插件项和其他下拉菜单项隔开。通过菜单分隔线的构造函数 FXMenuSeparator() 创建一条分隔线，然后调用 linkAfter() 把分隔线放置在插件项的后面。

第 29 行，修改 View 菜单的名称。注意要对标题做修改，使用的对象不能是 viewMenu，而应该通过 viewTitle 调用 setText()，修改的名称为 New &View。此处的字符“&”能让后面的字母 V 变为快捷键，图 14-17 中的字母 V 下方有下画线，通过键盘〈Alt+V〉组合键可以打开该下拉菜单。

该脚本完成后，需要把它导入并注册在主窗口脚本 newMainWindow.py 中。

14.8　定制工具集 Toolset

14.8.1　脚本代码

newToolsetGui.py

```
# -*- coding: UTF-8 -*-
import sys
sys.dont_write_bytecode = True
from abaqusGui import *
from plugins.welcome.welcome_plugin import Welcome_plugin
from plugins.beamCreate.beamCreate_plugin import BeamCreate_plugin
from plugins.beamLoad.beamLoad_plugin import BeamLoad_plugin
from plugins.beamMesh.beamMesh_plugin import BeamMesh_plugin
from plugins.beamMaxValue.beamMaxValue_plugin import BeamMaxValue_plugin
class NewToolsetGui(AFXToolsetGui):
    # 生成标识符 ID
```

```
    [ID_WELCOME,
        ID_BEAMCREATE,
        ID_BEAMLOAD,
        ID_BEAMMESH,
        ID_BEAMMAXVALUE
    ] = range(AFXToolsetGui.ID_LAST, AFXToolsetGui.ID_LAST + 5)
    def __init__(self):
        AFXToolsetGui.__init__(self, '全局插件')
        # 将消息类型、标识符 ID 与方法做映射
        FXMAPFUNC(self, SEL_COMMAND, self.ID_WELCOME,       NewToolsetGui.onWelcome)
        FXMAPFUNC(self, SEL_COMMAND, self.ID_BEAMCREATE,    NewToolsetGui.onBeamCreate)
        FXMAPFUNC(self, SEL_COMMAND, self.ID_BEAMLOAD,      NewToolsetGui.onBeamLoad)
        FXMAPFUNC(self, SEL_COMMAND, self.ID_BEAMMESH,      NewToolsetGui.onBeamMesh)
        FXMAPFUNC(self, SEL_COMMAND, self.ID_BEAMMAXVALUE,  NewToolsetGui.onBeamMaxValue)
        # 创建图标
        welcomeIconBig       = afxCreatePNGIcon(r'icons\logoIconBig.PNG')
        beamCreateIcon       = afxCreatePNGIcon(r'icons\beamCreateSun.PNG')
        beamCreateIconSmall  = afxCreatePNGIcon(r'icons\beamCreateSunSmall.PNG')
        beamLoadIcon         = afxCreatePNGIcon(r'icons\beamLoadCloud.PNG')
        beamMeshIcon         = afxCreatePNGIcon(r'icons\beamMeshLight.PNG')
        beamMaxValueIcon     = afxCreatePNGIcon(r'icons\beamMaxValueRain.PNG')
        beamSubMenuIcon      = afxCreatePNGIcon(r'icons\beamSubMenuSunHug.PNG')
        #~~~~~~~~~~~~~~~~~~~~~~~~~~~~~~~~~~~~~~~~~~~~~~~~~~~~~~~~~~~~~~~~~~~~~~~~~~~~~~
        # 创建菜单栏并添加四个菜单项
        newMenu = AFXMenuPane(self)
        AFXMenuTitle(self, '全局插件', beamCreateIconSmall, newMenu)
        AFXMenuCommand(self, newMenu, 'Beam &Create',        beamCreateIcon,   \
            self, NewToolsetGui.ID_BEAMCREATE)
        AFXMenuCommand(self, newMenu, 'Beam &Load',          beamLoadIcon,     \
            self, NewToolsetGui.ID_BEAMLOAD)
        AFXMenuCommand(self, newMenu, 'Beam &Mesh',          beamMeshIcon,     \
            self, NewToolsetGui.ID_BEAMMESH)
        AFXMenuCommand(self, newMenu, 'Beam Max &Value',     beamMaxValueIcon, \
            self, NewToolsetGui.ID_BEAMMAXVALUE)
        # 创建子菜单并添加四个子菜单项
        newSubMenu = AFXMenuPane(self)
        AFXMenuCascade(self, newMenu, 'Beam &Analysis', beamSubMenuIcon, newSubMenu)
        AFXMenuCommand(self, newSubMenu, 'Beam &Create',     beamCreateIcon,   \
            self, NewToolsetGui.ID_BEAMCREATE)
        AFXMenuCommand(self, newSubMenu, 'Beam &Load',       beamLoadIcon,     \
            self, NewToolsetGui.ID_BEAMLOAD)
        AFXMenuCommand(self, newSubMenu, 'Beam &Mesh',       beamMeshIcon,     \
            self, NewToolsetGui.ID_BEAMMESH)
        AFXMenuCommand(self, newSubMenu, 'Beam Max &Value',  beamMaxValueIcon, \
            self, NewToolsetGui.ID_BEAMMAXVALUE)
        #~~~~~~~~~~~~~~~~~~~~~~~~~~~~~~~~~~~~~~~~~~~~~~~~~~~~~~~~~~~~~~~~~~~~~~~~~~~~~~
        # 创建工具条的组
        beamToolbar = AFXToolbarGroup(owner = self, title = '全局插件')
        # 创建工具条的按钮
```

```
        AFXToolButton(beamToolbar, '\tBeam Create',   beamCreateIcon,    \
            self, NewToolsetGui.ID_BEAMCREATE)
        AFXToolButton(beamToolbar, '\tBeam Load',     beamLoadIcon,      \
            self, NewToolsetGui.ID_BEAMLOAD)
        AFXToolButton(beamToolbar, '\tBeam Mesh',     beamMeshIcon,      \
            self, NewToolsetGui.ID_BEAMMESH)
        AFXToolButton(beamToolbar, '\tBeam MaxValue', beamMaxValueIcon,\
            self, NewToolsetGui.ID_BEAMMAXVALUE)
        #~~~~~~~~~~~~~~~~~~~~~~~~~~~~~~~~~~~~~~~~~~~~~~~~~~~~~~~~~~~~~~~~~~~~~~~
        # 创建飞出工具箱的组
        beamModuleToolbox_Flyout = AFXToolboxGroup(self)
        # 创建 popup 组件
        mainWindow = getAFXApp().getAFXMainWindow()
        beamModulePopup = FXPopup(mainWindow)
        # 创建飞出按钮项
        AFXFlyoutItem(beamModulePopup, '\tWelcome to Abaqus',    welcomeIconBig,      \
            self, NewToolsetGui.ID_WELCOME)
        AFXFlyoutItem(beamModulePopup, '\tBeam Create',          beamCreateIcon,      \
            self, NewToolsetGui.ID_BEAMCREATE)
        AFXFlyoutItem(beamModulePopup, '\tBeam Load',            beamLoadIcon,        \
            self, NewToolsetGui.ID_BEAMLOAD)
        AFXFlyoutItem(beamModulePopup, '\tBeam Mesh',            beamMeshIcon,        \
            self, NewToolsetGui.ID_BEAMMESH)
        AFXFlyoutItem(beamModulePopup, '\tBeam MaxValue',        beamMaxValueIcon,    \
            self, NewToolsetGui.ID_BEAMMAXVALUE)
        # 生成飞出图标按钮
        AFXFlyoutButton(beamModuleToolbox_Flyout, beamModulePopup)
    #~~~~~~~~~~~~~~~~~~~~~~~~~~~~~~~~~~~~~~~~~~~~~~~~~~~~~~~~~~~~~~~~~~~~~~~
    # 定义实例方法
    def onWelcome(self, sender, sel, ptr):
        Welcome = Welcome_plugin(self)
        Welcome_plugin.activate(Welcome)
        return True
    def onBeamCreate(self, sender, sel, ptr):
        BeamCreate = BeamCreate_plugin(self)
        BeamCreate_plugin.activate(BeamCreate)
        return True
    def onBeamLoad(self, sender, sel, ptr):
        BeamLoad = BeamLoad_plugin(self)
        BeamLoad_plugin.activate(BeamLoad)
        return True
    def onBeamMesh(self, sender, sel, ptr):
        BeamMesh = BeamMesh_plugin(self)
        BeamMesh_plugin.activate(BeamMesh)
        return True
    def onBeamMaxValue(self, sender, sel, ptr):
        BeamMaxValue = BeamMaxValue_plugin(self)
        BeamMaxValue_plugin.activate(BeamMaxValue)
        return True
```

14.8.2 脚本要点

本节脚本的名称是 newToolsetGui.py，可以实现本章第一节中介绍的使用场景 1，详见图 14-6。通过此脚本，插件可以添加在主菜单、工具条和工具箱中，其中工具箱的插件为飞出按钮。这些插件在所有模块中都可显示，不会随模块的切换而隐藏。

第 1 行~第 9 行，导入必要模块和插件模块。

第 10 行，创建名为 NewToolsetGui 的类，父类是 AFXToolsetGui。既然要定制工具集 Toolset，首先需要继承 AFXToolsetGui，在父类的基础上做开发。

第 11 行~第 17 行，定义初始化方法之前，使用 range()生成五个标识符 ID，它们将分配给各个插件。前几章的插件实例中，标识符 ID 通过 AFXDataDialog.ID_LAST 或 AFXForm.ID_LAST 创建，此处也可以由 AFXToolsetGui.ID_LAST 生成。

第 18 行和第 19 行，定义子类初始化方法和父类调用初始化方法。

第 20 行~第 25 行，使用映射方法 FXMAPFUNC()将标识符 ID 和后面的实例方法以点击的方式关联在一起。

第 26 行~第 33 行，使用 afxCreatePNGIcon()为插件生成图标，此处使用的是相对路径。

第 36 行，为主菜单添加一个窗格。AFXMenuPane()是菜单窗格的构造函数，相当于创建了一个组，用户可以在这个组里放置菜单项。它的完整格式为 AFXMenuPane(owner)，继承的是弹出窗口类 FXPopup。唯一参数 owner 的类型是 AFXGuiObjectManager，此处使用 self 即可。

第 37 行，使用 AFXMenuTitle()为刚创建的窗格定义标题和图标。其构造函数的完整格式为：

```
AFXMenuTitle(owner, label, ic=None, popup=None)
```

该构造函数包含四个参数，见表 14-6。

表 14-6 构造函数 AFXMenuTitle 的参数

参　数	类　型	默 认 值	描　　述
owner	AFXGuiObjectManager		创建者
label	String		菜单标签
ic	FXIcon	None	图标
popup	FXPopup	None	下拉菜单

前三个参数容易理解，最后一个参数 popup 是下拉菜单，脚本中设为窗格对象 newMenu，窗格对象也是下拉菜单。

第 38 行~第 45 行，使用 AFXMenuCommand()创建四个菜单项。连同后面的子菜单一起，生成的菜单如图 14-18 所示。AFXMenuCommand()在上一节中介绍过，此处参数 tgt 和 sel 的设置方式和上个脚本不太一样，是三种设置方式中的另一种，前几章的实例中也有涉及，具体请参照第 8 章。

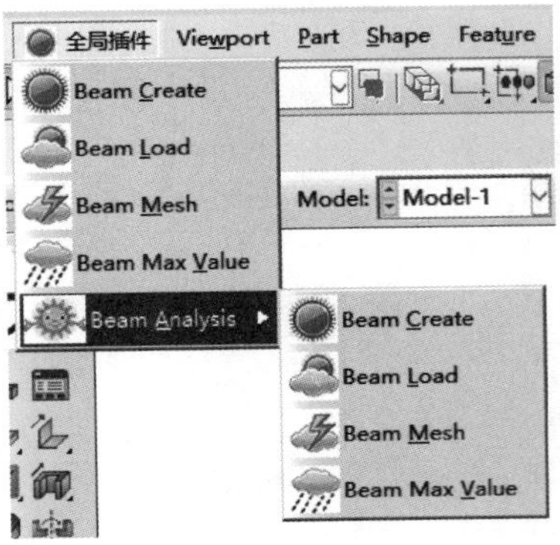

图 14-18 全局插件的下拉菜单和子菜单

第 47 行，仍使用 AFXMenuPane()创建一个子窗格，用于接下来的子菜单。

第 48 行，使用 AFXMenuCascade()为刚创建的子窗格设置标题和图标。它的完整格式为：

```
AFXMenuCascade(owner, p, label, ic=None, popup=None)
```

该构造函数包含五个参数，见表 14-7。

表 14-7　构造函数 AFXMenuCascade 的参数

参　数	类　型	默 认 值	描　述
owner	AFXGuiObjectManager		创建者
p	FXComposite		父控件
label	String		菜单标签
ic	FXIcon	None	图标
popup	FXPopup	None	下拉菜单

AFXMenuCascade()专用于子菜单，与 AFXMenuTitle()相比，前者的参数多了一个父控件，此处的父控件是主窗格 newMenu。

第 49 行~第 56 行，创建子菜单项。同第 38 行~第 45 行。

主菜单创建完毕，接下来创建工具条 Toolbar 和工具箱 Toolbox。

创建工具条和工具箱的思路与创建菜单一样，都要先构建一个组，然后以组为父控件，创建插件按钮。不同之处在于菜单的组是通过 AFXMenuPane()创建的，而工具条的组是由 AFXToolbarGroup()生成的，工具箱则是用 AFXToolboxGroup()。

第 59 行，使用 AFXToolbarGroup()创建工具条的组，它的完整语法为：

```
AFXToolbarGroup(owner, name='', title='')
```

该构造函数包含三个参数，见表 14-8。

表 14-8　构造函数 AFXToolbarGroup 的参数

参　数	类　型	默 认 值	描　述
owner	AFXGuiObjectManager		工具条组的创建者
name	String	''	名称
title	String	''	标题

第 59 行使用了参数 title，表示该工具条被拖拽到悬浮状态时标题栏所呈现出的字符。

第 61 行~第 68 行，使用 AFXToolButton()创建插件按钮，它的完整语法为：

```
AFXToolButton(p, label, ic=None, tgt=None, sel=0, asToggle=True)
```

该构造函数包含六个参数，见表 14-9。

表 14-9　构造函数 AFXToolButton 的参数

参　数	类　型	默 认 值	描　述
p	FXComposite		父控件
label	String		按钮标签

（续）

参　数	类　型	默 认 值	描　述
ic	FXIcon	None	按钮图标
tgt	FXObject	None	消息目标
sel	Int	0	消息 ID
asToggle	Bool	True	允许关闭切换

这些参数大多与创建菜单项 AFXMenuCommand () 的参数相类似。第 61 行中，第二个参数值“\t”的内容表示光标停留在按钮上出现的提示字符。创建好的工具条如图 14-19 所示。

图 14-19　全局插件的工具条

工具箱 Toolbox 的按钮在视图左侧的竖向条中，本脚本工具箱中的按钮以飞出按钮呈现。第 71 行，先使用 AFXToolboxGroup () 为工具箱创建一个组，它的完整语法为：

```
AFXToolboxGroup(owner, parent=None)
```

该构造函数包含两个参数，见表 14-10。

表 14-10　构造函数 AFXToolboxGroup 的参数

参　数	类　型	默 认 值	描　述
owner	AFXGuiObjectManager		工具箱组的创建者
parent	FXComposite	None	父控件

新建的工具箱并不需要父控件，第 71 行的参数 parent 未填写，采用默认值 None。

第 72 行～第 74 行，使用 FXPopup () 创建一个弹出窗口，它的完整语法为：

```
FXPopup(owner, opts=POPUP_VERTICAL|FRAME_RAISED|FRAME_THICK, x=0, y=0, w=0, h=0)
```

常用的参数有两个，见表 14-11。

表 14-11　构造函数 FXPopup 的参数

参　数	类　型	默 认 值	描　述
owner	FXWindow		
opts	Int	POPUP_VERTICAL | FRAME_RAISED | FRAME_THICK	选项

第一个参数 owner 的类型是 FXWindow，由第 73 行获得。第二个参数 opts 采用默认值。

第 75 行～第 85 行，使用 AFXFlyoutItem () 创建飞出按钮的项，它的完整语法为：

```
AFXFlyoutItem(p, text, ic=None, tgt=None, sel=0, opts=ICON_ABOVE_TEXT|BUTTON_TOOLBAR|FRAME
_RAISED|FRAME_THICK, x=0, y=0, w=0, h=0, pl=0, pr=0, pt=0, pb=0)
```

该构造函数包含六个常用参数，见表 14-12。

表 14-12　构造函数 AFXFlyoutItem 的参数

参　数	类　型	默 认 值	描　述
p	FXComposite		父控件
text	String		按钮标签
ic	FXIcon	None	图标
tgt	FXObject	None	消息目标
sel	Int	0	消息 ID
opts	Int	ICON_ABOVE_TEXT｜BUTTON_TOOLBAR｜FRAME_RAISED｜FRAME_THICK	选项

这些参数的设置方式与 AFXToolButton()基本类似，opts 使用默认值即可。

第 86 行和第 87 行，使用 AFXFlyoutButton()创建飞出按钮。以上几行只创建了飞出按钮的项，还需要用 AFXFlyoutButton()把这些项和组结合起来。它的完整格式为：

```
AFXFlyoutButton(p, pup=None, act=0, opts=AFXFLYOUT_NORMAL, x=0, y=0, w=0, h=0, pl=0, pr=0, pt=0, pb=0)
```

该构造函数包含四个常用参数，见表 14-13。

表 14-13　构造函数 AFXFlyoutButton 的参数

参　数	类　型	默 认 值	描　述
p	FXComposite		父控件
pup	FXPopup	None	包含飞出按钮项的弹出窗口
act	Int	0	当前按钮索引值（从 0 开始）
opts	Int	AFXFLYOUT_NORMAL	选项

第 87 行使用了前两个参数，分别是作为父控件的组和飞出按钮项的弹出窗口，其余两个参数可以用默认值。

至此，个性化主窗口中的插件已经放置到主菜单、工具条和工具箱中了。由于使用了映射方法 FXMAPFUNC()，还需要定义实例方法激活各插件的注册脚本。

第 89 行~第 109 行分别定义五个实例方法，它们都是固定格式，第 13 章中激活子插件时，介绍过类似的方法。

以第一个实例方法为例，第 91 行，先实例化欢迎插件的注册脚本，实例对象传给变量 Welcome。运行注册脚本可以调用对话框脚本，但这时对话框并不能打开，还需要第 92 行的语句。

第 92 行，用注册脚本中的类调用 activate()，并以上一行的实例对象 Welcome 作为 activate()的参数，从而激活模块，顺利打开对话框。

第 93 行，在实例方法的最后一行返回 True。

其他几个实例方法与它类似。该脚本完成后，需要将它导入并注册在主窗口脚本 newMainWindow.py 中。

14.9 自定义模块

14.9.1 脚本代码

newModuleGui.py

```
# -*- coding: UTF-8 -*-
import sys
sys.dont_write_bytecode = True
from abaqusGui import *
from plugins.beamCreate.beamCreate_plugin import BeamCreate_plugin
from plugins.beamLoad.beamLoad_plugin import BeamLoad_plugin
from plugins.beamMesh.beamMesh_plugin import BeamMesh_plugin
from plugins.beamMaxValue.beamMaxValue_plugin import BeamMaxValue_plugin
from plugins.welcome.welcome_plugin import Welcome_plugin
import os.path
class NewModuleGui(AFXModuleGui):
    def __init__(self):
        AFXModuleGui.__init__(self, '自定义模块', AFXModuleGui.PART)
        # 获得主窗口对象
        mainWindow = getAFXApp().getAFXMainWindow()
        # 确保模型树可用和可见
        mainWindow.appendApplicableModuleForTreeTab('Model', self.getModuleName())
        mainWindow.appendVisibleModuleForTreeTab('Model', self.getModuleName())
        # 确保结果树可用和可见
        mainWindow.appendApplicableModuleForTreeTab('Results', self.getModuleName())
        mainWindow.appendVisibleModuleForTreeTab('Results', self.getModuleName())
        # 使用绝对路径创建图标
        dirPath = mainWindow.getWorkDirectory()
        beamCreateIcon = afxCreateIcon(os.path.join(dirPath, 'icons', 'beamCreateIcon.PNG'))
        beamCreateIconSmall =afxCreateIcon(os.path.join(dirPath,'icons', 'beamCreateIconSmall.PNG'))
        beamLoadIcon = afxCreateIcon(os.path.join(dirPath, 'icons', 'beamLoadIcon.PNG'))
        beamMeshIcon = afxCreateIcon(os.path.join(dirPath, 'icons', 'beamMeshIcon.PNG'))
        beamMaxValueIcon = afxCreateIcon(os.path.join(dirPath, 'icons', 'beamMaxValueIcon.PNG'))
        moduleSubMenuIcon= afxCreateIcon(os.path.join(dirPath, 'icons', 'beamAnalysis.PNG'))
        welcomeIcon = afxCreateIcon(os.path.join(dirPath, 'icons', 'logoIcon.PNG'))
        #~~~~~~~~~~~~~~~~~~~~~~~~~~~~~~~~~~~~~~~~~~~~~~~~~~~~~~~~~~~~~~~
        # 创建菜单栏并添加四个菜单项
        moduleMenu = AFXMenuPane(self)
        AFXMenuTitle(self, '自定义模块插件', beamCreateIconSmall, moduleMenu)
        AFXMenuCommand(self, moduleMenu, 'Beam &Create', beamCreateIcon, \
            BeamCreate_plugin(self), AFXMode.ID_ACTIVATE)
        AFXMenuCommand(self, moduleMenu, 'Beam &Load',beamLoadIcon, \
            BeamLoad_plugin(self), AFXMode.ID_ACTIVATE)
        AFXMenuCommand(self, moduleMenu, 'Beam &Mesh',beamMeshIcon, \
            BeamMesh_plugin(self), AFXMode.ID_ACTIVATE)
```

```
        AFXMenuCommand(self, moduleMenu, 'Beam Max &Value',beamMaxValueIcon, \
            BeamMaxValue_plugin(self), AFXMode.ID_ACTIVATE)
        # 创建子菜单并添加四个子菜单项
        moduleSubMenu = AFXMenuPane(self)
        AFXMenuCascade(self, moduleMenu,'Beam&Module',moduleSubMenuIcon, moduleSubMenu)
        AFXMenuCommand(self, moduleSubMenu, 'Beam &Create',beamCreateIcon, \
            BeamCreate_plugin(self), AFXMode.ID_ACTIVATE)
        AFXMenuCommand(self, moduleSubMenu, 'Beam &Load',beamLoadIcon, \
            BeamLoad_plugin(self), AFXMode.ID_ACTIVATE)
        AFXMenuCommand(self, moduleSubMenu, 'Beam &Mesh',beamMeshIcon, \
            BeamMesh_plugin(self), AFXMode.ID_ACTIVATE)
        AFXMenuCommand(self, moduleSubMenu, 'Beam Max &Value', beamMaxValueIcon, \
            BeamMaxValue_plugin(self), AFXMode.ID_ACTIVATE)
        # 菜单栏中添加欢迎插件
        AFXMenuCommand(self, moduleMenu, 'Welcome to Abaqus', welcomeIcon, \
            Welcome_plugin(self), AFXMode.ID_ACTIVATE)
        # 子菜单放在欢迎插件之前
        welcomeItem = getWidgetFromText(moduleMenu, 'Welcome to Abaqus')
        moduleSubMenu.linkBefore(welcomeItem)
        # 创建和放置分隔线
        newSep1 = FXMenuSeparator(moduleMenu)
        newSep1.linkBefore(welcomeItem)
        # ~~~~~~~~~~~~~~~~~~~~~~~~~~~~~~~~~~~~~~~~~~~~~~~~~~~~~~~~~~~~~~~~~
        # 创建工具条的组
        beamModuleToolbar = AFXToolbarGroup(owner = self, title ='自定义模块插件')
        # 创建工具条的按钮
        AFXToolButton(beamModuleToolbar, '\tBeam Create', beamCreateIcon, \
            BeamCreate_plugin(self), AFXMode.ID_ACTIVATE)
        AFXToolButton(beamModuleToolbar, '\tBeam Load', beamLoadIcon, \
            BeamLoad_plugin(self), AFXMode.ID_ACTIVATE)
        AFXToolButton(beamModuleToolbar, '\tBeam Mesh', beamMeshIcon, \
            BeamMesh_plugin(self), AFXMode.ID_ACTIVATE)
        AFXToolButton(beamModuleToolbar, '\tBeam MaxValue', beamMaxValueIcon, \
            BeamMaxValue_plugin(self), AFXMode.ID_ACTIVATE)
        # ~~~~~~~~~~~~~~~~~~~~~~~~~~~~~~~~~~~~~~~~~~~~~~~~~~~~~~~~~~~~~~~~~
        # 创建工具箱的组
        beamModuleToolbox = AFXToolboxGroup(self)
        # 创建工具箱的按钮
        AFXToolButton(beamModuleToolbox, '\tBeam Create', beamCreateIcon, \
            BeamCreate_plugin(self), AFXMode.ID_ACTIVATE)
        AFXToolButton(beamModuleToolbox, '\tBeam Load', beamLoadIcon, \
            BeamLoad_plugin(self), AFXMode.ID_ACTIVATE)
        AFXToolButton(beamModuleToolbox, '\tBeam Mesh', beamMeshIcon, \
            BeamMesh_plugin(self), AFXMode.ID_ACTIVATE)
        AFXToolButton(beamModuleToolbox, '\tBeam MaxValue', beamMaxValueIcon, \
            BeamMaxValue_plugin(self), AFXMode.ID_ACTIVATE)
        # ~~~~~~~~~~~~~~~~~~~~~~~~~~~~~~~~~~~~~~~~~~~~~~~~~~~~~~~~~~~~~~~~~
        # 更改工作目录
```

```
89              curDir = mainWindow.getWorkDirectory()
90              workDir= os.path.join(curDir, 'abaqus temp')
91              mainWindow.setWorkDirectory(workDir)
92          #~~~~~~~~~~~~~~~~~~~~~~~~~~~~~~~~~~~~~~~~~~~~~~~~~~~~~~~~~~~~~~~
93          # 导入内核脚本,该方法会自动调用
94          def getKernelInitializationCommand(self):
95              return  'import plugins.beamCreate.beamCreate\
96                      \nimport plugins.beamLoad.beamLoad\
97                      \nimport plugins.beamMesh.beamMesh\
98                      \nimport plugins.beamMaxValue.beamMaxValue'
99          # 打印出当前 Module 的欢迎语句
100         def onPrintModuleName(moduleName):
101             moduleName = getCurrentModuleGui().getModuleName()
102             getAFXApp().getAFXMainWindow().writeToMessageArea(\
103             '当前转换到: {0} 模块'.format(moduleName))
104     # 执行欢迎语句的命令
105     setSwitchModuleHook(onPrintModuleName)
106 #~~~~~~~~~~~~~~~~~~~~~~~~~~~~~~~~~~~~~~~~~~~~~~~~~~~~~~~~~~~~~~~
107 # 当调用这个脚本时,自动实例化
108 NewModuleGui()
```

14.9.2 脚本要点

本节脚本的名称是 newModuleGui.py，可以实现第二个使用场景，详见图 14-7。脚本可以自建一个模块（Module），在这个模块里，用户可以把插件添加在主菜单、工具条和工具箱中。当切换到其他模块时，这些插件都会自动隐藏。

第 1 行~第 9 行，与上一个脚本一样，导入必要的模块。

第 10 行，导入 os.path 模块，用于以绝对路径导入图标。

第 11 行，创建一个名为 NewModuleGui 的类，继承的父类是 AFXModuleGui，它与上节脚本继承的父类 AFXToolsetGui 有所不同。AFXModuleGui 定义了基于模块的基本功能，例如专属于某模块的主菜单、工具栏和工具箱等，允许用户切换到其他模块时，对它们进行隐藏。而 AFXToolsetGui 则与模块无关，呈现在主菜单、工具栏和工具箱中的插件始终存在，并不会随模块的转换而变化。

第 13 行，父类显式地调用初始化方法。父类 AFXModuleGui() 中除去第一个必需的 self，参数其实是两个。它的完整语法为：

```
AFXModuleGui(moduleName, displayTypes)
```

该构造函数包含两个参数，见表 14-14。

表 14-14　构造函数 AFXModuleGui 的参数

参　数	类　型	描　述
moduleName	String	模块名称
displayTypes	Int	实体在此模块中的显示类型

第一个参数是 moduleName，类型是字符串，它并不是 Abaqus/CAE 模块下拉列表中的

名称，而是该模块被识别的名称。例如，如果将第 13 行该参数设为“新模块”，重新启动后，模块的下拉列表中依然是“自定义模块”，但是消息区域的提示却成为“新模块”，如图 14-20 所示。

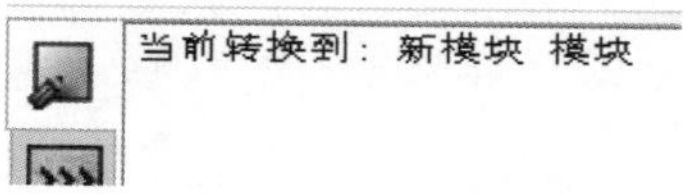

图 14-20 消息区域的模块提示

第二个参数是 displayTypes，它指定位于该模块时，画布中的实体显示为何种类型。类型共有五种，见表 14-15。

表 14-15 AFXModuleGui 的 displayTypes 参数值

参 数 值	描 述
PART	以部件类型显示
ASSEMBLY	以装配体类型显示
ODB	以后处理类型显示
XY_PLOT	以 XY 坐标图类型显示
SKETCH	以草图类型显示

这些参数值需要通过 AFXModuleGui 调用，此处设定为 AFXModuleGui.PART，即视图中的实体以部件的形式显示出来。用户可以根据自身需要设定显示类型。

第 15 行，获得主窗口对象，在修改 view 菜单时介绍过。

Abaqus/CAE 主窗口的左侧默认有模型树和结果树，但是在自定义模块中，它们默认是不可见的，相应的区域会变为空白，如图 14-21 所示。想要将它们设为可见，需要使用第 17 行和第 18 行添加和显示模型树。这两个方法的参数都一样，是两个字符串。第一个参数是树选项卡的名称，此处采用默认的 Model，第二个参数是模块名称，由 getModuleName () 获得。类似的，第 20 行和第 21 行用来添加和显示结果树。

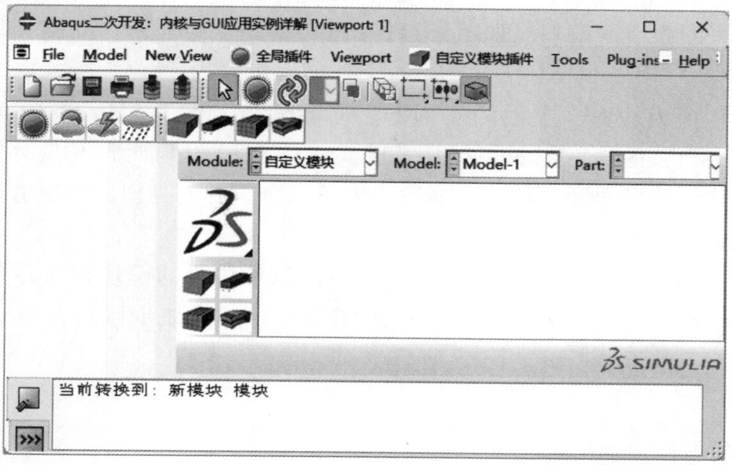

图 14-21 自定义模块的左侧默认为空白

第 22 行~第 30 行，使用绝对路径创建图标。

第 32 行~第 56 行，将插件放置在主菜单和子菜单中，使用的构造函数和流程都与上节脚本 newToolsetGui.py 中一致，但本节脚本中 AFXMenuCommand () 的参数 tgt 和 sel 设置方式和上节不一样，而是与脚本 newCanvasToolsetGui.py 中保持一致。对于这两个参数，本章实例专门采取了两种设置方式，旨在说明它们不仅可以用于插件 GUI，在主窗口 GUI 开发中同样可以使用。

第 57 行～第 62 行，设置子菜单的位置，并将它与欢迎插件用分隔线隔开。设置方法与 newCanvasToolsetGui.py 中大体一样，完成后的下拉菜单如图 14-22 所示。

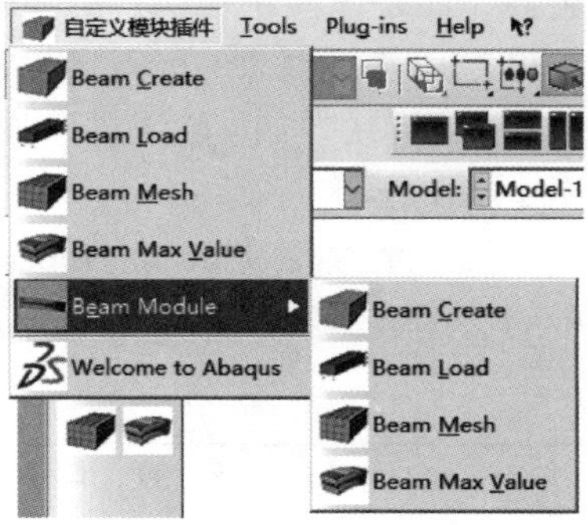

图 14-22　自定义模块中插件的下拉主菜单和子菜单

第 64 行～第 86 行，在工具条和工具箱上创建和放置插件图标。此处的工具箱中并没有设置飞出按钮，它和工具条一样，都使用构造函数 AFXToolButton()创建图标按钮。

第 88 行～第 91 行，更改工作目录。此时的工作目录是脚本所在的文件夹，当进行一次分析计算后，该文件夹中会出现很多计算文件，显得非常混乱，有必要将这些计算文件放置到工作目录中。脚本 newMainWindow.py 的最后几行也有更改工作目录的语句，它们的作用是将 abaqus temp \ abaqus_plugins 中的插件显示在主菜单 Plug-ins 中，功能与此处不同。

第 93 行～第 98 行，导入内核脚本。在构造函数 AFXMenuCommand() 和 AFXToolButton() 中，设置参数 tgt 和 sel 的方式需要导入内核脚本，内核脚本通过 getKernelInitialization Command()导入。此方法原本是空的，会在打开 Abaqus 时自动执行。需要时由用户重写，重写的内容是用 return 语句返回导入的内核脚本。此处以字符串的形式导入了四个内核脚本，各个脚本之间的“\n”代表换行，后面不可加空格。

为了避免命名空间与 Abaqus 自身加载的模块发生冲突，最好不要用 from xxx import * 的形式导入模块，而应使用 import xxx。

第 99 行～第 103 行，定义名为 onPrintModuleName 的实例方法。每当切换模块时，消息区域中会打印出当前模块的语句，如图 14-11 所示。语句比较简单，问题是如何在切换模块时自动执行该方法。

第 105 行，切换模块时，上面的实例方法需要配合 setSwitchModuleHook()才能自动执行。它的完整语法为 setSwitchModuleHook(callbackFunction)，其参数不能为关键字参数，而应是一个回调函数，而且回调函数中不能发出内核命令。此处列出的实例方法比较简单，用户可以根据自身的需求做出更多功能。

第 108 行，主窗口脚本 newMainWindow.py 中，如果注册的模块包含自定义模块，那么自定义模块脚本的最后一行需要将脚本中的类实例化。如果缺少该行，Abaqus 会由于无法调入自定义模块而不能顺利打开。

14.10　定制 Step 模块

14.10.1　脚本代码

newStepToolsetGui.py

```
# -*- coding: UTF-8 -*-
```

```
import sys
sys.dont_write_bytecode = True
from abaqusGui import *
from plugins.beamCreate.beamCreate_plugin import BeamCreate_plugin
from plugins.beamLoad.beamLoad_plugin import BeamLoad_plugin
from plugins.beamMesh.beamMesh_plugin import BeamMesh_plugin
from plugins.beamMaxValue.beamMaxValue_plugin import BeamMaxValue_plugin
import os.path
class NewStepToolsetGui(AFXToolsetGui):
    def __init__(self):
        AFXToolsetGui.__init__(self, 'New Step')
        # 获得脚本绝对路径
        mainWindow = getAFXApp().getAFXMainWindow()
        workDir =mainWindow.getWorkDirectory()
        dirPath = os.path.abspath(os.path.join(workDir, '..'))
        # 创建图标
        beamCreateIcon      = afxCreateIcon(os.path.join(dirPath, 'icons', 'football.png'))
        beamCreateIconSmall = afxCreateIcon(os.path.join(dirPath, 'icons', 'footballSmall.png'))
        beamLoadIcon        = afxCreateIcon(os.path.join(dirPath, 'icons', 'basketball.PNG'))
        beamMeshIcon        = afxCreateIcon(os.path.join(dirPath, 'icons', 'pingpongball.PNG'))
        beamMaxValueIcon    = afxCreateIcon(os.path.join(dirPath, 'icons', 'billiardball.PNG'))
        welcomeIcon         = afxCreateIcon(os.path.join(dirPath, 'icons', 'logoIcon.PNG'))
        #~~~~~~~~~~~~~~~~~~~~~~~~~~~~~~~~~~~~~~~~~~~~~~~~~~~~~~~~~~~~~~~~~~~~
        # 创建菜单栏并添加四个菜单项
        newMenu = AFXMenuPane(self)
        AFXMenuTitle(self, 'Ste&p 模块插件', beamCreateIconSmall, newMenu)
        AFXMenuCommand(self, newMenu, 'Beam &Create',beamCreateIcon, \
            BeamCreate_plugin(self), AFXMode.ID_ACTIVATE)
        AFXMenuCommand(self, newMenu, 'Beam &Load',beamLoadIcon, \
            BeamLoad_plugin(self),AFXMode.ID_ACTIVATE)
        AFXMenuCommand(self, newMenu, 'Beam &Mesh',beamMeshIcon, \
            BeamMesh_plugin(self),AFXMode.ID_ACTIVATE)
        AFXMenuCommand(self, newMenu, 'Beam Max&Value',beamMaxValueIcon, \
            BeamMaxValue_plugin(self), AFXMode.ID_ACTIVATE)
        #~~~~~~~~~~~~~~~~~~~~~~~~~~~~~~~~~~~~~~~~~~~~~~~~~~~~~~~~~~~~~~~~~~~~
        # 创建工具条的组
        beamToolbar = AFXToolbarGroup(owner = self, title = 'Step 模块插件')
        # 创建工具条的按钮
        AFXToolButton(beamToolbar, '\tBeam Create',beamCreateIcon, \
            BeamCreate_plugin(self),AFXMode.ID_ACTIVATE)
        AFXToolButton(beamToolbar, '\tBeam Load', beamLoadIcon, \
            BeamLoad_plugin(self),AFXMode.ID_ACTIVATE)
        AFXToolButton(beamToolbar, '\tBeam Mesh', beamMeshIcon, \
            BeamMesh_plugin(self),AFXMode.ID_ACTIVATE)
        AFXToolButton(beamToolbar, '\tBeam MaxValue', beamMaxValueIcon, \
            BeamMaxValue_plugin(self), AFXMode.ID_ACTIVATE)
        #~~~~~~~~~~~~~~~~~~~~~~~~~~~~~~~~~~~~~~~~~~~~~~~~~~~~~~~~~~~~~~~~~~~~
        # 创建工具箱的组
        beamToolbox = AFXToolboxGroup(self)
        # 创建工具箱的按钮
        AFXToolButton(beamToolbox, '\tBeam Create',beamCreateIcon, \
```

```
            BeamCreate_plugin(self), AFXMode.ID_ACTIVATE)
        AFXToolButton(beamToolbox, '\tBeam Load', beamLoadIcon, \
            BeamLoad_plugin(self), AFXMode.ID_ACTIVATE)
        AFXToolButton(beamToolbox, '\tBeam Mesh', beamMeshIcon, \
            BeamMesh_plugin(self), AFXMode.ID_ACTIVATE)
        AFXToolButton(beamToolbox, '\tBeam MaxValue',beamMaxValueIcon, \
            BeamMaxValue_plugin(self), AFXMode.ID_ACTIVATE)
```

newStepGui.py

```
# -*- coding: UTF-8 -*-
import sys
sys.dont_write_bytecode = True
from abaqusGui import *
from newStepToolsetGui import NewStepToolsetGui
class NewStepGui(StepGui):
    def __init__(self):
        StepGui.__init__(self)
        self.registerToolset(NewStepToolsetGui(), \
            GUI_IN_MENUBAR|GUI_IN_TOOLBAR|GUI_IN_TOOLBOX)
NewStepGui()
#~~~~~~~~~~~~~~~~~~~~~~~~~~~~~~~~~~~~~~~~~~~~~~~~~~~~~~~~~~~~~~~
#类名                       模块名称
#PartGui                    "Part"
#PropertyGui                "Property"
#AssemblyGui                "Assembly"
#StepGui                    "Step"
#InteractionGui             "Interaction"
#LoadGui                    "Load"
#MeshGui                    "Mesh"
#OptimizationGui            "Optimization"
#JobGui                     "Job"
#VisualizationGui           "Visualization"
#SketchGui                  "Sketch"
```

14.10.2 脚本要点

本节脚本有两个，名称分别为 newStepToolsetGui.py 和 newStepGui.py，它们是一个组合。前几节讨论的脚本中，定制的主菜单、工具条和工具箱要么一直存在，要么只存在于自定义模块中。还有一种情况，插件只用于 Abaqus 自有的某个模块中，对应的是第一节中介绍的使用场景三，详见图 14-8。本节以 Step 模块为例，介绍如何只在该模块中把插件添加在主菜单、工具条和工具箱。当切换到其他模块时，这些插件都会自动隐藏。

图 14-23　Step 模块中自定义的主菜单

第一个脚本 newStepToolsetGui.py 中，子类继承的是 AFXToolsetGui，创建主菜单（如图 14-23 所示）、工具条和工具箱的过程与 newModuleGui.py 非常相似，本节不再展开阐述。但有一点需要说明，该脚本中并没有导入内核的语句，这是因为脚本 newModuleGui.py 中已经通过重写 getKernelInitializationCommand() 的方式导入过内核，此处不需要重复导入。如果把 getKernelInitializationCommand()移到本节的脚本中，也是可以的。

第二个脚本是 newStepGui.py。这个脚本比较短，作用只有一个，即把第一个脚本注册到 Step 模块中。

第 1 行~第 5 行，导入必要模块和第一个脚本模块。

第 6 行，创建名为 NewStepGui 的类。继承的父类是 StepGui，对应的是 Step 模块。其他模块的 GUI 类名在第 13 行~第 24 行列出，方便用户使用。

第 9 行和第 10 行，除了父类调用初始化方法外，子类中只有这一条语句，用 registerToolset()注册导入的 NewStepToolsetGui。该方法在第 6 节中有过介绍。

第 11 行，和上节一样，这个脚本是对模块进行定制，需要在最后一行实例化本脚本定义的类。

从逻辑来看，要想在 Step 模块中加入自定义的工具集，必须继承父类 StepGui，相当于在原有 Step 模块的基础上做开发。添加各种工具集后，再将新的 Step 模块注册在 Abaqus 模块中，从而呈现定制化的 Step 模块。

14.11 定制已有工具条

14.11.1 脚本代码

newSelectionToolsetGui.py

```
1  # -*- coding: UTF-8 -*-
2  import sys
3  sys.dont_write_bytecode = True
4  from abaqusGui import *
5  import plugins.beamCreate.beamCreate_plugin as beam
6  class NewSelectionToolsetGui(SelectionToolsetGui):
7      ID_REFRESH =SelectionToolsetGui.ID_LAST
8      def __init__(self):
9          SelectionToolsetGui.__init__(self)
10         FXMAPFUNC(self, SEL_COMMAND, self.ID_REFRESH, NewSelectionToolsetGui.onRefresh)
11         # 获取名为 Selection 的工具条的组
12         selToolbar = self.getToolbarGroup('Selection')
13         # 创建两个图标
14         beamCreateIcon = afxCreatePNGIcon(r'icons\beamCreateSun.PNG')
15         refreshIcon = afxCreatePNGIcon(r'icons\refresh.PNG')
16         # 创建两个按钮
17         self.beamCreateBtn = AFXToolButton(selToolbar, '\tBeam Create', beamCreateIcon, \
18             beam.BeamCreate_plugin(self), AFXMode.ID_ACTIVATE)
19         refreshButton = AFXToolButton(selToolbar, '\tRefresh', refreshIcon, \
20             self, self.ID_REFRESH)
21         # 移动按钮位置
22         refBut = getWidgetFromText(selToolbar, 'Enable Selection')
23         self.beamCreateBtn.linkAfter(refBut)
24         refreshButton.linkAfter(self.beamCreateBtn)
25         # 创建垂直分隔线
26         newSep = FXVerticalSeparator(selToolbar)
```

```
            newSep.linkAfter(refBut)
    # 导入内核脚本,该方法会自动调用
    def getKernelInitializationCommand(self):
        return 'import plugins.beamCreate.beamCreate'
    # 定义重新加载注册脚本的实例方法
    def onRefresh(self, sender, sel, ptr):
        reload(beam)
        beamPlugin = beam.BeamCreate_plugin(self)
        self.beamCreateBtn.setTarget(beamPlugin)
        getAFXApp().getAFXMainWindow().writeToMessageArea('注册脚本已重新加载')
        return True
# ~~~~~~~~~~~~~~~~~~~~~~~~~~~~~~~~~~~~~~~~~~~~~~~~~~~~~~~~~~~~~~
# 类名                          名称                  位置
# AmplitudeToolsetGui          "Amplitude"           GUI_IN_TOOL_PANE
# AnnotationToolsetGui         "Annotation"          GUI_IN_MENUBAR | GUI_IN_TOOLBAR
# CanvasToolsetGui             "Canvas"              GUI_IN_MENUBAR
# CustomizeToolsetGui          "Customize"           GUI_IN_TOOL_PANE
# DatumToolsetGui              "Datum"               GUI_IN_TOOLBOX | GUI_IN_TOOL_PANE
# EditMeshToolsetGui           "Mesh Editor"         GUI_IN_TOOLBOX | GUI_IN_TOOL_PANE
# FileToolsetGui               "File"                GUI_IN_MENUBAR | GUI_IN_TOOLBAR
# HelpToolsetGui               "Help"                GUI_IN_MENUBAR | GUI_IN_TOOLBAR
# ModelToolsetGui              "Model"               GUI_IN_MENUBAR
# PartitionToolsetGui          "Partition"           GUI_IN_TOOLBOX | GUI_IN_TOOL_PANE
# QueryToolsetGui              "Query"               GUI_IN_TOOLBAR | GUI_IN_TOOL_PANE
# RegionToolsetGui             "Region"              GUI_IN_TOOL_PANE
# RepairToolsetGui             "Repair"              GUI_IN_TOOLBOX | GUI_IN_TOOL_PANE
# SelectionToolsetGui          "Selection"           GUI_IN_TOOLBAR
# TreeToolsetGui               "Tree"                GUI_IN_MENUBAR
# ViewManipToolsetGui          "View Manipulation"   GUI_IN_MENUBAR | GUI_IN_TOOLBAR
```

14.11.2 脚本要点

有时用户开发出的插件功能和某个现有工具条功能相似，希望把插件放置到这个工具条中，而不是单独新建一个工具条。本节的脚本可以实现这个需求，以选择工具条 Selection 为例，在其中添加一个太阳图标的插件，如图 14-24 所示。

图 14-24　个性化的选择工具条

此外，太阳图标后面还增添了一个刷新图标，这个按钮的作用是重新加载旁边插件的注册脚本。用户在开发插件的对话框 GUI 时，有时需要对对话框脚本和注册脚本进行反复修改和调试。默认情况下，无论修改哪个脚本，都需要重启 Abaqus 才能打开新的对话框。不过，本书介绍过，在注册脚本的 getFirstDialog() 中添加 reload() 语句，修改对话框脚本后，无须重启 Abaqus 便能打开更新后的对话框。

然而，正如第 9~13 章所介绍的，插件的很多功能需要通过注册脚本才能实现，开发过程中可能需要反复调试注册脚本，每修改一次都不得不重启一次 Abaqus，导致开发效率比较低。实际上，修改注册脚本后，也有办法不必重新打开 Abaqus。本节把重新加载注册脚本的功能做成刷新按钮，如图 14-24 所示，接下来介绍这个脚本。

第 1 行~第 5 行，和前几个脚本一样，导入必要模块和插件模块。此处要注意，导入注册脚本模块时，需要用 import xx as xx 的形式给模块起个别名，否则调用模块的时候会报错，提示没有该模块。

第 6 行，在选择工具条中添加插件，其实是对该工具条进行修改，创建的类须继承选择工具条对应的 SelectionToolsetGui 类。第 39 行~第 55 行列出了 Abaqus 常用工具集的类名，用户可以根据自身需求使用。

第 7 行，创建一个标识符 ID，用于刷新按钮。

第 10 行，使用映射方法 FXMAPFUNC()将标识符 ID 与后面的实例方法 onRefresh 以点击的形式做关联。

第 12 行，使用 getToolbarGroup()，以工具条的名称为参数来获取工具条的组。前几节的脚本中，创建按钮之前都先要创建一个组，然后在组中添加图标按钮。不过，此处不能这么做，因为这个组已经存在，可以使用 getToolbarGroup()直接获取工具条的组。

第 13 行~第 15 行，创建两个图标。

第 16 行~第 18 行，使用 AFXToolButton()创建插件按钮，传给变量 self.beamCreateBtn。变量要以 self 调用，这样后面的实例方法中可以使用。

第 19 行~第 20 行，创建刷新按钮。注意这两个按钮构造函数 AFXToolButton()中，参数 tgt 和 sel 采用了不同的设置方式。

第 21 行~第 24 行，放置这两个按钮。要想将这两个按钮依次放在名为 Enable Selection 的箭头按钮之后，如果不确定按钮的名称，可以将光标悬浮在图标上，便可得知按钮名称，如图 14-25 所示。第 22 行，以名称的方式提取该按钮后，分两次使用 linkAfter()可确定两个图标的位置。

图 14-25　按钮的名称

第 25 行~第 27 行，创建垂直分隔线，并放置在箭头按钮之后。

第 28 行~第 30 行，重写 getKernelInitializationCommand()，导入内核脚本，具体详见 14.9 节。不过，由于 newModuleGui.py 中已经导入了该内核，此处不导入也可以。

第 32 行，创建重新加载注册脚本的实例方法，由于该方法并不存在于父类中，定义方法时后面须有(self, sender, sel, ptr)这四个参数。

第 33 行，重新加载注册脚本模块。

第 34 行，将注册模块中的类实例化。

第 35 行，通过插件的按钮对象调用 setTarget()，将按钮设为新的目标。新的目标是第 34 行注册脚本模块的实例对象，并且该模块已经在第 33 行重新加载了，这样单击刷新按钮后，即可重新加载注册脚本，进而实现修改注册脚本后，无须重启 Abaqus 即可打开新的插件对话框。这个功能在中大型插件的开发中会很实用。

第 36 行，每单击刷新按钮一次，都会在消息区域打印提示信息。

第 37 行，最后一行返回 True。

注意，该刷新按钮只对它左边的太阳图标插件起作用，放置在其他位置的太阳图标插件并不能共用这个刷新按钮。例如，太阳图标的插件为创建梁模型，第一个文本框为长度尺寸，注册脚本中默认是 40。如果把注册脚本中的 40 改为 80，单击刷新图标，再次打开旁边的太阳图标，会发现文本框中也为 80，但单击其他太阳图标，其尺寸仍是 40。

该脚本完成后，同样需要导入并注册在主窗口脚本 newMainWindow.py 中。

14.12 获取错误提示

Abaqus 主窗口 GUI 二次开发过程中难免出错，有时会花费较长的时间来调试一条语句或一个功能。与内核脚本不一样的是，在 Abaqus/CAE 窗口中无法直接执行主窗口 GUI 脚本，从而也无法获取错误提示，只能通过执行文件 startup.bat 在打开 Abaqus 的过程中寻找出错原因。如果出现错误，cmd 命令行窗口中会有错误提示。例如，输入错误类名，会出现图 14-26 所示的错误提示；如果出现语法错误，也会有图 14-27 所示的提示。有时 cmd 窗口持续显示的时间比较长，有时则较短，可以用通过快速截屏将当前的 cmd 窗口截图，然后仔细分析。

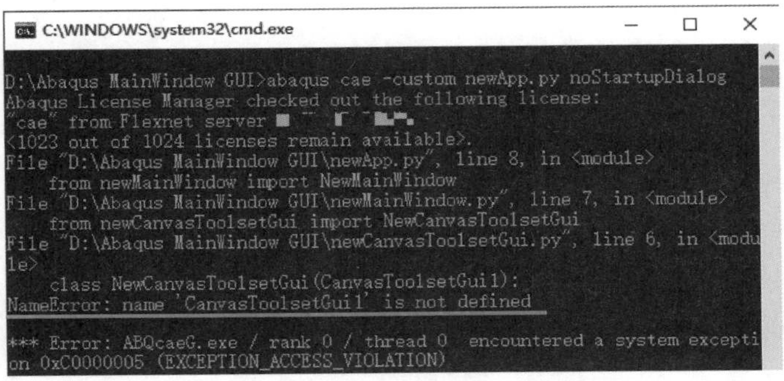

图 14-26 名称错误提示

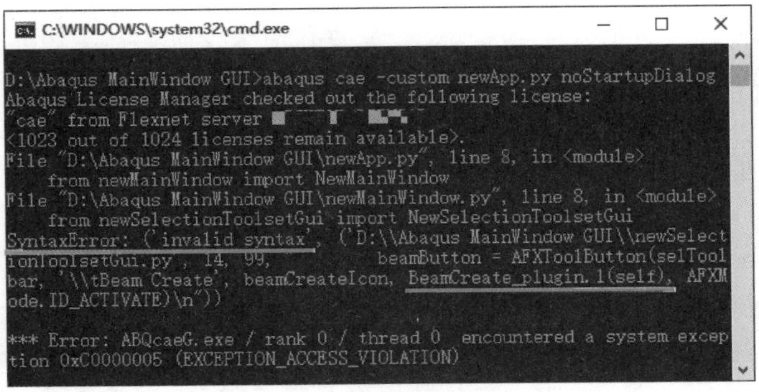

图 14-27 语法错误提示

此外，文件夹 abaqus temp 中有时会生成名为 abaqus.guiState 的文件，用记事本打开后也能找到错误提示，如图 14-28 所示。

有时 cmd 的错误提示一闪而过，而文件夹中也没有生成错误提示文件，这时最好从最后一次修改的语句入手，尝试找出错误之处。

Abaqus 主窗口 GUI 二次开发是一项较为系统的工作，由几个脚本共同配合才能完成开发目标。读者在开发时，建议以本书提供的脚本为基础，少量、逐步地修改，切勿刚开始就大段更改或删除，避免出现较多的错误而无法调试。

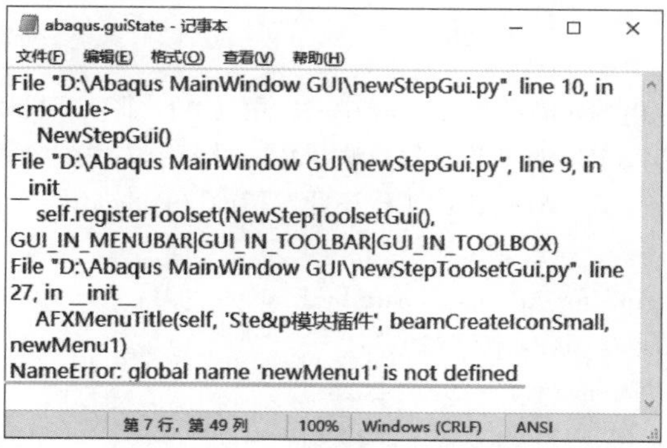

图 14-28　错误提示文件

14.13　本章小结

Abaqus GUI 的二次开发不仅用于插件对话框 GUI 的开发，还包括 Abaqus 主窗口 GUI 开发。本章主要介绍了如何对 Abaqus 主窗口 GUI 进行个性化定制，主要内容是将用户开发出的插件放置到 Abaqus/CAE 主窗口的主菜单、工具条和工具箱中。与插件 GUI 的二次开发不同，Abaqus 主窗口 GUI 的二次开发需要由一系列脚本共同配合，才能制作出一个完整的 Abaqus/CAE 个性化窗口。

本章首先对个性化定制实例做了介绍，列出想要实现的目标，涉及五个插件，三个不同的使用场景，将这些插件以不同的图标放置在不同场景的主窗口界面中。此外还有一些局部定制。然后大致介绍了各个脚本的作用，并阐述了 GUI 开发前需要对插件做哪些改动。接着逐行介绍了执行文件、启动脚本和主窗口等脚本的代码。

随着各脚本的展开讨论，首先介绍的是如何自定义 View 菜单，在已有菜单中添加插件，随后详细讲述如何在不同使用场景中将插件放置在主菜单、工具条和工具箱中。例如，在场景一中，放置的插件始终存在，不会随着模块的切换而隐藏；场景二创建了一个自定义模块，这些插件只存在于该模块中，切换到其他模块便会消失；场景三则是在 Step 模块中添加插件，插件也只停留于此模块。

此外，本章还详细阐述了如何将插件放置在一个已有的工具条中，以及如何添加一个刷新按钮，修改注册脚本后，单击刷新按钮即可打开更新后的插件对话框。

最后，还讲述了如何获取执行脚本出错时的提示信息，以便能顺利调试。

参 考 文 献

[1] 曹金凤，王旭春，孔亮 . Python 语言在 Abaqus 中的应用［M］. 北京：机械工业出版社，2020.

[2] 苏景鹤，江丙云 . ABAQUS Python 二次开发攻略［M］. 北京：人民邮电出版社，2016.

[3] 贾利勇，富琛阳子，贺高，等 . Abaqus GUI 程序开发指南（Python 语言）［M］. 北京：人民邮电出版社，2016.

[4] Gautam M Puri. Python Scripts for Abaqus：Learn by Example［M］. 2011.

[5] 达索. Abaqus Scripting User's Guide［Z］. 2023.

[6] 达索. Abaqus Scripting Reference Guide［Z］. 2023.

[7] 达索. Abaqus GUI Toolkit User's Guide［Z］. 2023.

[8] 达索. Abaqus GUI Toolkit Reference Guide［Z］. 2023.